KB150156

물고기 쉽게 찾기

노세윤 지음

진선books

수수미꾸리

머리말

이 책이 처음 출간된 지 어느덧 10년의 세월이 흘렀습니다. 강산이 한 번 바뀌는 주기라고 예부터 일러 왔지만 물속 세상은 10년 동안 무수히 많은 변화를 겪었습니다. 물 흐름을 바꾸는 하천 정비와 둑과 다리를 놓는 공사는 지속되었고, 빈도가 잦아진 가뭄과 홍수로 물고기의 터전은 마르고 넘침이 반복되었습니다. 한반도 남동부의 여러 하천은 겨울 가뭄에 바닥의 자갈이 훤히 드러나는 건천화가 매해 일어났습니다.

이번 개정판은 인간과 자연이 가한 재해를 이기고 살아가는 물고기들의 변화하고 추가된 기록입니다. 대한민국 고유종에 약간의 변동이 있었으며 멸종위기종이 대폭 증가했습니다. 연구자들의 부단한 노력으로 몇몇 종의 학명이 변경되었고, 분포지가 일부 수정되었습니다. 또한 신종이 계속 보고되는 새롭고 반가운 사실도 있었습니다.

필자는 최초 수록된 130종에서 24종을 추가하며 위 사실을 더하였고, 북한에만 분포하는 물고기를 일부 실었습니다. 또한 전면 개편된 어류 분류 체계(Nelson, 2016)를 반영하였습니다. 이 책은 까다로운 어류 동정에 세밀한 단서를 제공함으로써 나침반과 같은 기능을 발휘할 것을 확신합니다.

개정판 출간을 흔쾌히 결정해 주신 진선출판사 허진 대표님과 꼼꼼한 편집으로 마무리해 주신 편집부 여러분, 그리고 오랜 세월 변함없는 도움을 주시는 보령민물생태관 조성장 대표님께 감사하며 무엇보다 지금까지 이르게 해 주신 독자 여러분께 큰 감사를 드립니다.

2019년 봄 노세윤

감돌고기

일러두기

1. 이 책에는 한반도 담수역과 기수역에 서식하는 물고기 총 154종을 실었다.
2. 이 책에서의 분류와 순서는 넬슨(Nelson, 2016)의 개편 분류 체계를 따랐다. 학명은 가장 최근의 것을 적용하였으며, 지느러미 기조식은 《(원색)한국어류대도감》과 해당 논문을 참고하였다.
3. 앞부분에 '체형으로 민물고기 찾기'를 실어 손쉽게 어종(漁種)의 체형을 비교하며 찾을 수 있게 하였다. 체형의 구분은 목별로 정리하였다.
4. '민물고기 주요 부분'과 '민물고기의 여러 가지 모양', '민물고기가 사는 자연환경'도 앞부분에 실어 본문 내용을 이해하는 데 도움이 되도록 하였다.
5. 본문에서 어종의 설명을 위해 분류, 국명, 학명, 명명자, 영문명, 방언, 몸 길이, 지느러미 기조식, 형태/색깔, 생활, 먹이, 분포, 특징별로 내용을 수록하였다.
6. 어종의 이해를 돕고자 살아 있는 개체를 촬영하여 몸 색깔이 그대로 나타난 체형 사진을 대표로 싣고, 그 밖에 생태와 부위별 특징 등을 담은 사진 및 일러스트도 함께 제시하였다. 본문의 체형 사진에서 어종의 크기는 전체 길이(전장)를 기준으로 하였다.
7. 해당 어종의 특성을 잘 나타내 주는 내용은 파란색 글자로 표기하였으며, 체형 사진에서는 지시선을 그어 별도로 설명하였다.
8. 물고기의 주둥이에서 꼬리지느러미 방향으로 생긴 줄무늬를 해부학적으로는 '세로줄'이라 칭하지만, 이 책에서는 독자의 이해를 돕기 위해 '가로줄' 또는 '가로줄무늬'라 하였다.
9. 본문 내용은 누구나 이해할 수 있도록 어려운 어류학 용어를 가능한 한 쉽게 풀어 쓰려고 노력했으며, 기본적인 용어는 부록의 '용어 해설'에서 설명하였다.
10. 부록에는 '민물고기 구분하기'와 '멸종위기 야생생물', '한국의 천연기념물', '한국 담수어 목록' 등을 따로 실어 독자들의 이해를 도왔다.

차례

여울마자
퉁사리
잔가시고기

체형으로 민물고기 찾기

●칠성장어목

칠성장어과

칠성장어 ▶ 56쪽

다묵장어 ▶ 58쪽

●철갑상어목

철갑상어과

철갑상어 ▶ 62쪽

●뱀장어목

뱀장어과

무태장어 ▶ 68쪽

뱀장어 ▶ 66쪽

● 잉어목

잉어과/잉어아과

잉어 ▶ 72쪽

이스라엘잉어 ▶ 74쪽

붕어 ▶ 76쪽

떡붕어 ▶ 78쪽

잉어과/황어아과

황어 ▶ 80쪽

연준모치 ▶ 82쪽

버들치 ▶ 84쪽

버들개 ▶ 86쪽

버들피리 ▶ 88쪽

금강모치 ▶ 90쪽

버들가지 ▶ 92쪽

잉어과/납자루아과

흰줄납줄개 ▶ 94쪽

한강납줄개 ▶ 96쪽

각시붕어 ▶ 98쪽

떡납줄갱이 ▶ 100쪽

납자루 ▶ 102쪽

묵납자루 ▶ 104쪽

칼납자루 ▶ 106쪽

임실납자루 ▶ 108쪽

낙동납자루 ▶ 110쪽

줄납자루 ▶ 112쪽

큰줄납자루 ▶ 114쪽

납지리 ▶ 116쪽

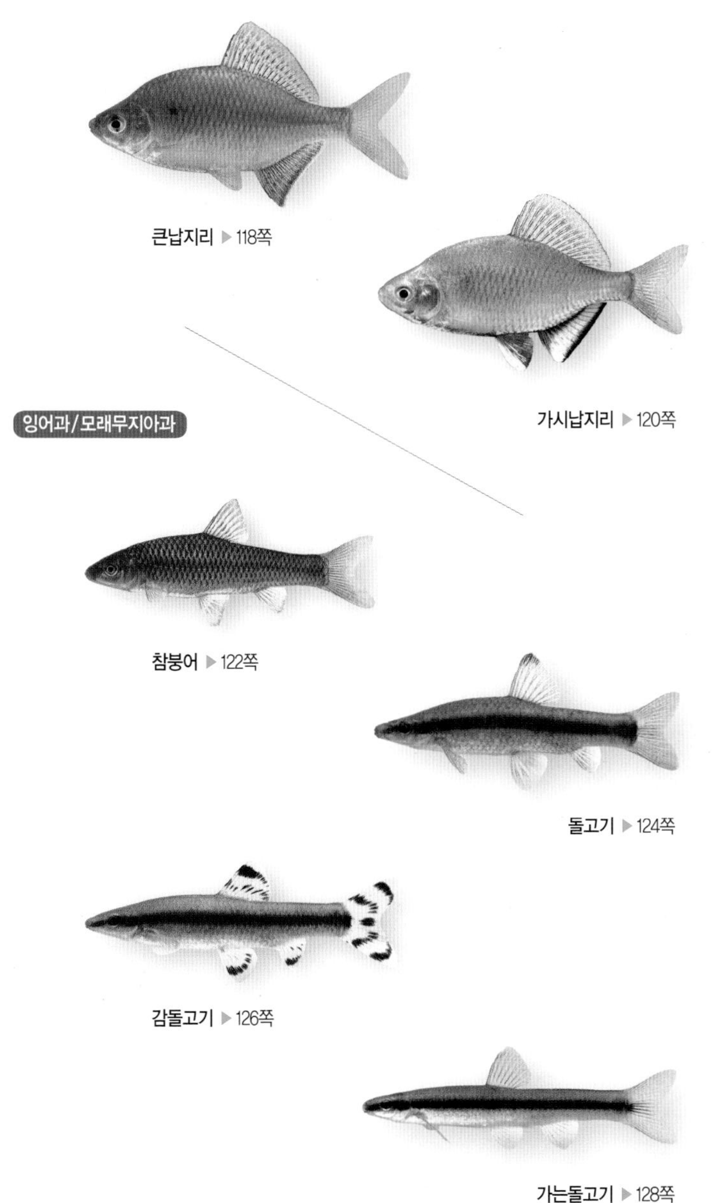
큰납지리 ▶ 118쪽
가시납지리 ▶ 120쪽
잉어과/모래무지아과
참붕어 ▶ 122쪽
돌고기 ▶ 124쪽
감돌고기 ▶ 126쪽
가는돌고기 ▶ 128쪽

쉬리 ▶ 130쪽

참쉬리 ▶ 132쪽

새미 ▶ 134쪽

참중고기 ▶ 136쪽

중고기 ▶ 138쪽

줄몰개 ▶ 140쪽

긴몰개 ▶ 142쪽

몰개 ▶ 144쪽

참몰개 ▶ 146쪽

점몰개 ▶ 148쪽

모샘치 ▶ 150쪽

누치 ▶ 152쪽

참마자 ▶ 154쪽

어름치 ▶ 156쪽

모래무지 ▶ 158쪽

버들매치 ▶ 160쪽

왜매치 ▶ 162쪽

꾸구리 ▶ 164쪽

돌상어 ▶ 166쪽

흰수마자 ▶ 168쪽

두만강자그사니 ▶ 170쪽

모래주사 ▶ 172쪽

돌마자 ▶ 174쪽

여울마자 ▶ 176쪽

잉어과/모래무지아과
된경모치 ▶ 178쪽
배가사리 ▶ 180쪽
두우쟁이 ▶ 182쪽
잉어과/끄리아과
왜몰개 ▶ 184쪽
갈겨니 ▶ 186쪽
참갈겨니 ▶ 188쪽

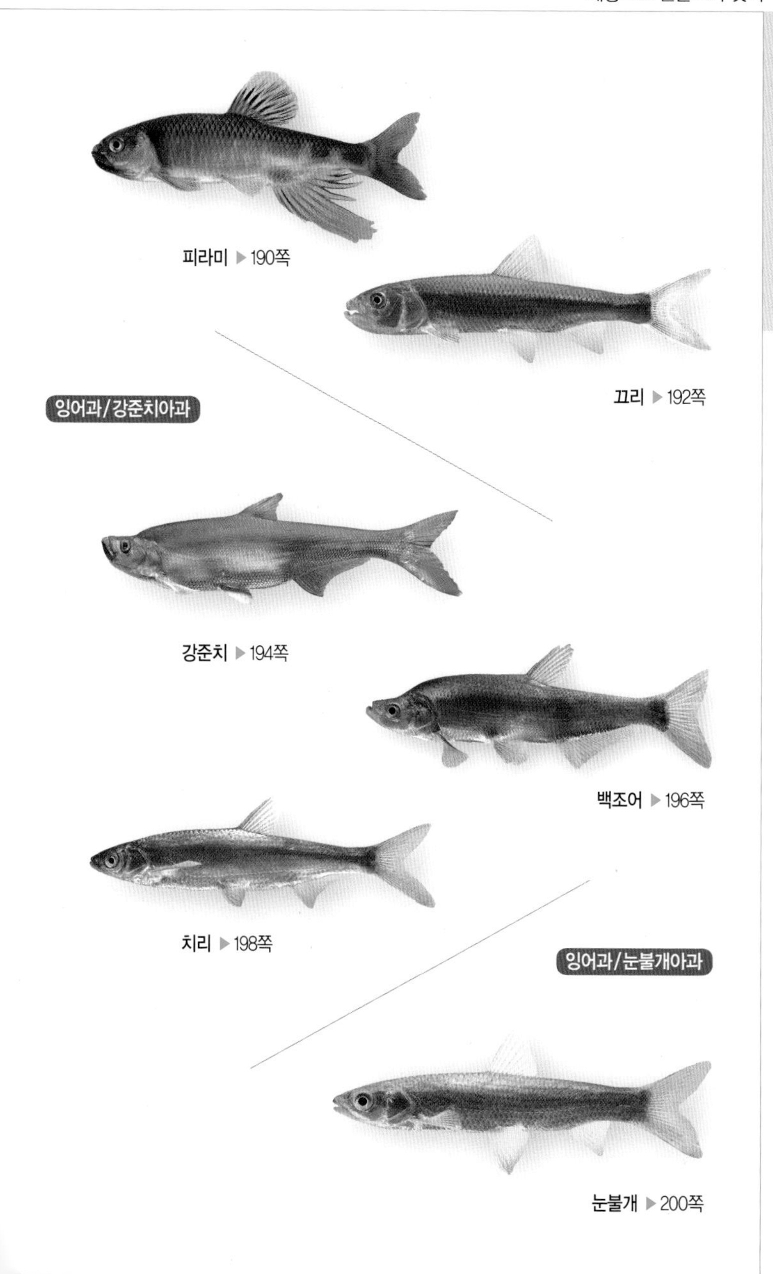
피라미 ▶ 190쪽
끄리 ▶ 192쪽
잉어과/강준치아과
강준치 ▶ 194쪽
백조어 ▶ 196쪽
치리 ▶ 198쪽
잉어과/눈불개아과
눈불개 ▶ 200쪽

잉어과/눈불개아과

초어 ▶202쪽

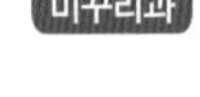

미꾸리 ▶204쪽

미꾸라지 ▶206쪽

새코미꾸리 ▶208쪽

얼룩새코미꾸리 ▶210쪽

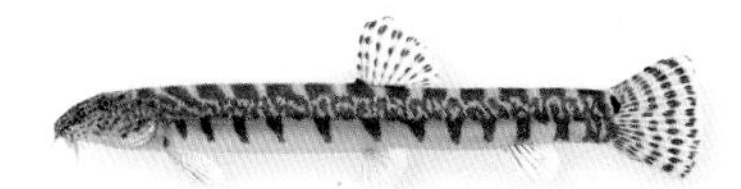

참종개 ▶ 212쪽

부안종개 ▶ 214쪽

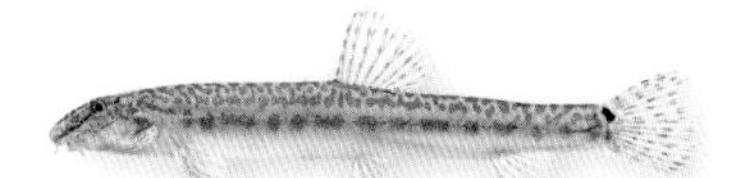

미호종개 ▶ 216쪽

왕종개 ▶ 218쪽

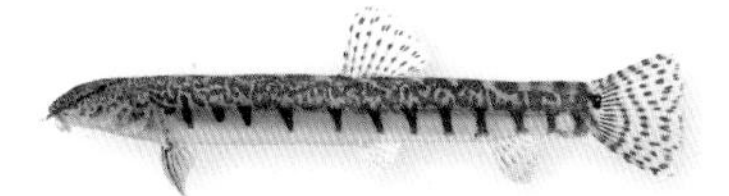

남방종개 ▶ 220쪽

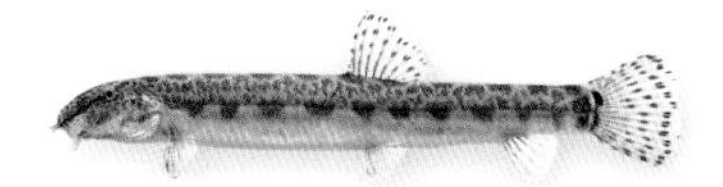

동방종개 ▶ 222쪽

미꾸리과

기름종개 ▶ 224쪽

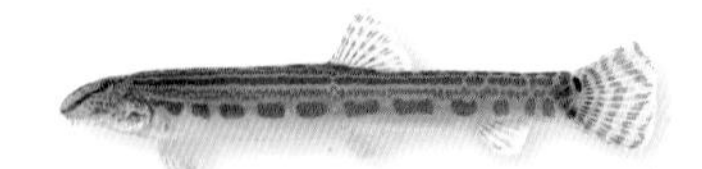

점줄종개 ▶ 226쪽

줄종개 ▶ 228쪽

북방종개 ▶ 230쪽

수수미꾸리 ▶ 232쪽

좀수수치 ▶ 234쪽

대륙종개 ▶ 236쪽

종개과

종개 ▶ 238쪽

쌀미꾸리 ▶ 240쪽

● 메기목

메기과

메기 ▶ 244쪽

미유기 ▶ 246쪽

동자개과

동자개 ▶ 248쪽

동자개과

눈동자개 ▶ 250쪽

꼬치동자개 ▶ 252쪽

대농갱이 ▶ 254쪽

밀자개 ▶ 256쪽

종어 ▶ 258쪽

자가사리 ▶ 260쪽

통가리과

섬진자가사리 ▶ 262쪽

동방자가사리 ▶ 264쪽

퉁가리 ▶ 266쪽

퉁사리 ▶ 268쪽

● 연어목

연어과

열목어 ▶ 272쪽

연어 ▶ 274쪽

연어과

산천어 · 송어 ▶ 276쪽

무지개송어 ▶ 278쪽

홍송어 ▶ 280쪽

● 바다빙어목

바다빙어과

빙어 ▶ 284쪽

은어 ▶ 286쪽

● 망둑어목

동사리과

동사리 ▶ 290쪽

얼룩동사리 ▶ 292쪽

남방동사리 ▶ 294쪽

발기 ▶ 296쪽

좀구굴치 ▶ 298쪽

망둑어과

날망둑 ▶ 300쪽

꾹저구 ▶ 302쪽

왜꾹저구 ▶ 304쪽

흰발망둑 ▶ 306쪽

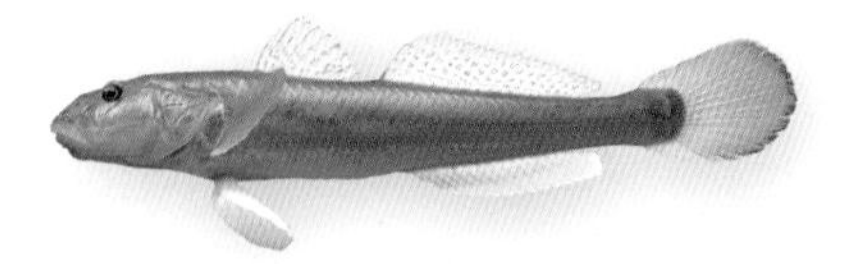

풀망둑 ▶ 308쪽

갈문망둑 ▶ 310쪽

밀어 ▶ 312쪽

민물두줄망둑 ▶ 314쪽

검정망둑 ▶ 316쪽

민물검정망둑 ▶ 318쪽

모치망둑 ▶ 320쪽

짱뚱어 ▶ 322쪽

망둑어과

남방짱뚱어 ▶ 324쪽

말뚝망둥어 ▶ 326쪽

큰볏말뚝망둥어 ▶ 328쪽

미끈망둑 ▶ 330쪽

사백어 ▶ 332쪽

개소겡 ▶ 334쪽

●숭어목

숭어과

숭어 ▶ 338쪽

●동갈치목

송사리과

송사리 ▶ 342쪽

대륙송사리 ▶ 344쪽

●드렁허리목

드렁허리과

드렁허리 ▶ 348쪽

● 버들붕어목

버들붕어과

버들붕어 ▶ 352쪽

가물치 ▶ 354쪽

● 돛양태목

돛양태과

강주걱양태 ▶ 358쪽

●농어목

쏘가리과

쏘가리 ▶ 362쪽

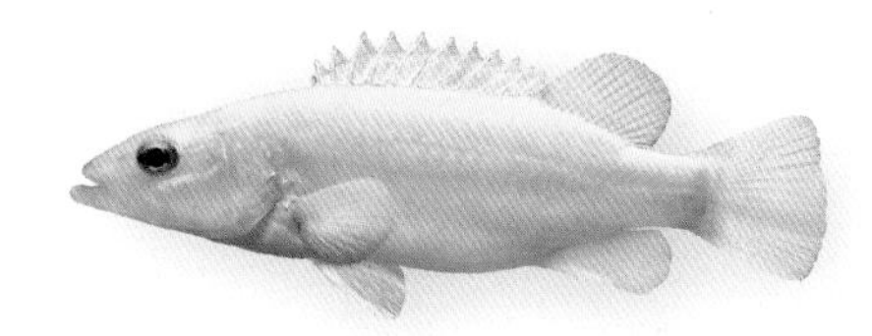

황쏘가리 ▶ 364쪽

꺽저기 ▶ 366쪽

꺽지 ▶ 368쪽

검정우럭과

블루길 ▶ 370쪽

배스 ▶ 372쪽

●쏨뱅이목

큰가시고기과

큰가시고기 ▶ 376쪽

가시고기 ▶ 378쪽

잔가시고기 ▶ 380쪽

둑중개과

둑중개 ▶ 382쪽

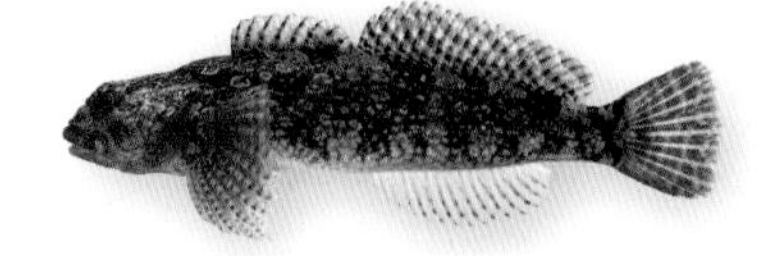

한둑중개 ▶ 384쪽

꺽정이 ▶ 386쪽

● 복어목

참복과

복섬 ▶ 390쪽

황복 ▶ 392쪽

민물고기 주요 부분

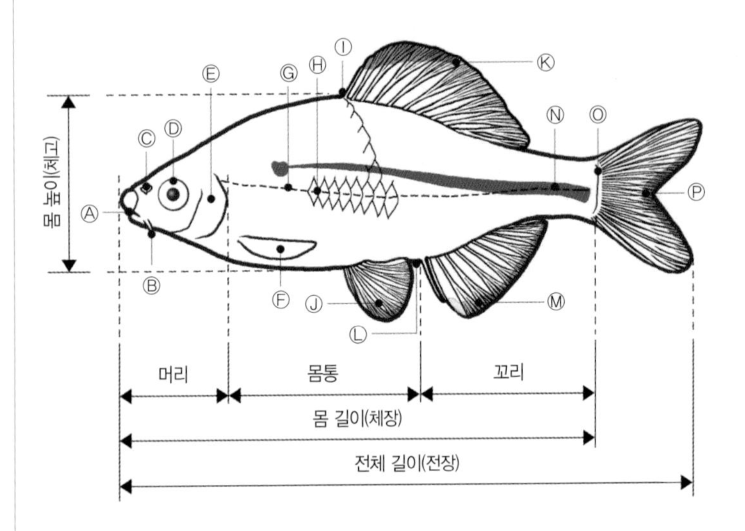

Ⓐ 입
Ⓑ 입수염
Ⓒ 콧구멍
Ⓓ 눈
Ⓔ 아가미 덮개
Ⓕ 가슴지느러미
Ⓖ 옆줄(측선)
Ⓗ 옆줄 비늘(측선 비늘)
Ⓘ 등지느러미 시작 부분(기점)
Ⓙ 배지느러미
Ⓚ 등지느러미
Ⓛ 항문/생식공
Ⓜ 뒷지느러미
Ⓝ 가로줄무늬
Ⓞ 꼬리지느러미 시작 부분(미병부)
Ⓟ 꼬리지느러미

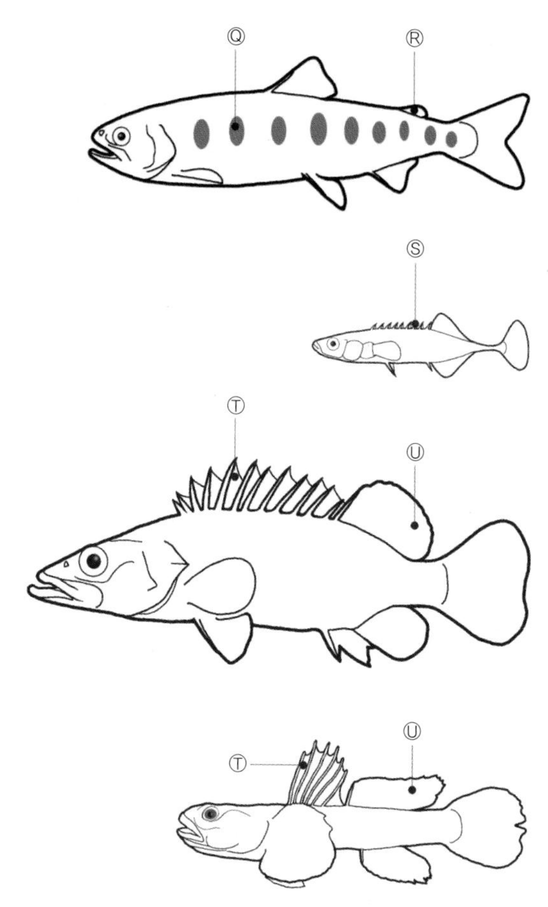

Ⓠ 파마크(parr mark)
Ⓡ 기름지느러미
Ⓢ 등가시
Ⓣ 제1등지느러미
Ⓤ 제2등지느러미

물고기의 지느러미

물고기는 물의 저항을 헤치고 이동하거나 균형을 유지하기 위해 지느러미를 이용한다. 지느러미는 등지느러미, 꼬리지느러미, 뒷지느러미처럼 몸통의 수직 방향으로 붙어 있는 '홑지느러미(unpaired fin)'와 가슴지느러미, 배지느러미처럼 몸통의 양옆에 한 쌍으로 붙어 있는 '짝지느러미(paired fin)'로 구분된다. 홑지느러미는 추진력을 내어 앞으로 전진하거나 균형을 유지하는 역할을 하고, 짝지느러미는 방향 전환과 수평 유지 및 정지 역할을 한다. 모든 지느러미는 '기조(극조나 연조)'로 골격을 이루고 그 사이는 얇은 막으로 연결되어 있는데, 이를 '기조막'이라고 한다.

지느러미 기조(鰭條, fin ray)

지느러미는 마디 없이 가시로 된 극조(棘條)와 마디가 있어 부드럽게 휘어지는 연조(軟條)로 구성되어 있으며, 연조는 끝이 갈라지지 않은 불분지(不分枝) 연조와 끝이 2개로 갈라지는 분지 연조로 나뉜다. 잉어과 물고기의 등지느러미는 끝이 갈라지지 않은 불분지 연조로 시작되며, 농어목 물고기 대부분의 제1등지느러미는 극조로 되어 있다.

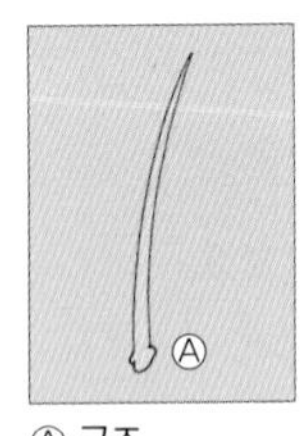

Ⓐ 극조

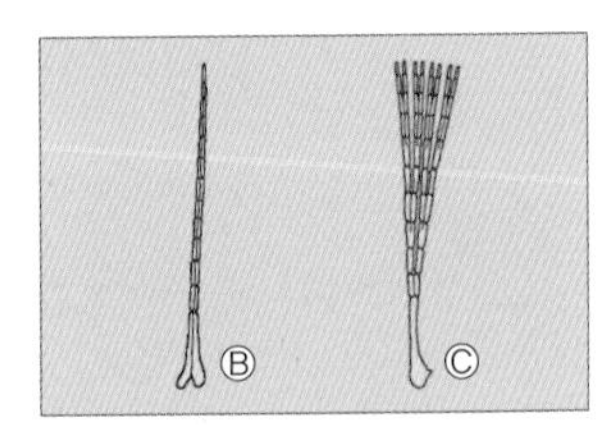

Ⓑ 불분지 연조 Ⓒ 분지 연조(분리)

지느러미 기조식(鰭條式, fin ray formula)

지느러미 기조 수를 표기할 때 극조 수는 로마 숫자 대문자(Ⅰ, Ⅱ, Ⅲ…)로, 연조 수는 아라비아 숫자(1, 2, 3…)로 표기한다. 잉어과 물고기의 경우 불분지 연조는 로마 숫자 소문자(ⅰ, ⅱ, ⅲ…)로 표기한다.

[표기 예] D. iii, 9~10 (등지느러미 불분지 연조 수가 3개, 분지 연조 수가 9~10개)
A. iii, 9~11 (뒷지느러미 불분지 연조 수가 3개, 분지 연조 수가 9~11개)
A. Ⅲ–8~10 (뒷지느러미 극조 수가 3개, 분지 연조 수가 8~10개)
등지느러미가 2개일 경우
D. Ⅶ~Ⅷ–13~14 (제1등지느러미 극조 수가 7~8개, 제2등지느러미 분지 연조 수가 13~14개)

D(Dorsal fin):등지느러미, A(Anal fin):뒷지느러미

등지느러미 기조

A

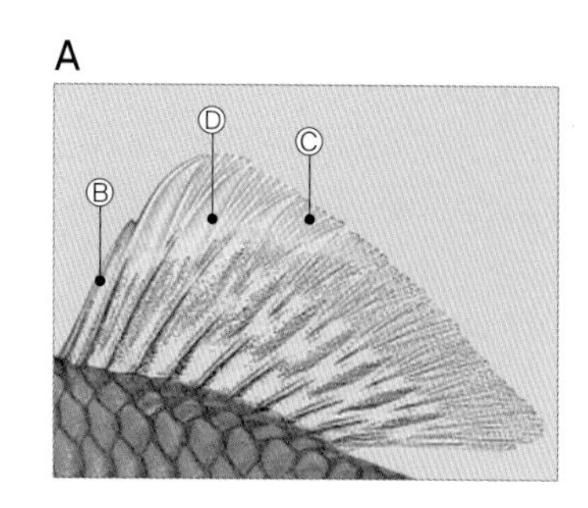

Ⓐ 극조
Ⓑ 불분지 연조
Ⓒ 분지 연조
Ⓓ 기조막

잉어과 물고기(납자루)

농어목 물고기(꺽지)

B

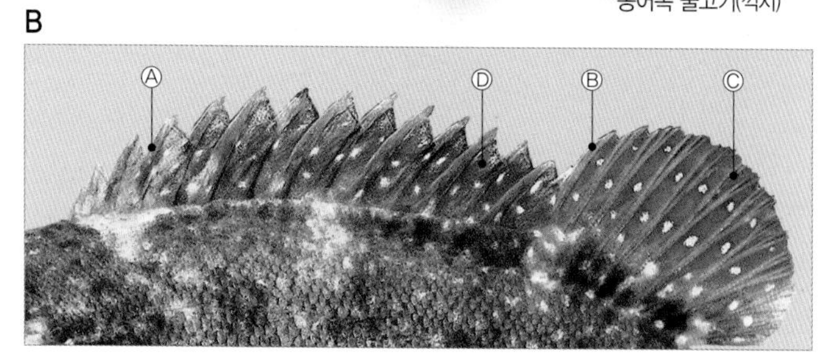

민물고기의 여러 가지 모양

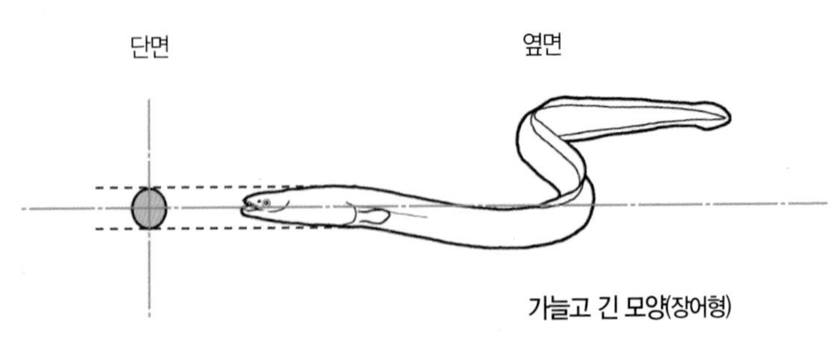

가늘고 긴 모양(장어형)

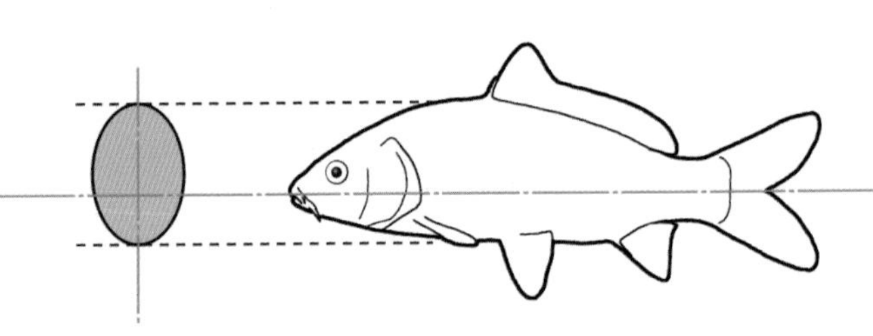

유선 모양(방추형)

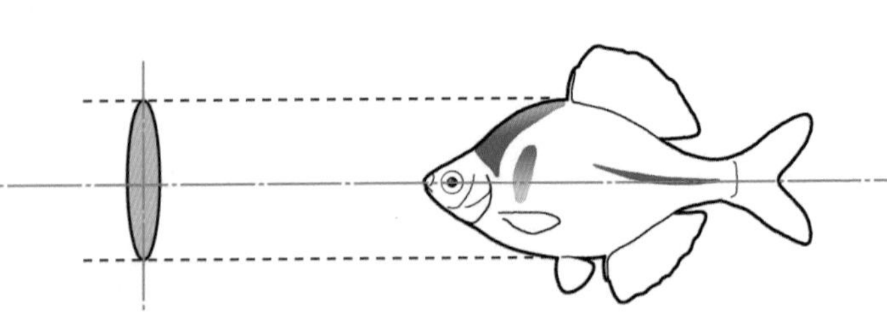

옆으로 납작한 모양(측편형)

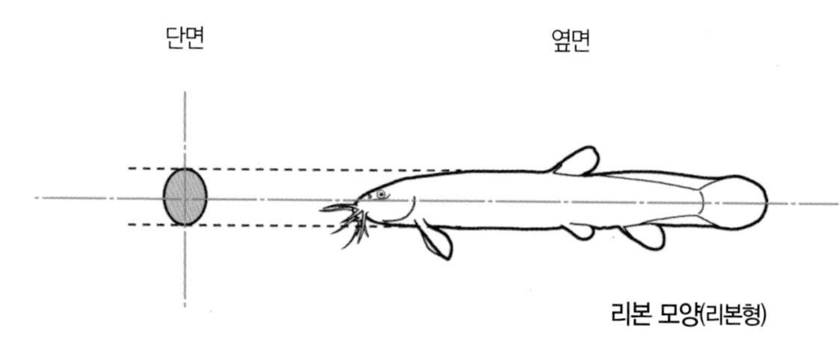

리본 모양(리본형)

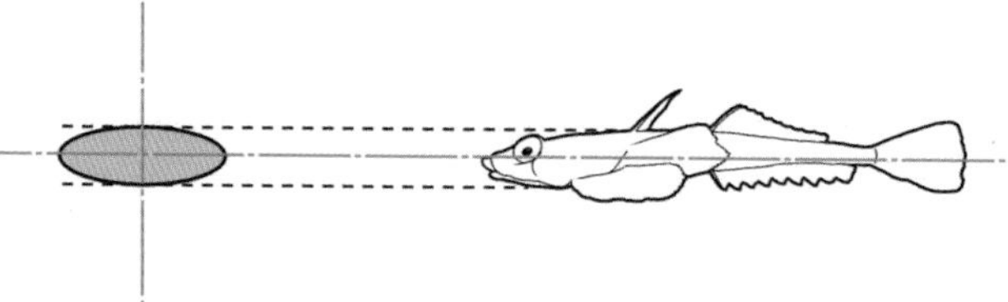

위아래로 납작한 모양(종편형)

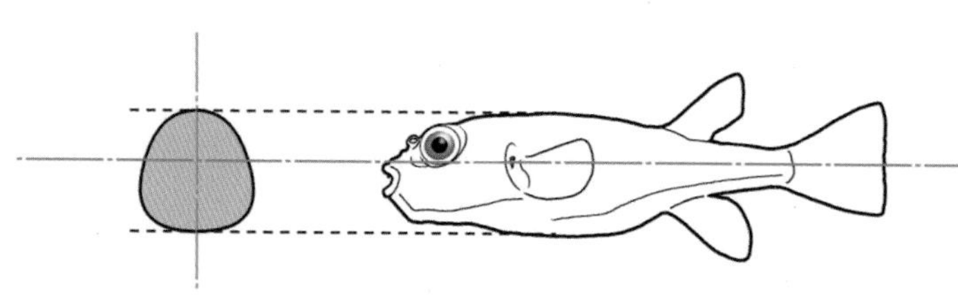

원통 모양(구형)

민물고기가 사는 자연환경

● 계류

강이 시작되는 곳은 산골의 크고 작은 용천이다. 여기서 흘러나온 작은 물줄기는 비탈을 흐르면서 여러 개의 다른 물줄기와 계속 합류하여 계류를 형성한다. 이 지역은 숲이 우거져 그늘진 곳이 많아서 물이 아주 맑고 차며, 경사면에 큰 돌과 바위가 많아 물길이 좁고 구불구불하며 유속이 빠르다.

물속의 돌 밑에는 날도래, 하루살이, 잠자리의 애벌레가 있고, 돌이나 바위 표면에는 규조류, 남조류, 녹조류 등이 붙어 있다. 물이 차고 유속이 빠른 탓에 먹이가 많지 않으므로 이곳에 사는 물고기 종류는 그리 많지 않다.

계류에는 버들치, 버들개, 금강모치, 연준모치, 퉁가리, 산천어 등이 산다.

경기도 의왕시

경기도 남양주시 내방리

강원도 횡성군 강림면

계류에 사는 대표적 물고기

강원도 횡성군 강림면

●상류

경사는 계류 지역보다 완만하지만 유속이 빠르고 물길은 좌우로 굽어진다. 바닥에는 큰 돌과 자갈이 많이 깔려 있어 물결이 이는 여울이 형성된다. 물은 깨끗하고 수온은 높지 않다. 물속에 산소가 풍부하며 돌 밑에는 물고기의 먹이가 되는 수서곤충의 애벌레가 많고, 돌 표면에는 부착 조류가 많이 있어 물고기가 살아가기에 알맞은 환경이 시작된다.
상류에는 가는돌고기, 쉬리, 새미, 꾸구리, 돌상어, 종개, 새코미꾸리, 미유기, 꺽지 등이 산다.

강원도 화천군 사내면 강원도 평창군 미탄면

강원도 영월군 수주면

상류에 사는 대표적 물고기

강원도 영월군 수주면

●중류

경사가 완만하여 대체로 유속이 느리지만 빠르게 흐르는 곳도 있고 정체된 곳도 있다. 바닥에 자갈이 깔린 여울과 모래 및 진흙이 깔린 소(沼)가 반복된다. 일조량이 많아 동·식물성 플랑크톤 및 각종 조류와 수서곤충 등 먹이가 풍부하다. 물고기의 생활 터전이 되는 수생 식물과 자갈, 모래 등이 있다. 진흙에는 납자루아과(亞科)와 중고기속(屬) 물고기의 산란처가 되는 민물조개가 있어 많은 종류의 물고기가 살며 우리나라에만 사는 고유종의 비율도 높다.
붕어, 각시붕어, 묵납자루, 칼납자루, 줄납자루, 돌고기, 쉬리, 중고기, 참마자, 어름치, 모래무지, 돌마자, 갈겨니, 참종개, 기름종개, 눈동자개, 밀어 등이 산다.

강원도 홍천군 서면

강원도 홍천군 서면

강원도 삼척시 성내동

중류에 사는 대표적 물고기

각시붕어

돌고기

중고기

참종개

강원도 영월군 영월읍

강원도 평창군 평창읍

충청북도 충주시 이류면

●하류

강폭이 넓어져 유속이 느리고 물의 양도 많아 깊이가 깊다. 하류의 유입부는 바닥에 모래가 깔려 있고 바닷물과 합쳐지는 하구 쪽에는 진흙이 깔려 있어 물의 탁도가 높다. 살고 있는 물고기의 종류는 중류보다 적다. 바다에서 깨어난 어린 물고기가 거슬러 올라와 이곳에서 성장하기도 한다. 하류에 사는 물고기들은 바닥의 무척추동물이나 중류 쪽에서 떠내려온 유기물 등을 먹고 산다.

하류에는 뱀장어, 잉어, 떡붕어, 붕어, 가시납지리, 누치, 됭경모치, 두우쟁이, 끄리, 눈불개, 강준치, 미꾸라지, 밀자개, 메기, 큰가시고기, 꺽정이, 가물치, 숭어, 농어, 민물두줄망둑, 검정망둑, 복섬 등이 산다.

길산천 하구(금강지류)

금강 하구

낙동강 하구

하류에 사는 대표적 물고기

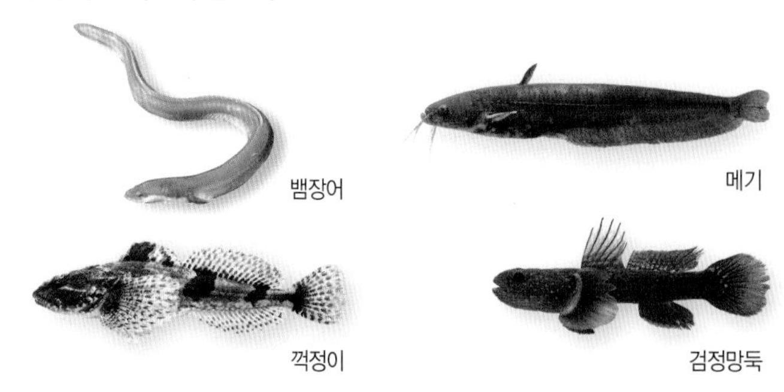

만경강 하구

● 기수역 · 조간대

해수면이 높아지는 만조 때 강 하구로 바닷물이 들어온다. 이때 염분으로 인해 비중이 높은 바닷물은 강 밑으로 가라앉으며 강을 거슬러 수십 ㎞를 역류하기도 한다. 이렇게 바닷물이 민물 쪽으로 들어오는 경계까지를 '기수역'이라고 한다. 또한 밀물 때 바닷물에 잠기고 썰물 때 육지가 되는 곳을 '조간대'라고 하며,

전라북도 고창군 인천강 하구

전라북도 고창군 심원면

전라남도 신안군 지도읍 갯벌

해안의 바위 지대나 점토, 모래로 형성된 갯벌 등이 이에 해당된다. 독특한 생태계를 형성하고 있어 많은 생물이 살아간다.
짱뚱어, 말뚝망둥어, 큰볏말뚝망둑, 미끈망둑, 사백어 등 망둑어과 물고기들이 산다.

짱뚱어

말뚝망둥어

사백어

● 댐호 · 저수지

큰 강의 물줄기를 가로막아 건설된 댐 안쪽에는 많은 양의 물이 가두어지는 반면 상류에서는 다량의 폐수와 유기물 등이 꾸준히 유입되어 부영양화가 진행된다. 그 결과 녹조류와 갈조류가 증가해 햇빛을 차단하며 또한 조류의 과다 산소 소비로 물속 생물에 악영향을 미치게 된다. 이러한 원인 때문에 댐 유입부를 제외하면 물고기의 종류는 그리 많지 않은 편이다.

잉어, 붕어, 떡붕어, 참붕어, 몰개, 누치, 피라미, 끄리, 동자개, 빙어, 배스, 블루길, 가물치 등이 산다.

팔당댐

청평댐

청평댐

댐호 · 저수지에 사는 대표적 물고기

누치

피라미

블루길

배스

화천댐

파로호

저수지

칠성장어목

Petromyzontiformes

칠성장어 *Lethenteron japonicus* (Martens, 1868)

영문명 : Arctic lamprey
방언 : 칠성뱀장어

몸 길이 : 40~50cm
멸종위기 야생생물 Ⅱ급

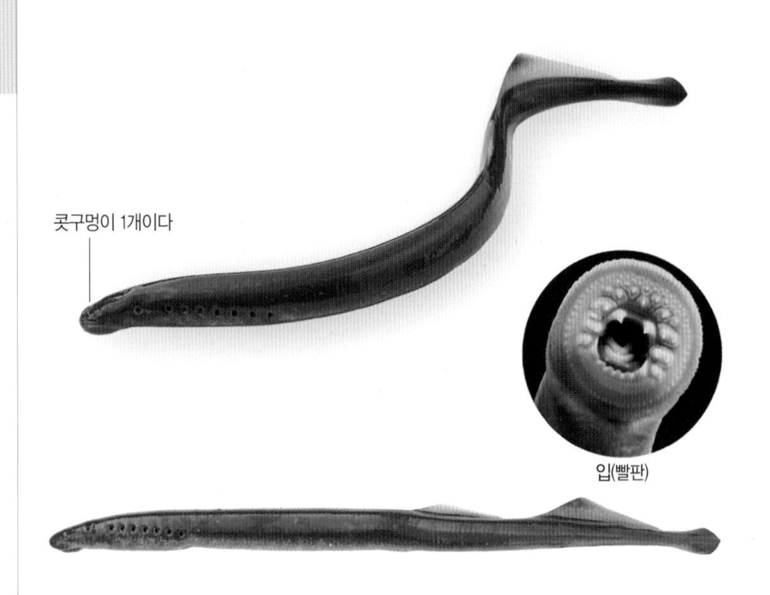

산란시기(월) 1 2 3 4 5 6 7 8 9 10 11 12

형태/색깔 몸은 가늘고 길다. 입은 동그랗고 빨판으로 구성되어 있다. 콧구멍은 눈과 눈 사이에 1개가 있고 호흡 구멍은 눈 뒤에 양옆으로 7개가 있다. 가슴지느러미와 배지느러미가 없으며 제1등지느러미와 제2등지느러미가 붙어 있다. 등 쪽은 진한 갈색이며 배 쪽은 색깔이 연하다. 꼬리지느러미는 검은색이다.

생활 어릴(유생) 때는 하천의 중 · 하류 진흙 속에서 살다가 바다로 진출해 성장한다.

먹이 어릴 때는 하천 바닥의 진흙이나 모래 속의 유기물과 부착 조류를 먹고 바다에서는 다른 물고기의 몸에 달라붙어 체액을 빨아 먹는다.

분포 동해 유입 하천과 중국, 일본, 러시아, 북아메리카 등에 분포한다.

하천에서의 칠성장어

머리 위 모습

머리 옆모습

칠성장어는 민물에서 유생으로 3~4년을 살며 이후 바다로 진출해 성장한다. 2~3년 뒤 산란기에 이르면 매년 5~7월에 강으로 가 바닥에 모래와 자갈이 깔린 곳에 알을 낳는다. 유생기에는 하천 바닥의 진흙 속 유기물이나 부착 조류를 먹고 살며 바다에 사는 동안에는 다른 물고기의 표피에 붙어 체액을 빨아먹고 산다. 양옆의 구멍 7개로 호흡한다. 유속이 빠른 곳에서는 빨판 구조로 되어 있는 입으로 돌과 같은 물체에 붙어 몸을 고정한다. 가장 원시적인 형태의 물고기이다. 동해와 남해로 흐르는 하천과 강에 널리 분포했으나, 최근에는 강원도의 동해로 흐르는 일부 하천에서만 출현하고 있다. '멸종위기 야생생물Ⅱ급'으로 지정하여 보호하고 있다.

다묵장어 *Lethenteron reissneri* (Dybowski, 1869)

영문명 : Sand lamprey

방언 : 칠공장어, 칠성뱀

몸 길이 : 20cm

멸종위기 야생생물 Ⅱ 급

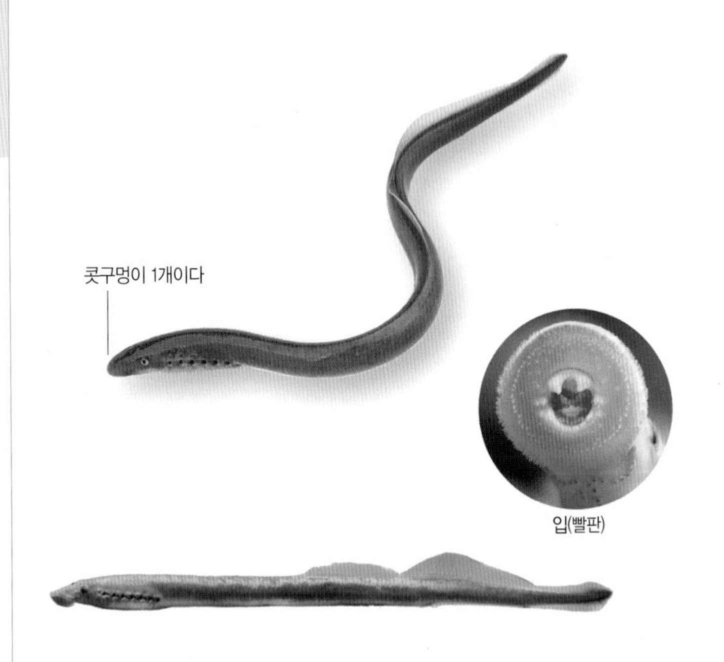

산란시기(월) 1 2 3 4 5 6 7 8 9 10 11 12

형태/색깔 몸은 가늘고 길다. 입은 동그랗고 빨판으로 구성되어 있다. 콧구멍은 눈과 눈 사이에 1개가 있고, 호흡 구멍은 눈 뒤에 양옆으로 7개가 있다. 가슴지느러미와 배지느러미가 없으며 제1등지느러미와 제2등지느러미가 붙어 있다. 등 쪽은 황갈색이며 배 쪽은 연한 갈색이다.

생활 어릴(유생) 때는 물이 천천히 흐르는 하천 가장자리의 모래 속에서 살고, 다 자라면 자갈이 있는 여울에서 산다.

먹이 어릴 때는 하천 바닥의 진흙이나 모래 속에 섞여 있는 유기물을 걸러 먹고, 다 자라면 아무것도 먹지 않는다.

분포 제주도를 제외한 전국 하천과 중국, 일본, 연해주에도 분포한다.

새끼(유생)

머리

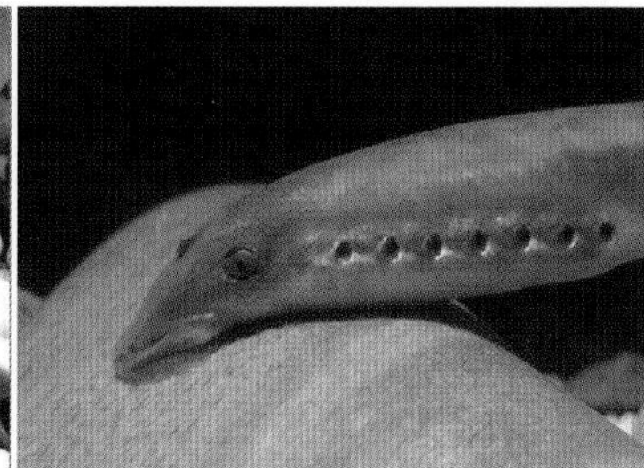
돌에 붙은 모습

다묵장어 유생의 눈과 입

유생(ammocoetes)기에 눈은 피부에 묻혀 보이지 않으며, 윗입술이 아랫입술보다 길다.

다묵장어는 일생을 민물에서 지내며 3년 정도의 유생기를 거치고 4년째 되는 해에 변태하여 성어가 되며, 이듬해 봄에 강으로 흘러드는 깊이 30㎝ 정도 되는 깨끗한 개울의 모래 속에 알을 낳고 죽는다. 눈 뒤 양옆의 구멍 7개로 호흡한다. 물속에서 몸의 균형을 유지해 주는 가슴지느러미나 배지느러미 같은 짝지느러미가 없어 빨판 구조로 된 입을 이용하여 돌과 같은 물체에 붙어 몸을 고정하기도 한다. 뒷지느러미는 암컷에게만 있고, 수컷은 생식기가 돌출되어 있다. 가장 원시적인 형태의 물고기이다. 최근 서식지가 망가져 그 수가 빠르게 줄어 자연에서 보기가 어렵다. '멸종위기 야생생물Ⅱ급'으로 지정하여 보호하고 있다.

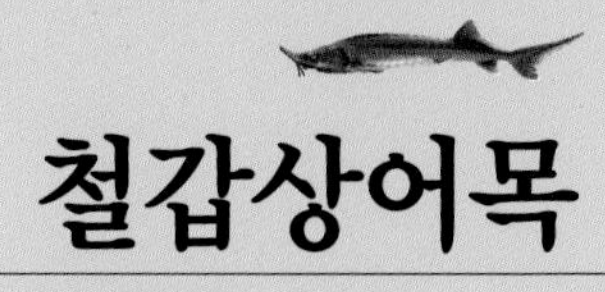

철갑상어목

Acipenseriformes

철갑상어 *Acipenser sinensis* Gray, 1835

영문명 : Chinese sturgeon **몸 길이 :** 130cm
방언 : 줄철갑상어

러시아산 베스테르 철갑상어

산란시기(월) 1 2 3 4 5 6 7 8 9 10 11 12

형태/색깔 몸은 원통형이다. 주둥이는 길고 뾰족하다. 입은 주둥이 아래에 있고 수염은 2쌍이다. 배 밑과 옆, 등에는 톱니 모양의 굳비늘이 있다. 꼬리지느러미는 위쪽이 길다. 등 쪽은 회갈색 또는 청갈색이고 배 쪽은 흰색이다.

생활 강어귀와 바다를 오가며 생활하는데 주로 바닥을 헤엄쳐 다니면서 먹이 활동을 한다. 번식기에는 자갈이 깔린 강의 여울로 올라와 산란한다.

먹이 어릴 때는 동물성 플랑크톤을 먹고, 다 자라서는 바닥에 사는 수서곤충, 조개, 게, 새우, 어린 물고기 등을 먹는다.

분포 금강, 한강 등의 하구에 살았으나 최근에는 보기가 어렵다. 중국 남부, 일본 규슈 지방에서도 분포한다.

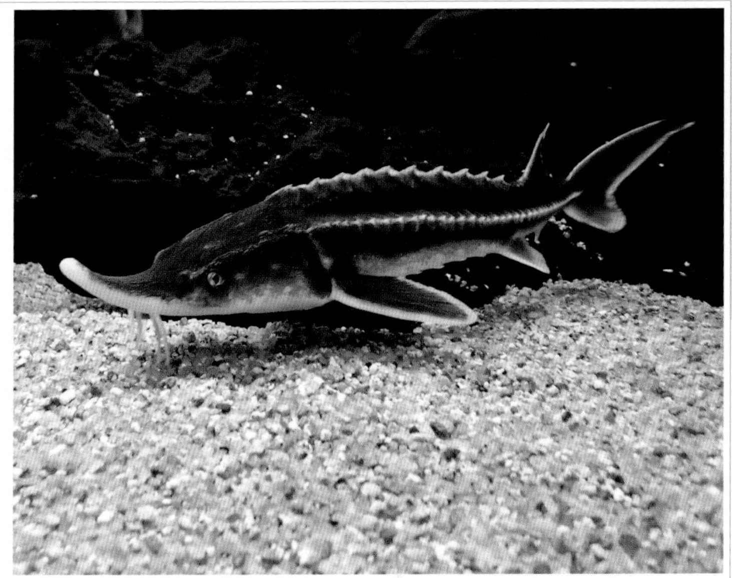

자연에서는 보기가 어렵다(러시아산 스텔렛 철갑상어).

머리 아래와 배면

철갑상어의 등과 몸의 양옆에는 딱딱하고 뾰족한 굳비늘이 5줄 있어 마치 철갑을 두른 것 같다 하여 철갑상어로 불린다. 옛날에는 철갑상어의 비늘로 물건을 자르거나 깎았다고 한다. 다 자란 몸 길이가 평균 1.3m이고 그 이상 자라기도 하는 대형 종(種)으로 세계적으로 26종의 철갑상어 무리가 있다. 남획으로 희귀해져 국제협약(CITE)에 의해 거래가 제한되어 있다. 우리나라에서는 러시아에서 일부 종을 들여와 식용으로 양식하고 있으며, 야생에서는 보기가 어렵다. 10년 이상 자라야 알을 낳을 수 있으며, 이 철갑상어의 알은 세계 3대 진미 중 하나인 캐비어(caviar)의 원재료로 쓰인다.

뱀장어목

Anguilliformes

뱀장어 *Anguilla japonica* Temminck et Schlegel, 1846

영문명 : Eel, Japanese eel **몸 길이** : 60~100cm
방언 : 장어, 짱애

산란시기(월) 1 2 3 4 5 6 7 8 9 10 11 12

형태/색깔 몸은 뱀처럼 아주 길며 원통형이다. 입은 크며 아래턱이 위턱보다 길다. 눈은 아주 작다. 배지느러미는 없고 등지느러미와 꼬리지느러미, 뒷지느러미가 서로 붙어 있다. 비늘은 매우 작으며 몸이 미끄럽다. 몸 색깔은 진한 갈색 또는 검은색이며, 사는 곳에 따라서 누런색을 띠기도 한다.

생활 먼바다에서 부화해 봄철에 강 하구에 도달한 치어는 강이나 하천을 올라가면서 성장한다. 주로 밤에 먹이 활동을 한다.

먹이 새우나 작은 물고기, 수서곤충, 실지렁이 등을 먹는다. 겨울에는 진흙 속에서 아무것도 먹지 않고 지낸다.

분포 영동 북부를 제외한 모든 하천과 중국, 일본, 대만 등지에 분포한다.

알을 낳기 위해 깊은 바다로 나간다.

머리 앞모습

머리 옆모습

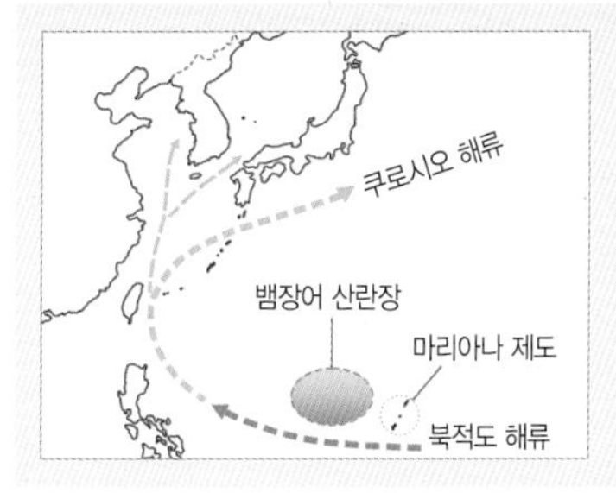

뱀장어가 되돌아오는 경로

뱀장어는 알을 낳기 위해 3,000km 이상을 이동하며, 새끼도 오랜 시간 해류를 타고 하천으로 되돌아온다.

뱀장어는 5~10년간 민물에서 지내다 알을 낳기 위해 10~11월에 필리핀과 마리아나 제도 사이의 깊은 바다로 나간다. 갓 태어난 새끼(유생)는 댓잎 모양으로 렙토세팔루스(leptocephalus)로 불리며 쿠로시오 해류를 따라 동북아시아 쪽으로 무리를 이뤄 이동하다가 가을쯤 육지 가까운 곳에 이른다. 이때 렙토세팔루스는 흰실뱀장어로 바뀌고 연안의 바닥에서 겨울을 난 후 이른 봄부터 강이나 하천으로 올라온다. 댐이나 보 등으로 물길이 막힌 탓에 서식지가 줄고 있다. 현재 댐이나 그 위쪽 지역에서 살고 있는 뱀장어는 방류한 것이며 바다로 나가지 못하고 일생을 그곳에서 마친다. 식용으로 쓰고자 강 하구로 올라오는 치어를 잡아서 양식한다.

무태장어 *Anguilla marmorata* Quoy et Gaimard, 1824

영문명 : Marbled eel
방언 : 제주뱀장어
몸 길이 : 100~200cm
천연기념물 제27호(서식지)

산란시기(월) 1 2 3 4 5 6 7 8 9 10 11 12 (추정)

형태/색깔 몸은 아주 길고 원통형이며 몸 뒷부분은 옆으로 납작하다. 입은 크며 이빨은 날카롭다. 아래턱이 위턱보다 길다. 눈은 아주 작다. 배지느러미는 없고 등지느러미와 꼬리지느러미, 뒷지느러미가 서로 붙어 있다. 비늘은 매우 작다. 몸 색깔은 황갈색이며 몸통과 지느러미에 진한 갈색 무늬가 불규칙하게 나 있다.

생활 강이나 하천의 하류에 서식한다.

먹이 갑각류, 물고기, 양서류 등을 먹는다.

분포 제주도의 천지연에 서식한다. 일본, 대만, 중국, 인도네시아, 뉴기니와 인도양, 서태평양 열대 해역에 널리 분포한다.

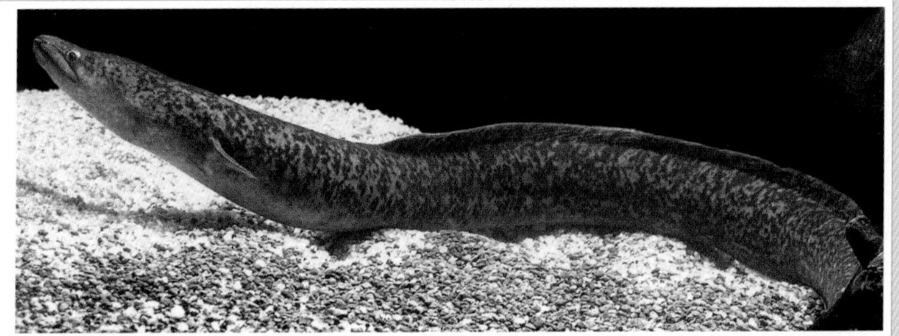

제주도 천지연에 산다.

머리 앞모습

머리 옆모습

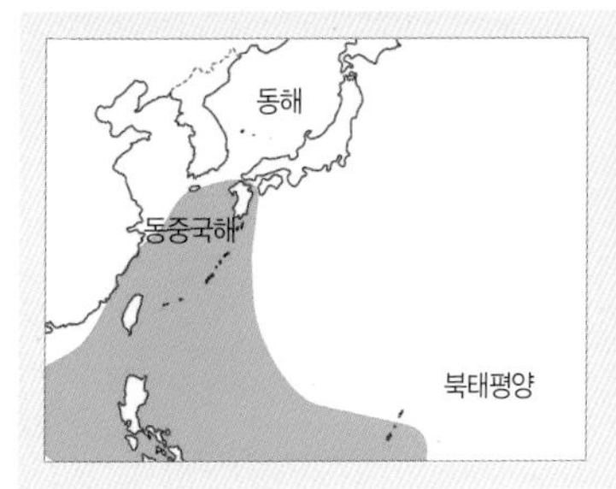

동아시아 무태장어 분포도

무태장어는 열대성 물고기로 인도양과 서태평양 열대 해역에 널리 분포한다. 우리나라에서는 제주도 천지연 폭포에 서식한다.

무태장어는 열대성 물고기로 우리나라에서는 제주도 천지연에 살고 있다. 뱀장어와 비슷하지만 뱀장어에 비해 몸이 매우 크다. 5~8년간 민물에서 살다가 깊은 바다로 내려가 알을 낳는다. 알에서 깨어난 유생(렙토세팔루스)은 난류를 따라 표류하면서 변태하여 강이나 하천으로 되돌아온다. 탐진강, 섬진강, 거제도, 영덕군 오십천 등에 서식했던 기록이 있으나 지금은 제주도 서귀포시의 천지연 부근에만 산다. 우리나라의 남해안과 제주도, 일본의 나가사키 등지는 무태장어가 살 수 있는 북방한계선이다. 서식지인 제주도 천지연 일대는 천연기념물 제27호이며, 종(種) 자체는 1978년 천연기념물로 지정되었다가 2009년 해제되었다.

잉어목

Cypriniformes

잉어 *Cyprinus carpio* Linnaeus, 1758

영문명 : Common carp **몸 길이 :** 30~80cm
방언 : 잉에, 이어, 쭈리기

산란시기(월) 1 2 3 4 5 6 7 8 9 10 11 12

형태/색깔 몸은 비교적 길고 옆으로 납작하며 두툼하다. 주둥이는 둥글고 입은 아래로 향해 있다. 입수염은 2쌍이다. 등지느러미는 앞부분이 솟아 있다. 옆줄은 뚜렷하며 비늘은 크고 촘촘하다. 등 쪽은 진한 갈색이며 배 쪽은 연한 갈색이다. 등지느러미와 꼬리지느러미는 색깔이 좀 더 진하고 다른 지느러미는 연하다. 몸에는 별다른 무늬나 색깔이 없다.

생활 큰 강이나 댐, 호수, 저수지 등 물이 많고 깊은 곳에 산다.

먹이 잡식성으로 수초와 수서곤충, 갑각류, 실지렁이, 동 · 식물질을 먹는다.

분포 우리나라 하천, 댐, 호수 등 전 수역과 아시아 및 유럽에 분포한다.

주로 물의 중층 아래를 헤엄쳐 다닌다.

머리 앞모습

머리 옆모습

잉어는 붕어보다 체고가 약간 낮으며 붕어와 달리 입수염은 2쌍이 있다. 주로 물의 중층 이하를 헤엄쳐 다니면서 돌이나 바위에 붙은 조류나 수초, 진흙 속의 동·식물, 유기물을 가리지 않고 먹는다. 번식기는 4~7월로 수초가 있는 얕은 물가에 암수가 떼를 지어 나와 요란스럽게 짝짓기를 하고, 알은 수초에 붙인다. 예로부터 식용이나 약용, 관상용으로 쓰였으며 양식에 관한 기록도 있다. 이스라엘잉어(향어), 비단잉어는 잉어를 품종 개량한 종(種)이다. 환경에 대한 적응력이 뛰어나 다소 척박한 환경에서도 산다. 몸 길이가 1m 이상 자라기도 하며 30~40년을 장수한다. 최근 중국으로부터 교잡 잉어가 수입되어 토종 잉어와의 유전자 교란이 우려된다.

이스라엘잉어 *Cyprinus carpio* Linnaeus, 1758

영문명 : Islaeli carp
방언 : 향어
몸 길이 : 50~100cm
외래종

산란시기(월) 1 2 3 4 5 6 7 8 9 10 11 12

형태/색깔 체고는 잉어보다 높고 몸통이 더 퉁퉁하다. 주둥이는 둥글고 입은 아래로 향해 있다. 입수염은 2쌍이다. 입이나 입수염, 지느러미의 형태는 잉어와 같다. 옆줄은 뚜렷하며 비늘은 몸 일부에만 있거나 거의 없는 경우도 있다. 등 쪽은 황갈색 또는 흑갈색이고 배 쪽은 연한 황색이거나 미색이다.

생활 댐이나 호수, 유속이 느린 하천에 적은 수가 산다. 습성은 잉어와 비슷하지만 잉어보다 물이 맑은 곳에서 생활하며 수온 변화에 민감하다.

먹이 잡식성으로 부착 조류, 유기물, 조개, 수서곤충, 갑각류 등을 먹는다.

분포 양식용으로 우리나라에 도입하였으며, 전 세계적으로 양식된다.

독일에서 개량된 종이며 이스라엘에서 도입되었다.

머리 앞모습

머리 옆모습

이스라엘잉어는 체고가 낮고 비늘이 없는 독일산(産) 가죽잉어와 체고가 높은 이스라엘산 잉어를 교배하여 탄생시킨 품종이다. 독일에서 개량하여 이스라엘로 이식되었고, 우리나라에는 1973년 양식을 위해 이스라엘에서 도입하였다. 이후 시험 증식을 거쳐 1978년부터 양식을 시작하였다. 잉어보다 빠르게 자라고 육질이 단단하며, 맛이 좋다고 알려져 식용으로 가장 많이 양식되고 있다. 이스라엘에서 들여와 '이스라엘잉어'라고 부르며, 또 다른 이름으로는 '향어'라고도 한다. 방류하였거나 양식장에서 빠져나온 개체들이 자연에서 발견되고 있다.

붕어 *Carassius auratus* (Linnaeus, 1758)

영문명 : Crusian carp　　**몸 길이 :** 20~40cm
방언 : 희나리, 붕에

산란시기(월) 1 2 3 4 5 6 7 8 9 10 11 12

형태/색깔 몸은 타원형으로 옆으로 납작하며 체고가 높다. 주둥이는 둥글며 입은 작고, 입수염은 없다. 등지느러미 윗부분의 경사가 완만하다. 옆줄은 뚜렷하며 비늘은 크다. 등 쪽은 녹갈색이고 배 쪽은 연한 갈색을 띤다. 등지느러미와 꼬리지느러미는 잉어에 비해 약간 투명하다.

생활 하천의 중·하류 등 유속이 느린 곳이나 호수, 저수지, 농수로 등에서 산다. 오염된 물에서도 잘 살 정도로 환경 적응력이 뛰어나다.

먹이 잡식성으로 동물성 플랑크톤, 실지렁이, 수서곤충, 수초, 유기물 등을 먹는다.

분포 우리나라의 모든 수역에 분포하고 아시아와 유럽에도 분포한다.

중국에서 잡종 붕어가 많이 수입되어 토종 붕어와의 유전자 교란이 우려된다.

머리 앞모습

머리 옆모습

붕어는 사는 곳에 따라 모양과 색깔이 조금씩 다르다. 흐르는 물에 사는 붕어는 녹갈색, 고인 물에 사는 붕어는 황갈색을 띤다. 4~7월에 무리를 이루어 얕은 물가로 나와 알을 낳으며 알은 수초에 붙인다. 수정된 알은 수온 25℃ 정도에서 3일이면 부화한다. 2~3년 자라면 알을 낳는다. 10년 이상 자라면 몸 길이는 30㎝ 정도가 된다. 사람들은 '돌붕어', '희나리', '참붕어' 등으로 부르기도 한다. 예로부터 남성에게는 붕어가, 여성에게는 잉어가 좋다고 하여 약용과 식용으로 이용됐다. 최근 토종 붕어가 귀해져서 낚시나 식용 대상으로 잡종 중국 붕어가 많이 수입되는데, 이 중 상당수가 하천으로 빠져나갔으며 토종 붕어와 자연 교배 시 유전자 교란이 우려된다.

떡붕어 *Carassius cuvieri* Temminck et Schlegel, 1846

영문명 : Japanese white crucian carp **몸 길이 :** 20~40cm
방언 : 희나리붕어 외래종

산란시기(월) 1 2 3 4 5 6 7 8 9 10 11 12

형태/색깔 몸은 타원형으로 옆으로 납작하다. 주둥이는 둥글며 입이 작다. 입수염은 없다. 등의 앞부분은 매우 높고 굽어 있다. 붕어와 같이 등지느러미의 경사가 고른 편이다. 옆줄은 뚜렷하며 비늘은 크고 쉽게 벗겨진다. 등 쪽은 회갈색이고 배 쪽은 연한 갈색을 띤다.

생활 하천이나 강의 중·하류, 호수, 저수지 등의 중층 이상에서 떼를 지어 산다.

먹이 잡식성으로 식물성 플랑크톤, 실지렁이, 수서곤충, 수초, 유기물 등을 먹는다.

분포 전국의 댐, 호수, 저수지 등에 분포한다. 일본이 원산지이다.

일본 비와호가 원산지이다. 현재 토종 붕어보다 수가 많아졌다.

머리 앞모습

머리 옆모습

떡붕어의 원산지는 일본 최대 호수인 비와호(琵琶湖)이다. 유전적으로 우수한 품종이라 여겨 일본 전역에 이식되었으며 우리나라에는 1972년에 들여와 전국으로 퍼지게 되었다. 주 먹이는 식물성 플랑크톤이며, 새파 수는 붕어보다 많아 100개 이상이 된다. 4~7월에 알을 낳으며 성장이 빠르고 깊은 물에 잘 적응하는 원산지 특성 때문에 댐이나 호수 등에 먼저 방류하였는데, 현재는 상당수의 댐호나 저수지 등에 토종 붕어보다 우세하게 나타난다. 떡붕어가 서식한 지 오래된 곳에서는 떡붕어와 토종 붕어 사이에 잡종이 나타나고 있다. 배스나 블루길과 같이 외국에서 들여와 확실하게 우리나라 자연에 적응한 어종이다.

황어 *Tribolodon hakonensis* (Günther, 1877)

영문명 : Big-scaled redfin, Sea rundace **몸 길이 :** 25~40cm
방언 : 강황어

산란기 황어의 몸 색깔(암수 공통)

산란시기(월) 1 2 3 4 5 6 7 8 9 10 11 12

형태/색깔 몸은 길며 옆으로 납작하다. 주둥이 끝은 뾰족하다. 입은 주둥이 아래에 있고 비스듬히 위로 향해 있다. 입수염은 없다. 위턱이 아래턱보다 길다. 눈은 작고 머리 가운데에 있다. 옆줄은 뚜렷하며 비늘은 작고 촘촘하다. 몸 색깔은 황갈색이고 배 쪽은 은백색이다. 각 지느러미의 일부분은 연한 황색이다.

생활 바다에서 살다가 알을 낳기 위해 봄에 물이 맑은 하천으로 올라온다.

먹이 잡식성으로 수서곤충, 작은 물고기, 부착 조류 등을 먹는다.

분포 서해를 제외한 동해와 남해로 흐르는 하천에 분포하며, 일본과 사할린 등에도 분포한다.

바다에서 살다가 봄에 알을 낳기 위해 하천 상류로 간다.

머리 앞모습

머리 옆모습

어린 황어

황어는 일생의 대부분을 바다에서 보내지만 일부는 하천의 하류나 기수역에 산다. 번식기에 알을 낳기 위해 하천 상류의 여울로 거슬러 올라오며 자갈이나 모랫바닥에 집단으로 알을 낳는다. 산란을 마친 황어는 곧바로 바다로 돌아간다. 번식기에 암수 모두 몸 색깔이 검은색으로 변하고 몸통에는 진한 황색 띠가 2~3줄 나타나며 각 지느러미에도 진한 황색이 나타난다. 또한 수컷의 온몸에는 흰색 돌기가 돋는다. 수정된 알은 수온이 15℃일 때 5일 만에 깨어나며 몸 길이가 3.5㎝ 정도로 자라면 바다로 나간다.

연준모치 *Phoxinus phoxinus* (Linnaeus, 1758)

영문명 : Eurasian minnow
방언 : 모치
몸 길이 : 6~8cm
멸종위기 야생생물 Ⅱ급

산란시기(월) 1 2 3 4 5 6 7 8 9 10 11 12

형태/색깔 몸은 길고 유선형이며 옆으로 납작하다. 주둥이는 짧고 뭉툭하며 입은 주둥이 아래에 있다. 입수염은 없다. 위턱이 아래턱보다 길다. 옆줄은 몸통의 뒤쪽으로 갈수록 희미하다. 비늘은 작고 얇다. 몸 색깔은 푸른 갈색 또는 보랏빛을 띤 갈색이고 배 쪽은 은백색이다. 몸 가운데에는 색깔이 진한 반점이 배열되어 있고 그 위에 금색 가로줄이 있다.

생활 물이 차고 깨끗하며 바닥에 돌과 자갈이 깔린 산간 계류에 산다.

먹이 잡식성으로 수서곤충, 소형 갑각류, 부착 조류 등을 먹는다.

분포 삼척시 오십천과 남한강 상류, 압록강, 두만강에 분포하고, 유럽과 러시아, 중국 등의 추운 지역에 분포한다.

번식기의 수컷. 물이 찬 계류에 산다.

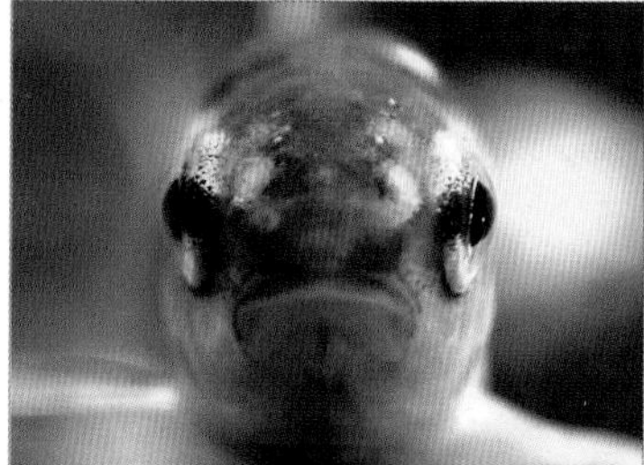

머리 앞모습

머리 옆모습

연준모치의 추성

암수 모두 번식기에 추성인 돌기가 돋아난다.

연준모치는 바위와 돌, 자갈이 있는 수온 20℃ 이하(유럽의 경우 23℃ 이하)의 계류 바닥층에서 산다. 번식기는 4~5월로 암컷 한 마리의 뒤를 여러 수컷이 따르며, 자갈 밑에 알을 낳는다. 번식기에 암수 모두 주둥이와 머리에 돌기가 뚜렷해지며, 아가미 덮개 뒷부분은 진한 파란색을 띤다. 또한 수컷의 몸과 지느러미에는 붉은색이 더해진다. 금강모치와 같이 산다. 봄과 여름에 금강모치는 물 위를 날다가 떨어지는 육상 곤충을 주로 먹지만, 연준모치는 계류 바닥의 수서곤충을 주로 먹는다. 냉수성 물고기로 우리나라의 강원도가 연준모치의 서식 한계 지역이다. '멸종위기 야생생물Ⅱ급'으로 지정하여 보호하고 있다.

버들치 *Rhynchocypris oxycephalus* (Sauvage et Dabry de Thiersant, 1874)

영문명 : Chinese minnow **몸 길이 :** 6~12cm
방언 : 중태기

산란시기(월) 1 2 3 4 5 6 7 8 9 10 11 12

형태/색깔 몸은 길고 몸 뒷부분은 옆으로 납작하다. 주둥이는 약간 뾰족하다. 입은 주둥이 아래에 있고 약간 위로 향해 있다. 입수염은 없다. 위턱이 아래턱보다 길다. 옆줄은 뚜렷하며 비늘은 작다. 몸 색깔은 황갈색이고 배 쪽은 연한 갈색이다. 몸에는 작은 반점들이 흩어져 있다. 각 지느러미에는 특별한 무늬나 반점이 없다.

생활 물이 차고 깨끗한 산간 계류나 강 상류에 무리를 지어 살지만, 강 중류나 댐호, 저수지에서도 산다.

먹이 잡식성으로 수서곤충과 소형 갑각류, 부착 조류 등을 먹고 산다.

분포 동해안 북부를 제외한 우리나라 전역과 일본, 중국에도 분포한다.

물이 깨끗한 상류에 주로 살지만 중류나 하류까지 폭넓게 산다.

머리 앞모습

머리 옆모습

버들치는 크고 작은 하천의 상류역에 비교적 흔하게 분포한다. 번식기는 4~5월로 암수가 무리를 이루어 자갈 틈에 알을 낳는다. 지역에 따라서는 7월 초까지 알을 낳기도 한다. 번식기에 수컷의 머리에는 작은 돌기가 돋아난다. 생김새가 버들개와 매우 비슷하나 버들개보다 비늘 수가 적고 등지느러미의 기점은 몸의 가운데에 있다. 환경에 대한 적응력이 뛰어나 하천의 상류뿐 아니라 중 · 하류, 댐, 저수지 등의 다양한 환경에서 산다.

버들개 *Rhynchocypris oxyrhynchus* (Mori, 1930)

영문명 : Korean minnow
방언 : 동북버들치

몸 길이 : 12cm
대한민국 고유종

산란시기(월) 1 2 3 4 5 6 7 8 9 10 11 12

형태/색깔 몸은 길고 몸 뒷부분은 옆으로 납작하다. 주둥이는 뾰족하며 입은 주둥이 아래에 있다. 입수염은 없다. 위턱이 아래턱보다 길다. 옆줄은 뚜렷하며 비늘은 아주 작다. 몸 색깔은 진한 갈색이고 배 쪽은 은백색이다. 몸에는 작은 반점들이 흩어져 있다. 몸통 가운데에서 꼬리지느러미 시작 부분까지 너비가 넓고 흐릿한 줄무늬가 나 있다.

생활 물이 차고 깨끗한 산간 계류나 강 상류에 산다.

먹이 잡식성으로 수서곤충, 소형 갑각류, 부착 조류 등을 먹고 산다.

분포 강원도 강릉시 남대천 이북의 하천과 일부 하천 상류에 산다. 북한과 중국, 일본의 북부에도 분포한다.

물이 차고 깨끗한 계류에서 산다. 주둥이가 버들치보다 약간 뾰족하다.

머리 앞모습

머리 옆모습

버들개는 물이 아주 깨끗하고 찬 계류에서 무리 지어 산다. 번식기는 4~6월로 유속이 느린 여울에 알을 낳는다. 버들치보다 비늘 수가 더 많고, 등지느러미는 몸의 앞쪽으로 약간 치우쳐 있다. 버들치는 서해와 남해로 흐르는 하천과 강릉시 남대천 이남의 하천에 널리 분포하나 버들개는 강원도 강릉시 남대천 이북의 일부 하천에만 분포한다. 환경부는 본 종의 학명을 *Rhynchocypris steindachneri*로 기재하고 있다. 이 경우 고유종에서 제외된다.

버들피리 *Rhynchocypris lagowskii* (Dybowski, 1869)

영문명 : Amur minnow **몸 길이** : 7~10cm

산란시기(월) 1 2 3 4 5 6 7 8 9 10 11 12

형태/색깔 몸은 길고 뒤쪽은 옆으로 납작하다. 주둥이는 약간 뾰족하다. 입은 주둥이 아래에 있고 약간 위로 향해 있다. 위턱이 아래턱보다 길며 입수염은 없다. 눈은 비교적 크다. 옆줄은 뚜렷하다. 꼬리자루는 비교적 가늘다. 꼬리지느러미는 안쪽으로 파였다. 몸 색깔은 황갈색이고 배 쪽은 연한 갈색이다. 머리에서 꼬리자루까지 이어지는 암색의 굵은 줄무늬가 있다.

생활 하천 중 · 상류의 유속이 느린 곳에 산다.

먹이 수서곤충을 먹고 산다.

분포 한강, 임진강, 낙동강, 압록강, 두만강 수계 일부에 분포한다. 아무르강, 중국, 일본에도 분포한다.

하천의 상류와 중류에 산다.

머리 앞모습

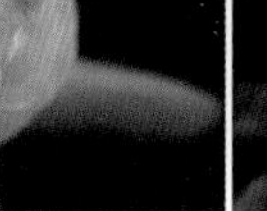

머리 옆모습

버들피리는 중국과 러시아, 일본에 분포한다고 알려져 왔다. 최근 우리나라에 분포하는 버들개 중 서해와 남해로 흐르는 하천(한강, 임진강, 낙동강)에 사는 무리가 일본에 분포하는 *Rhynchocypris lagowskii*와 유전적으로 가까운 것으로 연구되어 '버들피리'라는 새로운 이름이 제안되었다(김, 2016). 동해로 흐르는 하천에 분포하는 무리는 기존대로 버들개로 부르고 학명은 1930년에 일본 학자 모리가 신종으로 발표한 *Rhynchocypris oxyrhynchus*로 적용하는 것이 타당하다고 하여 *R. steindachneri*에서 *R. oxyrhynchus*로 변경 기재되었다. 외형상으로 버들개와 버들피리는 머리와 눈의 크기, 꼬리 자루의 굵기, 꼬리지느러미 모양 등에서 차이를 보인다.

금강모치 *Rhynchocypris kumgangensis* (Kim, 1980)

영문명 : Kumgang fat minnow
방언 : 금강뽀들개, 금강어

몸 길이 : 7~10cm
대한민국 고유종

산란시기(월) 1 2 3 4 5 6 7 8 9 10 11 12

형태/색깔 몸은 길고 옆으로 납작하다. 주둥이는 뾰족하며 입은 주둥이 아래에 있다. 입수염은 없다. 위턱이 아래턱보다 길다. 옆줄은 뚜렷하다. 몸 색깔은 황갈색이고 배 쪽은 은백색이다. 몸통을 가로질러 금색 줄무늬가 있고 그 아래에 주황색 줄무늬가 2개 있다. 등지느러미 시작 부분에 검은색 반점이 있다.

생활 물이 차고 깨끗한 산간 계류 및 상류에 산다.

먹이 수서곤충, 육상 곤충, 소형 갑각류 등을 먹고 산다.

분포 남한강과 북한강, 임진강, 금강 최상류에 분포한다. 북한에도 분포한다.

물이 차고 깨끗한 산간의 계류나 상류에서 산다.

머리 앞모습

머리 옆모습

금강모치의 등지느러미

등지느러미 시작 부분에 검은색 반점이 있다.

금강모치는 수온이 낮고 물이 깨끗한 산간의 계류에 무리 지어 산다. 번식기는 4~5월로 유속이 느린 여울의 자갈 틈으로 다수의 암수가 뒤섞여 들어가 산란하며 암컷 한 마리를 여러 마리의 수컷이 뒤따른다. 점착성이 있는 수정란은 자갈 표면에 붙어 부화를 시작한다. 물의 중상층을 유영하면서 봄과 여름에는 물 위로 떨어지는 육상 곤충을 주로 먹다가 가을에는 수서곤충을 먹는다. 한강과 임진강 상류에 비교적 많은 수가 살고 있으나 금강에서는 전라북도 무주군 무주구천동 일대에만 살고 있어 보호가 필요하다. 대한민국 고유종이다.

버들가지 *Rhynchocypris semotilus* (Jordan et Starks, 1905)

영문명 : Black star fat minnow

몸 길이 : 6~10cm

대한민국 고유종 | 멸종위기 야생생물 Ⅱ 급

산란시기(월) 1 2 3 4 5 6 7 8 9 10 11 12

형태/색깔 몸은 길고 뒤쪽은 옆으로 납작하다. 주둥이는 약간 뾰족하며 입은 주둥이 아래에 있고 약간 위로 향해 있다. 위턱이 아래턱보다 길며 입수염은 없다. 옆줄은 뚜렷하며 비늘은 작다. 몸 색깔은 짙은 갈색이고 배 쪽은 연한 갈색이다. 등지느러미 시작 부분에 검은색 반점이 있다.

생활 물이 차고 깨끗한 산간 계류에 산다.

먹이 수서곤충을 먹고 산다.

분포 강원도 고성군 민통선 내 하천 상류의 산간 계류에 산다.

물이 차고 깨끗한 곳에서 산다. (출처 : 국립생물자원관 '한반도의 생물다양성' 웹사이트)

버들치속 물고기 비교

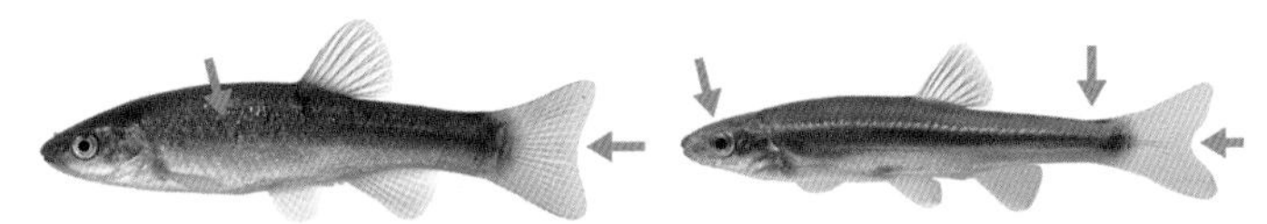

버들치

꼬리지느러미 뒤쪽이 안으로 약간 파였다. 몸에 작은 반점이 흩어져 있다.

버들피리

눈이 크고 꼬리자루가 가늘며 꼬리지느러미 뒤쪽이 안으로 깊이 파였다.

버들개

위턱이 길어 주둥이가 뾰족하고 몸 가운데에 줄무늬가 있다.

버들가지

비늘이 크다. 등지느러미 시작 부분에 검은색 반점이 있다.

버들가지는 냉수성 어류이다. 버들치, 버들개와 매우 비슷하지만 비늘 끝에 갈색 색소포가 밀집되어 비늘이 뚜렷하게 보이고 등지느러미 시작 부분에 검은색 반점이 있는 것이 특징이다. 휴전선 비무장 지대 민간인의 접근이 통제되는 민통선 구역에 해당하는 강원도 북부의 고성군 송현천, 수동면 사천리와 상원리, 남강 상류의 물이 맑고 찬 산간 계류에 무리지어 산다. 버들개나 산천어, 종개 등과 같이 살기도 한다. 대한민국 고유종이며 '멸종위기 야생생물 Ⅱ급'으로 지정하여 보호하고 있다.

흰줄납줄개 *Rhodeus ocellatus* (Kner, 1866)

영문명 : Rose bitterling **몸 길이 :** 6~8cm
방언 : 망성어, 흰납줄개

산란시기(월) 1 2 3 4 5 6 7 8 9 10 11 12

형태/색깔 몸통은 얄팍하며 체고는 높다. 주둥이는 튀어나왔고 입은 작다. 입수염은 없다. 눈은 비교적 큰 편이다. 등은 동그랗다. 옆줄은 몸통 앞부분에만 있다. 몸 가운데에서 꼬리지느러미 시작 부분까지 앞뒤가 뾰족한 청록색 가로줄이 있다. 등 앞부분은 청록색을 띤다.

생활 수초가 많고 물이 천천히 흐르는 하천의 중 · 하류나 호수, 저수지 등에서 산다.

먹이 잡식성으로 수서곤충, 실지렁이, 규조류 등을 고루 먹는다.

분포 동해로 흐르는 하천을 제외한 전국의 하천과 호수에 분포하고, 일본과 중국에도 분포한다.

말조개, 펄조개 등 주로 덩치가 큰 조개의 몸 안에 알을 낳는다.

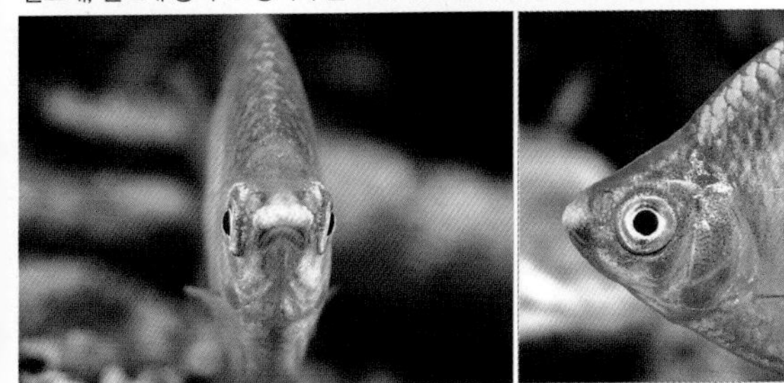

머리 앞모습

머리 옆모습

흰줄납줄개는 각시붕어와 생김새가 매우 비슷하나 각시붕어보다 등이 동그랗고 머리 부분이 돌출되어 구분할 수 있다. 번식기에 수컷의 몸은 진한 다홍색을 띠어 매우 화려해진다. 암컷은 납자루아과(亞科) 물고기 중 산란관이 가장 길어 민물(담수)에 사는 말조개, 펄조개 등 주로 덩치가 큰 조개의 몸 안에 알을 낳는다. 새끼는 자유롭게 유영할 때쯤 조개의 몸 밖으로 나온다. 최근 흰줄납줄개의 수가 급속히 줄고 있는데, 하천 바닥의 환경이 나빠져 대형 민물조개가 사라지는 것과 관련이 있다. 2004~2005년 이완옥 박사에 의해 금강산 삼일포에 일본의 고유 아종(亞種)인 *Rhodeus kurumeus*가 서식하는 것으로 밝혀졌으나 정확한 조사가 이뤄지지 않고 있다.

한강납줄개 *Rhodeus pseudosericeus* Arai, Jeon et Ueda, 2001

영문명 : Hangang bitterling
몸 길이 : 5~9cm
방언 : 아무르망성어, 납조리
대한민국 고유종 | 멸종위기 야생생물 Ⅱ급

산란시기(월) 1 2 3 4 5 6 7 8 9 10 11 12

형태/색깔 몸은 옆으로 납작하며 체고는 높다. 주둥이는 튀어나왔고 입은 약간 위로 향해 있다. 입수염은 없다. 등과 배의 외곽은 거의 대칭을 이룬다. 옆줄은 분명하지 않으며 비늘은 크고 불규칙하게 배열되어 있다. 등 쪽은 회갈색이며 배 쪽은 은갈색이다. 몸 가운데에서 꼬리지느러미 시작 부분까지 가느다란 파란색 가로줄이 있다. 등지느러미 가장자리에 노란색 띠가 있다.

생활 유속이 느리고 수초가 많은 하천의 중 · 상류에 산다.

먹이 잡식성으로 동 · 식물성 플랑크톤과 유기물을 먹는다.

분포 한강 수계의 횡성, 양평, 가평, 충청남도 무한천 상류 등에 드물게 분포한다.

한강 상류와 충청남도 무한천에 산다.

머리 앞모습

머리 옆모습

한강납줄개는 물이 천천히 흐르는 하천의 수초 지대에 떼를 지어 산다. 4~6월에 민물조개의 몸 안에 알을 낳는다. 번식기에 수컷의 몸 색깔은 어두워진다. 암컷의 산란관은 짧은 편이고 주로 작은말조개에 알을 낳는다. 전체적인 생김새는 럭비공처럼 위아래가 대칭에 가깝다. 각시붕어와 생김새가 비슷하지만 비늘은 고르지 않고, 파란색 가로줄이 각시붕어보다 가늘며 몸 색깔은 전체적으로 누렇다. 최초 한강 지류인 섬강의 상류인 횡성 수계와 남한강 상류 수계 일부에 서식이 보고되었으나 충청남도의 무한천 상류가 서식지로 추가되었다. 2001년에 신종으로 기록되었다. 대한민국 고유종이며 '멸종위기 야생생물 Ⅱ급'으로 지정하여 보호하고 있다.

각시붕어 *Rhodeus uyekii* (Mori, 1935)

영문명 : Korean rose bitterling
방언 : 남방돌납저리, 꽃붕어

몸 길이 : 4~5cm
대한민국 고유종

산란시기(월) 1 2 3 4 5 6 7 8 9 10 11 12

형태/색깔 몸은 타원형이고 옆으로 납작하며 체고는 그다지 높지 않다. 입은 주둥이 아래에 있고 약간 위로 향해 있으며 입수염은 없다. 눈은 큰 편이다. 옆줄은 몸통 앞부분에만 있다. 아가미 뒤의 위쪽으로 파란색 점이 뚜렷하다. 몸 가운데에서 꼬리지느러미 시작 부분까지 파란색 가로줄이 있다. 등지느러미와 꼬리지느러미 가운데에 주황색 무늬가 있다. 뒷지느러미 끝에는 주황색과 검은색 띠가 있다.

생활 수초가 많은 얕은 하천이나 저수지, 농수로에 떼 지어 산다.

먹이 잡식성으로 부착 조류, 수초, 동물성 플랑크톤, 수서곤충을 먹는다.

분포 서해와 남해로 흐르는 하천과 저수지, 농수로 등에 산다.

생김새와 색깔이 예뻐 관상어로 사랑받는다.

산란 직전의 암컷

머리 앞모습

머리 옆모습

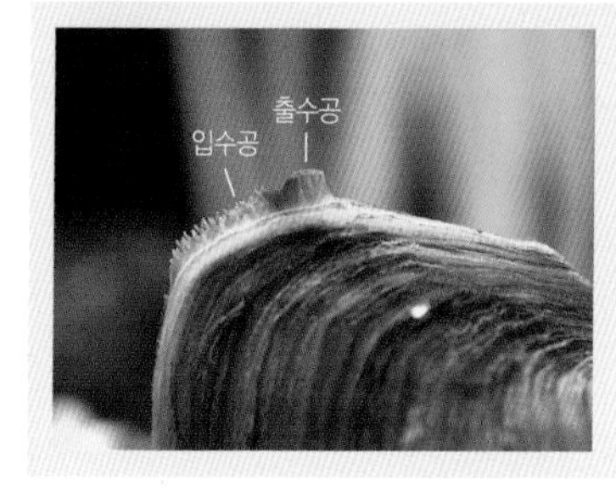

민물조개의 입수공과 출수공

민물조개가 호흡을 하거나 물속의 먹이를 섭취하기 위해 물을 빨아들이는 기관을 '입수공', 물을 내보내는 기관을 '출수공'이라 한다. 납자루아과(亞科) 물고기 암컷은 민물조개의 출수공에 산란관을 꽂고 알을 낳는다.

각시붕어는 물이 천천히 흐르는 냇물이나 저수지 같은 곳에서 주로 산다. 이러한 곳의 바닥에는 모래나 진흙이 있어 산란처인 민물조개가 많이 서식한다. 번식기에 수컷의 몸 색깔은 화려해지고 암컷의 배에서 산란관이 길게 나오는데, 민물조개의 출수공에 산란관을 꽂고 알을 집어넣으면 수컷이 기다렸다가 재빠르게 수정한다. 암컷이 알을 낳기 전 민물조개를 확보한 수컷은 몸을 빠르고 가볍게 흔들어 암컷을 유인하는 행동을 한다. 생김새가 예쁘고 아름다워 많은 사람이 집에서 기르기도 한다. 대한민국 고유종이다.

떡납줄갱이 *Rhodeus notatus* Nichols, 1929

영문명 : Small rose bitterling **몸 길이** : 4~5cm
방언 : 돌납저리

산란시기(월) 1 2 3 4 5 6 7 8 9 10 11 12

형태/색깔 몸은 긴 타원형이며 옆으로 납작하고 체고는 낮다. 입수염은 없다. 눈은 비교적 크다. 옆줄은 몸통 앞부분에만 있다. 아가미 뒤의 위쪽으로 파란색 점이 있다. 몸통 앞부분에서 꼬리지느러미 시작 부분까지 파란색 가로줄이 있다. 등지느러미와 뒷지느러미 끝부분에 주황색의 줄무늬가 있다. 우리나라 납자루아과(亞科) 물고기 중 몸집이 가장 작다.

생활 수초가 있는 하천이나 저수지, 농수로에 산다.

먹이 잡식성으로 부착 조류나 수초, 동물성 플랑크톤을 먹는다.

분포 서해와 남해로 흐르는 하천과 저수지, 농수로, 연못 등에 분포한다. 시베리아와 중국에도 분포한다.

납자루아과 물고기 중 몸집이 가장 작다.

머리 앞모습

머리 옆모습

떡납줄갱이는 유속이 느린 냇물이나 저수지의 수초가 많은 곳에 무리를 지어 산다. 번식기에 수컷의 주둥이와 눈동자 윗부분에는 붉은색이 나타난다. 암컷이 산란관을 이용해 민물조개 출수공에 알을 낳으면 수컷이 방정하여 수정한다. 수정된 알은 조개의 몸 안에서 안전하게 부화하며, 20일 정도 지나 스스로 유영할 수 있을 때 조개의 몸 밖으로 나온다. 이때 새끼의 몸 길이는 9㎜ 정도이다. 우리나라 납자루아과 물고기 중 몸집이 가장 작으며 모양은 길쭉하다.

납자루 *Acheilognathus lanceolata intermedia* (Temminck et Schlegel, 1846)

영문명 : Slender bitterling **몸 길이 :** 5~9cm
방언 : 납줄이, 납때기

산란시기(월) 1 2 3 4 5 6 7 8 9 10 11 12

형태/색깔 몸은 긴 타원형이고 옆으로 납작하다. 체고는 낮다. 주둥이는 둥글고 입은 주둥이 아래에 있다. 입수염은 1쌍이다. 눈은 비교적 크다. 옆줄은 뚜렷하다. 등 쪽은 청갈색이며 배 쪽은 은백색을 띤다. 몸통 뒷부분에 희미한 파란색 가로줄이 있다. 등지느러미 위쪽 앞부분과 뒷지느러미 바깥 부분에 빨간색 띠가 있다.

생활 물이 얕고 빠르게 흐르며 바닥에 자갈이 많이 깔린 하천의 상류에서 주로 산다.

먹이 잡식성으로 부착 조류나 수서곤충을 먹는다.

분포 서해와 남해로 흐르는 하천에 분포한다. 일본에도 분포한다.

뒷지느러미에 빨간색 띠가 있다.

머리 앞모습

머리 옆모습

납자루는 다른 납자루아과(亞科) 물고기에 비해 물이 비교적 빠르게 흐르는 곳에서 주로 산다. 생김새는 물의 저항을 덜 받는 유선형에 가깝다. 물이 깊은 중류와 하류에서도 산다. 동해안 수계를 제외한 전국에 분포하며 사는 곳에 따라 뒷지느러미 바깥 부분에 있는 빨간색 띠의 너비가 다르게 나타난다. 번식기는 4~6월로 암컷이 민물조개인 말조개, 작은말조개의 몸 안에 알을 낳고 수컷이 방정하여 수정한다. 몸 색깔은 담청색이며, 번식기에 수컷의 몸에 붉은색이 많이 나타난다.

묵납자루 *Acheilognathus signifer* Berg, 1907

영문명 : Korean bitterling **몸 길이** : 6~10cm
방언 : 청납저리, 납조리 대한민국 고유종 | 멸종위기 야생생물 Ⅱ급

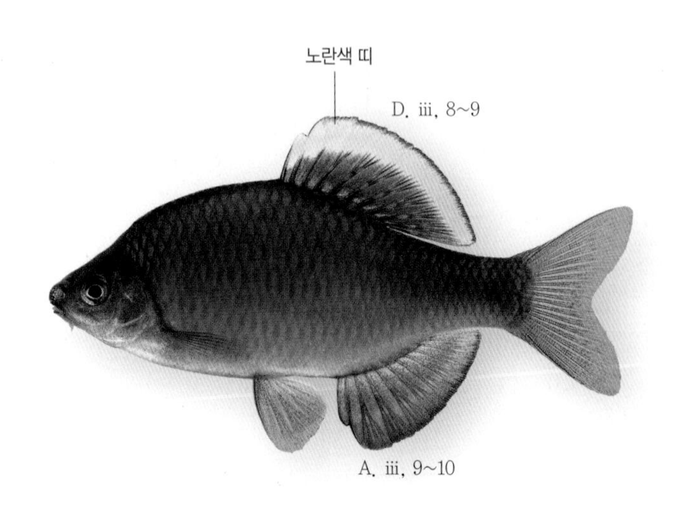

산란시기(월) 1 2 3 4 5 6 7 8 9 10 11 12

형태/색깔 몸은 타원형이고 옆으로 납작하다. 체고가 높다. 주둥이는 튀어나왔고 입은 주둥이 아래에 있다. 입수염은 1쌍이다. 눈은 비교적 크다. 등은 급격하게 휘며 등지느러미는 비교적 크다. 옆줄은 뚜렷하다. 등 쪽은 푸른 갈색이며 배 쪽은 황갈색이다. 등지느러미 바깥 부분에 노란색 띠가 넓게 있다.

생활 진흙과 자갈이 있는 하천의 수초 지대나 여울의 끝자락에 산다. 하천의 상류 쪽에 서식한다.

먹이 잡식성으로 부착 조류나 수서곤충을 먹고 산다.

분포 한강 중 · 상류, 임진강, 북한의 대동강과 압록강에 분포한다.

등이 높고 등지느러미 바깥 부분에 노란색 띠가 있다.

머리 앞모습

머리 옆모습

묵납자루는 수초가 많고 유속이 느린 곳에 산다. 번식기는 5~6월로 암컷이 작은말조개의 몸 안에 알을 낳으면 수컷이 방정한다. 번식기에 수컷의 몸은 검푸르게 변하고 주둥이에 추성인 돌기가 형성되며, 산란 장소인 작은말조개를 차지하려는 다툼이 치열하다. 일부 지역에서 몸 길이가 12㎝ 이상으로 비교적 큰 것들이 발견된다. 한강과 임진강의 중 · 상류 지역에 적은 수가 살고 있다. '멸종위기 야생생물Ⅱ급'으로 지정하여 보호하고 있다. 2016년 국립수산과학원에서는 묵납자루를 복원하고 나아가 관상어로 산업화하기 위한 연구를 진행 중이다. 2016년 자체 개발한 인공 부화기에서 태어난 묵납자루 치어를 성어로 키우는 데 성공한 바 있다.

칼납자루 *Acheilognathus koreensis* Kim et Kim, 1990

영문명 : Oily bitterling
방언 : 기름납저리, 납조래기

몸 길이 : 6~8cm
대한민국 고유종

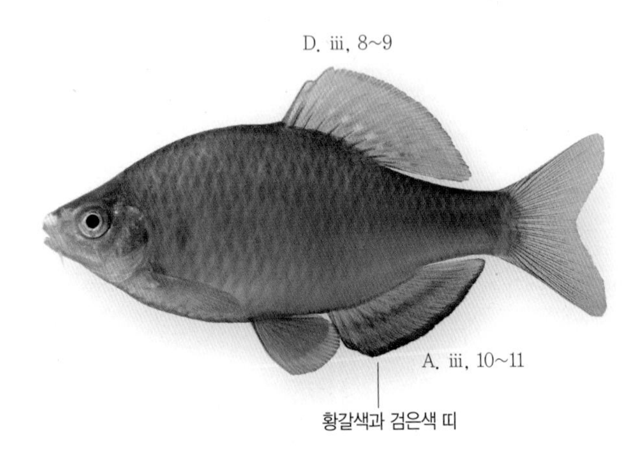

산란시기(월) 1 2 3 4 5 6 7 8 9 10 11 12

형태/색깔 몸은 타원형이고 옆으로 납작하다. 체고는 높다. 주둥이는 둥글며 입은 주둥이 아래에 있다. 입수염은 1쌍이다. 눈은 비교적 크다. 옆줄은 뚜렷하다. 몸 색깔은 진한 갈색이다. 아가미 뒤의 옆줄이 지나는 4, 5번째의 비늘은 색깔이 진하다. 등지느러미 바깥 부분에는 황색 띠가 있다. 뒷지느러미에는 황갈색과 검은색 띠가 2번 반복된다.

생활 바닥이 평평하고 바위나 큰 돌이 있는 하천의 수초 지대에 산다.

먹이 잡식성으로 부착 조류나 수서곤충을 먹고 산다.

분포 금강, 섬진강, 낙동강 등 서해와 남해로 흐르는 하천에 분포한다.

뒷지느러미 바깥 부분에 황갈색과 검은색 띠가 2줄 있다.

머리 앞모습

머리 옆모습

칼납자루는 평야 지대를 지나는 금강과 섬진강, 낙동강 줄기에 분포한다. 바닥이 고르고 큰 돌과 수초가 많은 곳에 무리 지어 산다. 번식기는 4~6월로 수컷의 몸 색깔은 푸른빛이 도는 진한 갈색으로 변하고 주둥이에는 돌기가 생긴다. 수컷은 경쟁자의 몸통을 돌기로 들이받거나 지느러미를 입으로 물어뜯는 행동을 한다. 이는 산란처인 민물조개를 차지하거나 영역을 지키려는 것으로 다른 납자루아과(亞科) 어류도 동일한 습성을 보인다. 암컷의 산란관은 검은색이다. 생김새와 몸 색깔이 거의 같은 임실납자루와는 알 모양과 암컷 산란관의 길이로 구분한다. 대한민국 고유종이다.

임실납자루 *Acheilognathus somjinensis* Kim et Kim, 1991

영문명 : Somjin bitterling

몸 길이 : 5~6cm

대한민국 고유종 | 멸종위기 야생생물 I 급

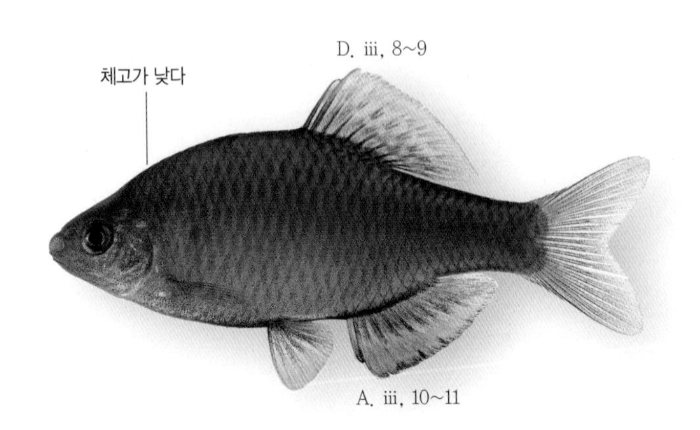

산란시기(월) 1 2 3 4 5 6 7 8 9 10 11 12

형태/색깔 몸은 타원형이고 옆으로 납작하다. 체고는 칼납자루에 비해 높지 않다. 주둥이는 둥글며 입은 주둥이 아래에 있다. 입수염은 1쌍이다. 눈은 비교적 크다. 옆줄은 뚜렷하며 비늘은 고르다. 전체적인 생김새는 칼납자루와 아주 비슷하다. 몸 색깔은 진한 갈색이고 등지느러미 가장자리에 황색 띠가 있다. 뒷지느러미에는 빨간색과 검은색 띠가 2번 반복된다.

생활 수초가 많고 바닥이 평평하며 모래와 진흙, 자갈이 있는 얕은 하천의 중 · 상류에 무리를 이루어 산다.

먹이 잡식성으로 부착 조류나 수서곤충을 먹고 산다.

분포 전라북도 임실군 관촌면을 비롯해 섬진강 일부 수계에 산다.

섬진강 일부 수계에만 산다. 칼납자루에 비해 체고가 낮다.

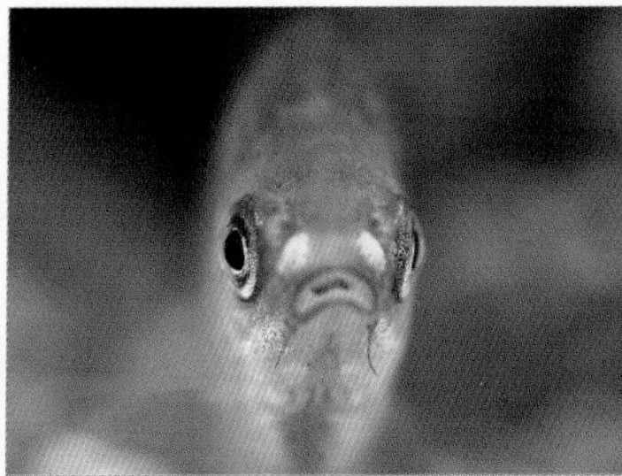
머리 앞모습

머리 옆모습

임실납자루는 바닥이 고르며 모래와 진흙, 자갈이 깔린 곳에서 칼납자루와 같이 섞여 살지만 임실납자루는 모래와 진흙이 깔린 곳으로, 칼납자루는 상류와 하류의 자갈이 깔린 곳으로 주 서식처가 각각 나뉜다. 주로 부채두드럭조개와 민납작조개에 알을 낳는다. 번식기에 민물조개를 차지하려는 수컷들의 다툼이 심하다. 암컷의 산란관은 칼납자루에 비해 길며 알 모양도 타원형으로 길쭉한 칼납자루의 알과 차이가 있다. 섬진강 유역 일부 하천에 분포하나 전라북도 임실군 관촌면 일대를 제외하고는 그 수가 매우 적다. 대한민국 고유종이며 '멸종위기 야생생물 I 급'으로 지정하여 보호하고 있다.

낙동납자루 *Tanakia latimarginata* Kim, Jeon et Suk, 2014

영문명 : Broad-margined bitterling

몸 길이 : 6~8cm

대한민국 고유종

산란시기(월) 1 2 3 4 5 6 7 8 9 10 11 12

형태/색깔 모양은 타원형이고 옆으로 납작하다. 체고가 높다. 주둥이는 둥글며 입은 주둥이 아래에 있다. 1쌍의 입수염이 있다. 눈이 비교적 크고 옆줄은 뚜렷하다. 몸 색깔은 짙은 갈색이다. 아가미 뒤 옆줄이 지나는 4, 5번째의 비늘은 색이 짙다. 등지느러미에 황색 띠가 있다. 수컷의 경우 뒷지느러미 둘레의 검은색 띠는 주황색 띠의 넓이보다 넓고 색이 짙다.

생활 바닥이 평평하고 모래와 자갈이 있는 하천에 산다.

먹이 잡식성으로 부착 조류나 수서곤충을 먹고 산다.

분포 낙동강과 수영강 수계 일부 하천에 분포한다.

뒷지느러미 바깥 부분의 검은색 띠가 칼납자루보다 넓다.

머리 앞모습

머리 옆모습

낙동납자루는 낙동강 수계와 수영강 수계 일부 하천에 분포하며 모래와 자갈이 깔린 하천의 중 · 하류 수초 지대에 작은 무리를 지어 산다. 번식기는 5~6월로 이 시기에 수컷의 몸 색깔은 짙은 갈색을 띠며 주둥이에 백색의 돌기가 생긴다. 산란처인 민물조개를 두고 서로 영역 다툼을 벌인다. 암컷의 산란관은 옅은 주황색을 띤다. 2014년 신종으로 기록될 당시 낙동강 수계에 본 종만이 출현한다고 하였으나 이후 낙동강 수계 일부 지류에 칼납자루가 출현하는 것으로 조사되었다. 모양이 거의 같은 물고기로 칼납자루와 임실납자루가 있는데 서로 뒷지느러미 띠의 넓이와 암컷의 산란관 길이 및 색깔, 그리고 알 모양으로 구분한다. 2014년 신종으로 기록되었다. 대한민국 고유종이다.

줄납자루 *Acheilognathus yamatsutae* Mori, 1928

영문명 : Korean stripted bitterling
몸 길이 : 6~10cm
방언 : 줄납저리, 버들납떼기
대한민국 고유종

산란시기(월) 1 2 3 4 5 6 7 8 9 10 11 12

형태/색깔 몸은 긴 타원형이며 옆으로 납작하다. 체고는 높지 않다. 주둥이는 튀어나왔고 입은 주둥이 아래에 있다. 입수염은 1쌍이다. 등 곡선은 완만하다. 옆줄은 뚜렷하다. 몸 색깔은 전체적으로 푸른색이며 배 쪽은 색깔이 연하다. 몸통 앞부분에 커다란 파란색 점이 있고 꼬리지느러미 시작 부분까지 청록색 줄이 이어져 있다. 등지느러미 앞부분과 꼬리지느러미 끝부분에 붉은색 띠가 있고, 배지느러미와 뒷지느러미 끝부분에 흰색 띠가 있다.

생활 하천이나 강의 중 · 하류, 댐에서 산다.

먹이 잡식성으로 수서곤충, 식물성 플랑크톤 등을 먹고 산다.

분포 동해로 흐르는 하천과 섬진강을 제외한 전국의 하천에 분포한다.

배지느러미와 뒷지느러미 끝부분에 흰색 띠가 있다.

머리 앞모습

머리 옆모습

줄납자루는 강이나 하천 중·하류의 물이 느리게 흐르는 진흙과 자갈이 깔린 수초 지대에 산다. 생김새가 물의 저항을 덜 받는 유선형에 가까워 유속이 빠른 여울로 진출하기도 한다. 번식기는 4~7월로 민물조개의 몸 안에 알을 낳는다. 번식기에 수컷의 눈동자는 붉어지고 몸은 진한 푸른색과 보라색이 더해져 화려해지며, 콧구멍과 주둥이 주변까지 돌기가 뚜렷해진다. 또 주둥이 끝은 볼펜 끝처럼 동그랗게 튀어나온다. 암컷은 말조개, 작은말조개, 곳체두드럭조개 등에 알을 낳는데 이 중 말조개를 더 선호한다. 한강과 임진강에서는 중·하류에 고르게 분포하며 다른 종(種)보다 더 많이 발견된다. 대한민국 고유종이다.

큰줄납자루 *Acheilognathus majusculus* Kim et Yang, 1998

영문명 : Large stripted bitterling
몸 길이 : 9~12cm
방언 : 큰줄납저리
대한민국 고유종 | 멸종위기 야생생물 Ⅱ급

산란시기(월) 1 2 3 4 5 6 7 8 9 10 11 12

형태/색깔 몸은 긴 타원형이며 옆으로 납작하다. 체고는 높지 않다. 주둥이는 튀어나왔고 입은 주둥이 아래에 있다. 입수염은 1쌍이다. 등 곡선은 완만하다. 꼬리지느러미 끝은 뾰족하다. 옆줄은 뚜렷하다. 몸 색깔은 전체적으로 초록색이며 배 쪽은 색깔이 연하다. 몸통 앞부분에 초록색 반점이 있고 꼬리지느러미 시작 부분까지 초록색 가로줄이 이어진다. 등지느러미와 꼬리지느러미 끝부분에 붉은색 띠가 있고 뒷지느러미 끝부분에 흰색 띠가 있다.

생활 물이 약간 깊고 바닥에 큰 돌이 있는 곳에 산다.

먹이 주로 수서곤충의 애벌레를 먹고 산다.

분포 섬진강 전 수계와 낙동강 일부 수계에만 분포한다.

줄납자루보다 몸집이 크고 초록색을 많이 띤다.

머리 앞모습

머리 옆모습

큰줄납자루는 유속이 비교적 빠르고 수심이 1m 남짓 되는 곳의 바닥 가까이에 산다. 번식기는 5~7월로 민물조개의 몸 안에 알을 낳는다. 번식기에 수컷의 눈동자는 붉어지고 몸은 진한 초록색과 붉은색을 띠며, 돌기는 콧구멍과 눈 주변까지 돋아난다. 또한 주둥이 끝은 볼펜 끝처럼 동그랗게 튀어나온다. 줄납자루와 겉모습이 비슷하지만 몸집은 더 크고 몸 색깔은 전체적으로 초록색을 많이 띤다. 낙동강과 섬진강 수계에 분포하며 낙동강에는 줄납자루와 같이 사는 반면 섬진강에는 큰줄납자루만 산다. 대한민국 고유종이며 '멸종위기 야생생물 Ⅱ 급'으로 지정하여 보호하고 있다.

납지리 *Acheilognathus rhombeus* (Temminck et Schlegel, 1846)

영문명 : Flat bitterling **몸 길이** : 6~10cm
방언 : 줄납저리, 초록붕어

산란시기(월) 1 2 3 4 5 6 7 8 9 10 11 12 (7~8월에도 알을 낳는 무리가 있음)

형태/색깔 몸은 타원형이고 옆으로 납작하다. 체고는 비교적 높은 편이다. 주둥이는 튀어나왔고 입은 주둥이 아래에 있다. 입수염은 1쌍으로 길이가 짧다. 옆줄은 뚜렷하다. 몸 색깔은 푸른빛이 나는 갈색이며 배 쪽은 색깔이 연하다. 아가미 뒤에 초록색 반점이 있고, 꼬리지느러미 시작 부분까지 초록색 가로줄이 이어진다. 등지느러미와 뒷지느러미는 분홍색이다.

생활 물이 천천히 흐르는 하천의 중 · 하류나 저수지 중 · 하층에 산다.

먹이 초식성으로 수초나 돌말 등을 먹고 산다.

분포 동해로 흐르는 하천을 제외한 전국에 분포한다. 북한과 일본에도 분포한다.

번식기에 수컷의 몸 색깔은 화려해진다.

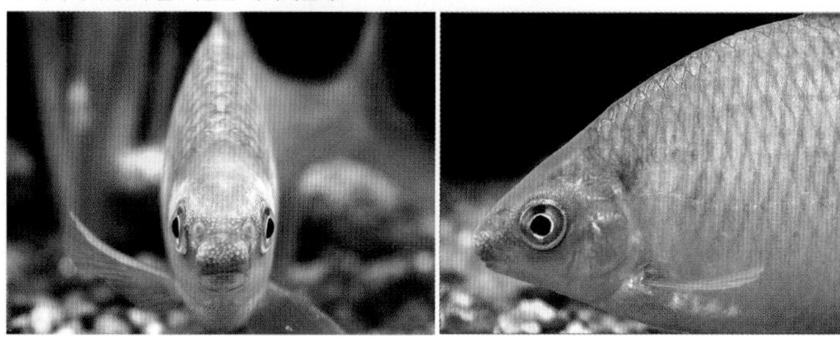

머리 앞모습

머리 옆모습

납지리는 수초가 많고 유속이 느린 곳에서 수초나 돌말 등을 먹고 산다. 번식기는 9~11월로 다른 납자루아과(亞科) 물고기보다 산란 시기가 늦다. 이르게는 7~8월에 알을 낳는 개체도 있다. 번식기에 수컷의 주둥이와 눈 주변에는 돌기가 돋아나며 몸통 위쪽은 초록색을, 몸통 아래쪽과 눈, 가슴지느러미를 제외한 모든 지느러미는 다홍색을 띤다. 암컷은 민물조개의 몸 안에 알을 낳는다. 민물조개의 몸 안에서 깨어난 새끼는 만 1년이 되면 몸 길이가 7㎝ 정도로 자라고, 만 2년이 되면 10㎝ 정도로 자란다. 체색이 매우 아름다워 관상어로 관심을 받는다.

큰납지리 *Acheilognathus macropterus* (Bleeker, 1871)

영문명 : Deep body bitterling **몸 길이** : 6~15cm
방언 : 큰가시납저리, 납생이

D. iii, 15~17

A. iii, 12~13

흰색 띠

산란시기(월) 1 2 3 4 5 6 7 8 9 10 11 12

형태/색깔 몸은 타원형이고 옆으로 납작하다. 체고는 높다. 주둥이는 튀어나왔고 입은 주둥이 아래에 있다. 입수염은 1쌍이고 길이가 짧다. 옆줄은 뚜렷하다. 몸 색깔은 푸른빛이 나는 갈색이며 광택이 있다. 아가미 뒤에 연한 파란색 반점이 있고 옆줄이 지나는 4번째 비늘에 진한 반점이 있다. 꼬리지느러미 시작 부분까지 푸른색 가로줄이 이어진다. 뒷지느러미 끝부분은 흰색이다.

생활 유속이 느린 하천의 중 · 하류, 저수지 등에 산다.

먹이 잡식성으로 깔따구 애벌레나 수서곤충, 유기물이 섞인 해감을 먹는다.

분포 동해로 흐르는 하천을 제외한 전국에 분포한다. 중국에도 분포한다.

유속이 느리고 수초가 많은 하천이나 저수지에 산다. 몸집이 큰 편이다.

머리 앞모습

머리 옆모습

큰납지리는 유속이 느린 하천이나 저수지 등의 수초가 많은 지대의 바닥층에 산다. 번식기는 4~6월로 민물조개의 몸 안에 알을 낳는다. 번식기에 수컷의 주둥이와 눈 주변에는 돌기가 돋고 등지느러미는 커진다. 또 몸 색깔은 푸른색이 더해지고, 등지느러미와 배지느러미, 뒷지느러미는 검은색이 더해진다. 가시납지리와 비슷하지만 가시납지리는 뒷지느러미 가장자리가 검은색이고, 큰납지리는 흰색이다. 납자루아과(亞科) 물고기 중 몸집이 큰 편이어서 5년 정도 자라면 몸 길이가 15㎝ 이상이 된다.

가시납지리 *Acanthorhodeus chankaensis* (Dybowski, 1872)

영문명 : Korean spined bitterling
몸 길이 : 8~12cm
방언 : 가시납저리, 납주래기
대한민국 고유종

산란시기(월) 1 2 3 4 5 6 7 8 9 10 11 12

형태/색깔 몸은 타원형이고 옆으로 납작하다. 체고는 그리 높지 않다. 주둥이는 약간 튀어나왔고 입은 주둥이 아래에 있다. 입수염은 없다. 등 곡선은 완만하게 휜다. 옆줄은 뚜렷하다. 등 쪽은 푸른 갈색이고 배 쪽은 은백색이다. 아가미 뒤의 4~5번째 비늘은 색깔이 약간 진하다. 몸통 가운데에서 꼬리지느러미 시작 부분까지 희미한 파란색 줄이 나 있다. 뒷지느러미 끝은 검은색이다.

생활 유속이 느린 하천의 중 · 하류와 저수지, 농수로 등에 산다.

먹이 잡식성으로 수초와 실지렁이, 수서곤충 등을 먹고 산다.

분포 동해로 흐르는 하천을 제외한 전국의 강과 하천에 분포한다.

바닥에 진흙이 있고 유속이 느린 곳에 산다.

머리 앞모습

머리 옆모습

가시납지리는 유속이 느리고 바닥에 진흙이 깔린 하천이나 저수지, 농수로, 늪지 등에 산다. 번식기는 4~8월로 주로 대칭이, 귀이빨대칭이, 펄조개 등의 민물조개에 알을 낳는다. 번식기에 수컷의 등지느러미는 크기가 커지며 배 아랫부분에 검은색 점이 많이 생긴다. 또한 등지느러미는 검은색이 더해지고 배지느러미와 뒷지느러미는 흰색이 더해진다. 암컷의 산란관은 반투명한 회색이다. 가시납지리와 큰납지리는 뒷지느러미 끝부분이 다른데, 가시납지리는 검은색이고 큰납지리는 흰색이다. 이 종에 대해 *Acheilognathus*로 속명(屬名) 변경이 제안되었으나 환경부는 이전의 속명 *Acanthorhodeus*를 유지하고 고유종으로 기재하고 있다.

참붕어 *Pseudorasbora parva* (Temminck et Schlegel, 1846)

영문명 : False dace
몸 길이 : 6~8cm
방언 : 깨붕어

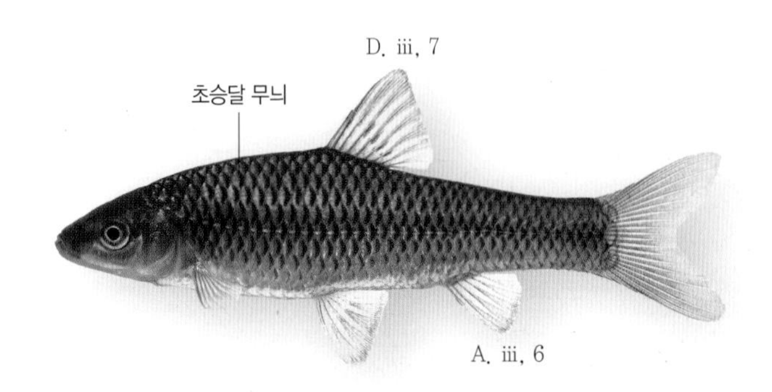

산란시기(월) 1 2 3 4 5 6 7 8 9 10 11 12

형태/색깔 몸은 길고 약간 납작하다. 주둥이는 뾰족하며 입은 작고 위로 향해 있다. 입의 앞부분은 一자 모양이다. 입수염은 없으며 아래턱이 위턱보다 길다. 등지느러미는 높고 뾰족하다. 옆줄은 뚜렷하다. 등 쪽은 암갈색이고 배 쪽은 은백색이다. 몸 가운데에는 진한 갈색 가로줄이 있다. 각 비늘 끝에는 진한 초승달 무늬가 있다.

생활 하천이나 저수지의 깊지 않은 곳, 농수로 등 수면 가까이에서 떼 지어 산다.

먹이 잡식성으로 부착 조류, 수초, 수서곤충 등을 먹고 산다.

분포 전국에 분포한다. 일본과 중국, 대만에도 분포한다.

유속이 느리거나 물이 고여 있는 곳에 무리를 지어 산다.

머리 앞모습

머리 옆모습

몸통 비늘

번식기 수컷의 돌기

참붕어는 유속이 느리거나 물이 고여 있는 곳에 무리 지어 산다. 수질 오염에 대한 내성이 있어 조금 오염된 물에서도 잘 산다. 번식기는 4~6월로 수컷은 돌이나 조개껍데기를 깨끗이 청소하여 암컷이 알을 낳게 하고, 새끼가 깨어날 때까지 알자리를 지킨다. 번식기에 수컷의 몸은 검어지고 주둥이 주변에 뾰족한 돌기가 돋는다. 암컷은 노란색을 많이 띤다. 비늘 끝에는 초승달 모양의 검은색 무늬가 있다. 만 1년이 되면 몸 길이가 5㎝ 정도로 자라 성숙한다.

돌고기 *Pungtungia herzi* Herzenstein, 1892

영문명 : Striped shinner **몸 길이 :** 7~10cm
방언 : 똥고기, 깨고기, 돗쟁이

산란시기(월) 1 2 3 4 5 6 7 8 9 10 11 12

형태/색깔 몸은 길고 원통형에 가깝다. 몸 뒷부분은 옆으로 납작하다. 주둥이는 뾰족하며 위아래로 납작하다. 입은 작고 윗입술이 두툼하며 입의 앞부분은 ∞(무한대) 모양이다. 입수염은 1쌍이다. 눈은 작은 편이다. 옆줄은 뚜렷하다. 등 쪽은 진한 갈색이고 배 쪽은 색깔이 연하다. 주둥이 끝부분에서 꼬리지느러미 시작 부분까지 굵은 검은색 가로줄이 나 있고, 등지느러미 끝부분에 갈색 무늬가 있다.

생활 큰 돌이나 자갈이 있는 맑은 하천에 살며, 큰 강 중 · 상류에도 많이 산다.

먹이 잡식성으로 수서곤충, 부착 조류 등을 먹고 산다.

분포 우리나라 전국에 분포한다. 중국과 일본의 남부에도 분포한다.

바닥에 큰 돌이나 자갈이 많은 곳에 무리를 지어 산다. 꺽지의 알자리에 탁란한다.

머리 앞모습

머리 옆모습

치어

돌고기는 비교적 물이 맑고 바닥에 큰 돌이나 자갈이 많은 곳에 무리를 지어 산다. 번식기는 4~6월로 바위나 큰 돌 틈에 알을 낳는데, 꺽지의 산란장에 몰려가 알을 낳기도 한다. 새끼가 깨어날 때까지 알을 지키는 꺽지 수컷의 습성을 이용해 자신의 알을 맡기는 것이다. 돌고기뿐만 아니라 감돌고기, 가는돌고기도 이러한 탁란 행동을 한다. 특히 돌고기는 꺽지 외에 알을 지키는 습성을 가진 꺽저기나 동사리 등의 알자리에도 탁란한다. 알은 부착력이 강해 돌이나 바위 표면에 잘 붙는다. 다 자란 성어의 입 모양은 돼지 코를 닮아 가는돌고기, 감돌고기의 둥근 입과 차이를 보인다. 먹이를 먹을 때는 '딱딱딱' 하는 소리를 낸다.

감돌고기 *Pseudopungtungia nigra* Mori, 1935

영문명 : Black shinner **몸 길이 :** 7~10cm
방언 : 금강돗쟁이, 돌중어 대한민국 고유종 | 멸종위기 야생생물 I 급

산란시기(월) 1 2 3 4 5 6 7 8 9 10 11 12

형태/색깔 몸은 길고 원통형이며 몸 뒷부분은 옆으로 약간 납작하다. 주둥이는 뾰족하지만 끝이 동글다. 입은 작고 주둥이 아래에 있다. 입수염은 1쌍이고 아주 짧다. 눈은 작은 편이다. 등지느러미는 돌고기보다 폭이 넓다. 옆줄은 뚜렷하다. 등 쪽은 암갈색이고 배 쪽은 색깔이 연하다. 주둥이 끝부분에서 꼬리지느러미 시작 부분까지 굵은 검은색 가로줄이 나 있다. 가슴지느러미를 제외한 각 지느러미에 검은색 띠가 2줄 있다.

생활 물이 맑고 바닥에 자갈이 깔린 곳에 작은 무리로 산다.

먹이 잡식성으로 수서곤충, 부착 조류 등을 먹고 산다.

분포 금강의 중 · 상류와 만경강에 분포한다.

외형적으로 쉬리와 돌고기의 특징을 가지고 있다. 꺽지의 알자리에 탁란한다.

머리 앞모습

머리 옆모습

감돌고기는 물이 깨끗하고 자갈이 깔린 깊이 30~100㎝의 강 중류에 10여 마리씩 무리 지어 산다. 번식기는 4~6월로 돌고기나 가는돌고기처럼 꺽지의 알자리에 집단으로 침입하여 알을 낳는다. 알을 지키던 꺽지 수컷은 처음에는 감돌고기를 잡아먹거나 거세게 쫓아내다 결국은 포기하고 감돌고기의 알도 함께 보호한다. 번식기에 수컷의 몸은 암갈색이 되고 주둥이 끝은 더 튀어나온다. 생김새와 몸 색깔은 돌고기의 특징을, 지느러미와 입 모양은 쉬리의 특징을 지녔다. 서식지였던 전라북도 진안군에 용담댐이 세워져 이 일대의 많은 감돌고기가 사라졌다. 대한민국 고유종이며 '멸종위기 야생생물 I 급'으로 지정하여 보호하고 있다.

가는돌고기 *Pseudopungtungia tenuicorpa* Jeon et Choi, 1980

영문명 : Slender shinner　　**몸 길이 :** 8~10cm
방언 : 돌치, 삐쟁이　　대한민국 고유종 | 멸종위기 야생생물 Ⅱ급

산란시기(월) 1 2 3 4 **5 6 7** 8 9 10 11 12

형태/색깔 몸은 아주 가늘고 길며 원통형이다. 주둥이는 뾰족하지만 끝이 둥글다. 입은 작고 주둥이 아래에 있다. 입수염은 1쌍이고 아주 짧다. 등지느러미는 높은 편이다. 옆줄은 뚜렷하다. 등 쪽은 진한 갈색이고 배 쪽은 연한 갈색이다. 주둥이 끝부분에서 꼬리지느러미 시작 부분까지 굵은 검은색 가로 줄이 있다. 등지느러미 윗부분에 연한 갈색 무늬가 있다.

생활 물이 맑고 빠르게 흐르는 하천 중 · 상류 지역의 여울에 산다.

먹이 잡식성으로 수서곤충, 부착 조류 등을 먹고 산다.

분포 한강과 임진강 중 · 상류 지역에 분포한다.

몸이 가늘고 주둥이가 둥글다. 꺽지의 알자리에 탁란한다.

머리 앞모습

머리 옆모습

가는돌고기는 유속이 빠르고 바닥에 자갈이 많이 깔려 있는 깊이 50~100㎝의 산소가 풍부하게 녹아 있는 여울에 산다. 번식기는 5~7월로 큰 돌 틈에 알을 낳는다. 돌고기나 감돌고기처럼 꺽지의 알자리에 탁란하는 습성이 있다. 번식기에 수컷의 몸은 암갈색으로 변한다. 가는돌고기는 한강과 임진강 중·상류에 분포하며, 감돌고기는 금강과 만경강 중·상류에 분포하고, 돌고기는 전국적으로 분포한다. 최근 하천 오염으로 서식처를 빠르게 잃고 있다. 대한민국 고유종이며 '멸종위기 야생생물Ⅱ급'으로 지정하여 보호하고 있다.

쉬리 *Coreoleuciscus splendidus* Mori, 1935

영문명 : Korean shinner
몸 길이 : 10~15cm
방언 : 살코기, 쉐리
대한민국 고유종

산란시기(월) 1 2 3 4 5 6 7 8 9 10 11 12

형태/색깔 몸은 길고 원통형이다. 주둥이는 뾰족하지만 끝이 둥글다. 입은 작고 주둥이 아래에 있다. 입수염은 없다. 옆줄은 뚜렷하다. 등 쪽은 황색이고 아래쪽으로 보라색과 하늘색, 갈색 등의 줄무늬가 차례로 있다. 배 쪽은 은백색이다. 주둥이 끝부분에서 아가미 덮개까지 굵은 검은색 가로줄이 있다. 각 지느러미에는 검은색 띠가 1~3줄 있다.

생활 물이 맑고 바닥에 자갈이 많이 깔린 하천 중 · 상류 지역의 여울에 산다.

먹이 수서곤충이나 작은 동물을 먹고 산다.

분포 한강과 임진강, 금강, 만경강 등 소백산맥과 노령산맥 이북의 수계와 동해 북부 하천에 분포한다.

물이 맑은 여울에 산다.

머리 앞모습

머리 옆모습

쉬리는 물이 깨끗하고 바닥에 자갈이 많은 하천 중·상류의 여울에 떼를 지어 산다. 번식기는 4~5월로 자갈 틈에 알을 낳는다. 알은 끈끈하여 돌에 잘 붙으며 흐르는 물에도 쉽게 떠내려가지 않는다. 번식기에 수컷의 몸은 보라색과 하늘색이 더 진해지고 뒷지느러미에 돌기가 돋는다. 수온이 15℃ 정도일 때 알을 많이 낳으며, 4~5일이 지나면 몸 길이가 5㎜ 정도인 새끼가 깨어난다. 중부(경기, 강원) 지역에서는 '쉐리'라고 부르기도 한다. 전 세계에서 1속(屬) 2종(種)이 출현하며 우리나라에만 분포한다. 생김새가 아름다워 사람들의 사랑을 많이 받고 있다. 대한민국 고유종이다.

참쉬리 *Coreoleuciscus aeruginos* Song et Bang, 2015

영문명 : Korean bluish shinner

몸 길이 : 10~13cm

대한민국 고유종

산란시기(월)	1	2	3	4	5	6	7	8	9	10	11	12

형태/색깔 모양이 길고 원통형이다. 주둥이는 뾰족하지만 끝이 둥글다. 입은 작고 주둥이 아래에 있다. 입수염은 없다. 옆줄은 뚜렷하다. 등 쪽은 광택이 있는 황색이고 아래쪽으로 푸른색, 금색 등의 줄무늬가 있다. 산란기에는 암수 모두 푸른색의 줄무늬가 주황색으로 바뀐다. 배 쪽은 은백색이다. 주둥이 끝에서 아가미 덮개까지 검고 굵은 가로줄이 있다. 각 지느러미에는 검은색 띠가 있다.

생활 바닥에 자갈이 깔리고 유속이 빠른 하천의 중 · 상류에 산다.

먹이 수서곤충이나 작은 동물을 먹고 산다.

분포 낙동강과 섬진강 수계에 분포한다.

낙동강과 심진강 수계에 산다.

머리 앞모습

머리 옆모습

참쉬리는 쉬리와 체형은 같으나 지느러미의 줄무늬, 체색, 산란기의 혼인색 등에서 차이가 있고, 유전적으로도 차이를 보인다 하여 2015년에 신종으로 기록되었다. 체색의 차이를 보면 쉬리는 대체로 황금색을 띠고 참쉬리는 푸른색을 띤다. 생태적 특성은 쉬리와 같다. 두 종의 분포 분기점은 소백산맥과 노령산맥이다. 쉬리는 한반도 전역에 분포하였는데 소백산맥과 노령산맥이 솟아오르면서 남북으로 격리되어 각각의 종으로 진화했다고 볼 수 있다. 이로써 1속(屬) 1종(種)이었던 쉬리속 어류는 1속 2종이 되었다. 대한민국 고유종이다. 한편에서는 두 종이 생식적으로 격리되지 않은 점을 들어 별개 종이 아닌 아종으로 여긴다.

새미 *Ladislavia taczanowskii* Dybowski, 1869

영문명 : Tachanovsky's gudgeon **몸 길이 :** 10~12cm
방언 : 써거리

산란시기(월) 1 2 3 4 5 6 7 8 9 10 11 12

형태/색깔 몸은 길고 옆으로 납작하다. 주둥이는 뭉툭하며 둥글다. 입은 작고 주둥이 아래에 있다. 입의 앞부분은 一자 모양이다. 입수염은 1쌍이다. 옆줄은 뚜렷하다. 등 쪽은 진한 갈색이고 배 쪽은 연한 갈색이다. 주둥이 끝부분에서 꼬리지느러미 시작 부분까지 굵고 진한 갈색 띠가 있다. 등지느러미 가운데에는 검은색 띠가 있다.

생활 물이 아주 맑은 하천이나 강의 상류, 계류에 산다.

먹이 돌이나 바위에 붙은 부착 조류나 수서곤충 등을 먹고 산다.

분포 임진강, 한강, 삼척시 오십천, 이북의 동해안 수계에 분포한다. 북한의 압록강, 대동강, 장진강, 중국의 흑룡강 수계에도 분포한다.

물이 차고 깨끗한 곳에 산다. 산란터를 만드는 새미 수컷(원)

머리 앞모습

머리 옆모습

새미는 냉수성 물고기로 물이 매우 맑고 찬 여울의 바위나 돌 틈에 무리 지어 산다. 강원 영동의 오십천 위쪽 수계와 경기 북부 일부 수계가 서식 한계선이다. 번식기는 6월로 수컷이 머리를 위로 한 수직 자세에서 꼬리지느러미로 모래 속의 자갈 틈을 벌리면 암컷이 재빨리 다가와 알을 낳으며, 수컷은 모래로 자갈 틈을 메운다. 이때 수컷의 주둥이와 눈 주변에 작은 돌기가 돋는다. 중고기나 참중고기와 생김새가 비슷하지만 몸 색깔이나 꼬리지느러미 줄무늬로 서로 구분할 수 있다. 최근 서식처인 산간 계곡의 물이 오염되어 서식처를 잃고 있다. 한강 수계의 새미와 동해안 수계의 새미는 외형상으로 약간의 차이가 있다. 남한의 북부와 북한, 중국의 흑룡강 수계에 분포하는 북방계 물고기이다.

참중고기 *Sarcocheilichthys variegatus wakiyae* Mori, 1927

영문명 : Oily shinner
몸 길이 : 8~10cm
방언 : 깨고기, 중고기
대한민국 고유종

산란시기(월) 1 2 3 4 5 6 7 8 9 10 11 12

형태/색깔 몸은 길고 옆으로 납작하다. 주둥이는 짧고 둥글다. 입은 작고 주둥이 아래에 있다. 입수염은 1쌍으로 길이가 짧다. 옆줄은 뚜렷하다. 몸 색깔은 전체적으로 녹갈색이고 배 쪽은 색깔이 연하다. 몸통에 갈색 반점이 흩어져 있다. 아가미 뒤에 청록색 돌기가 있다. 아가미 끝부분에서 꼬리지느러미 시작 부분까지 청록색 띠가 있다. 등지느러미 가운데에 진한 갈색 띠가 있다.

생활 물이 맑은 하천의 중 · 상류나 저수지에서 산다.

먹이 수서곤충, 새우, 실지렁이 등을 먹고 산다.

분포 서해와 남해로 흐르는 하천에 분포한다.

사는 곳에 따라 몸 색깔과 무늬에 차이가 있다.

머리 앞모습

머리 옆모습

참중고기 꼬리지느러미

중고기의 꼬리지느러미 위아래에 나타나는 줄무늬가 참중고기에는 없다.

참중고기는 물이 깨끗하고 돌이나 수초가 있는 곳에서 살며, 주둥이를 방아 찧듯 흔들어서 먹이를 쪼아 먹는다. 번식기는 4~6월로 재첩과(科)의 민물조개에 주로 알을 낳는다. 번식기에 수컷의 주둥이 주변에는 돌기가 돋아나고 몸통에 황색과 초록색(섬진강 서식), 파란색(낙동강 서식)이 더해지며, 꼬리지느러미를 제외한 각 지느러미는 주황색이 더해진다. 중고기와 생김새가 비슷하지만 등지느러미와 꼬리지느러미 줄무늬로 구분할 수 있다. 중고기와 같은 물줄기에 살 경우 중고기보다 상류 쪽에 산다. 사는 곳에 따라 몸 색깔과 무늬에 차이가 있다. 대한민국 고유종이다.

중고기 *Sarcocheilichthys nigripinnis morii* Jordan et Hubbs, 1925

영문명 : Korean oily shinner
몸 길이 : 10~16cm
방언 : 써거비, 밤고기
대한민국 고유종

산란시기(월) 1 2 3 4 5 6 7 8 9 10 11 12

형태/색깔 몸은 길고 옆으로 납작하지만 원통형에 가깝다. 주둥이는 짧고 둥글다. 입은 작고 주둥이 아래에 있다. 입수염은 1쌍으로 짧다. 옆줄은 뚜렷하다. 몸 색깔은 전체적으로 녹갈색이고 배 쪽은 색깔이 연하며 광택이 있다. 몸통에 갈색 반점이 흩어져 있다. 아가미 뒤에서 꼬리지느러미 시작 부분까지 녹색 가로줄이 있다. 꼬리지느러미 위아래로 진한 갈색 줄무늬가 있다.

생활 하천의 중 · 하류와 저수지에 산다.

먹이 수서곤충의 애벌레, 새우, 실지렁이 등을 먹고 산다.

분포 서해와 남해로 흐르는 강과 댐 등에 산다.

유속이 느리고 바닥에 진흙, 모래, 자갈이 깔린 곳에 산다.

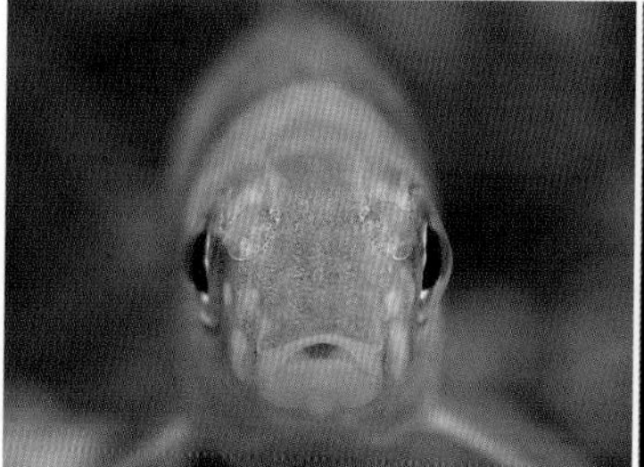
머리 앞모습

머리 옆모습

꼬리지느러미 위아래에 줄무늬가 있다.

치어

중고기는 유속이 느리고 바닥에 진흙, 모래, 자갈이 깔린 하천이나 저수지에 산다. 번식기는 4~6월로 대칭이, 펄조개 외에 재첩과(科)의 민물조개에 3~4개의 알을 낳는다. 알 모양은 원형이며 지름 3~4㎜로 크기가 크다. 암컷의 산란관은 납자루아과(亞科) 물고기보다 짧고 끝이 뭉툭하다. 번식기에 수컷의 몸은 흑색 가로줄의 색깔이 진해지고 아가미와 지느러미는 붉어지며, 주둥이 주변에 흰색 돌기가 돋는다. 소리나 기척에 민감하며, 꼬리지느러미 위아래로 참중고기에게 없는 줄무늬가 있다. 대한민국 고유종이다.

줄몰개 *Gnathopogon strigatus* (Regan, 1908)

영문명 : Manchurian gudgeon **몸 길이** : 5~10cm
방언 : 보리고기, 줄버들붕어

산란시기(월) 1 2 3 4 5 **6** **7** 8 9 10 11 12

형태/색깔 몸은 긴 타원형이고 옆으로 납작하다. 주둥이는 뾰족하며 입은 비스듬히 위로 향해 있다. 입수염은 1쌍으로 아주 짧다. 위턱과 아래턱의 길이는 거의 같다. 옆줄은 뚜렷하다. 몸 색깔은 진한 갈색이고 배 쪽은 색깔이 연하다. 주둥이 끝에서 꼬리지느러미 시작 부분까지 흑갈색의 굵은 가로줄이 있다. 몸 전체에는 검은색 반점으로 이어진 가는 줄무늬가 8~10개 있다.

생활 물이 깨끗하고 천천히 흐르는 하천 중류의 모래와 진흙이 깔린 곳에 산다.

먹이 수서곤충의 애벌레, 동물성 플랑크톤 등을 먹고 산다.

분포 서해와 남해로 흐르는 하천에 산다. 중국 동북부 수계에도 서식한다.

모래와 진흙이 깔린 깨끗한 하천의 중류 지역에 산다.

머리 앞모습

머리 옆모습

줄몰개는 모래와 진흙이 깔린 깨끗한 하천의 중류 지역에 산다. 정확한 생태 조사 기록이 없다. 번식기는 6~7월로 알은 수초에 붙이는 것으로 추정하여 각 도감에 싣고 있다. 어릴 때 왜몰개나 참붕어와 비슷하지만, 자라면서 몸에 ~10개의 줄무늬가 나타나 구분할 수 있다. 다른 몰개속(屬) 물고기와 달리 깨끗한 물에서만 산다.

긴몰개 *Squalidus gracilis majimae* (Jordan et Hubbs, 1925)

영문명 : Korean slender gudgeon
몸 길이 : 7~10cm
방언 : 쌀고기, 물피리
대한민국 고유종

산란시기(월) 1 2 3 4 5 6 7 8 9 10 11 12

형태/색깔 몸은 길며 옆으로 납작하다. 주둥이는 뾰족하고 입은 비스듬히 위로 향해 있다. 눈 지름 정도 길이의 입수염이 1쌍 있다. 위턱이 아래턱보다 약간 길다. 옆줄은 뚜렷하다. 몸 색깔은 진한 갈색이고 배 쪽은 색깔이 연하다. 옆줄이 지나는 비늘에 검은색 반점이 있다. 각 지느러미는 투명하다.

생활 물이 천천히 흐르는 하천이나 저수지, 농수로, 댐호 등에 산다.

먹이 수서곤충의 애벌레와 새우 등을 먹고 산다.

분포 서해와 남해로 흐르는 하천에 산다.

유속이 느린 소하천의 수초가 많은 곳에 산다.

머리 앞모습

머리 옆모습

긴몰개는 유속이 느린 소하천과 농수로의 수면 가까이에 주로 살며, 큰 강이나 댐에서는 수초가 무성한 가장자리에 산다. 번식기는 5~7월로 알은 수초에 붙인다. 알에서 깨어난 새끼의 몸 길이는 3㎜이다. 만 1년이 되면 몸 길이가 4㎝ 정도로 자란다. 몰개속(屬) 물고기 4종(긴몰개, 몰개, 참몰개, 점몰개)은 생김새가 엇비슷하여 구분하기 까다롭다. 검색표에 따르면 옆줄 윗부분의 비늘 수는 3.5개로, 비늘 수가 4.5개인 몰개, 참몰개, 점몰개와 구분된다. 대한민국 고유종이다.

몰개 *Squalidus japonicus coreanus* (Berg, 1906)

영문명 : Short barbel gudgeon **몸 길이** : 8~14cm
방언 : 보리피리, 쌀고기 대한민국 고유종

산란시기(월) 1 2 3 4 5 6 7 8 9 10 11 12

형태/색깔 몸은 길며 옆으로 납작하다. 주둥이는 뾰족하고 입은 비스듬히 위로 향해 있다. 입수염은 1쌍으로 눈 지름보다 짧다. 위턱이 아래턱보다 약간 길다. 옆줄은 뚜렷하다. 몸 색깔은 연한 갈색이고 배 쪽은 색깔이 연하다. 각 지느러미는 투명하다.

생활 물이 천천히 흐르는 하천이나 큰 강의 중 · 하류, 댐에 떼를 지어 산다.

먹이 잡식성으로 수서곤충, 동물성 플랑크톤, 유기물 등을 먹는다.

분포 한강, 금강, 낙동강, 동진강, 만경강, 영산강 수계에 분포하며, 북한의 대동강에도 분포한다.

유속이 느린 하천의 수면 가까이에 떼를 지어 헤엄쳐 다닌다.

머리 앞모습

머리 옆모습

몰개는 바닥에 모래와 수초가 있는 유속이 느린 하천의 수면 가까이에서 떼를 지어 헤엄쳐 다닌다. 번식기는 6~8월이고 수초에 알을 붙인다. 입수염 길이는 눈 지름보다 짧아서 생김새가 비슷한 긴몰개, 참몰개와 구분된다. 주로 큰 강이나 댐호에 살며 강의 중 · 하류에 무리 지어 산다. 다소 오염된 물에서도 잘 산다. 대한민국 고유종이다.

참몰개 *Squalidus chankaensis tsuchigae* (Jordan et Hubbs, 1925)

영문명 : Korean gudgeon **몸 길이 :** 8~14cm

방언 : 날피리 대한민국 고유종

산란시기(월) 1 2 3 4 5 6 7 8 9 10 11 12

형태/색깔 몸은 길며 옆으로 납작하다. 주둥이는 뾰족하고 입은 비스듬히 위로 향해 있다. 입수염은 1쌍으로 눈 지름보다 길다. 위턱이 아래턱보다 약간 길다. 눈은 비교적 크다. 옆줄은 뚜렷하다. 몸 색깔은 연한 갈색이고 배 쪽은 색깔이 연하다. 옆줄이 지나는 비늘에 검은색 반점이 있다. 각 지느러미는 투명하다.

생활 물이 천천히 흐르고 깊지 않은 하천이나 저수지에 산다.

먹이 잡식성으로 수서곤충의 애벌레, 동 · 식물의 조각, 식물의 씨앗 등을 먹고 산다.

분포 서해와 남해로 흐르는 수계에 분포한다. 북한의 대동강에도 산다.

유속이 느리고 수심이 얕은 하천이나 저수지의 수초가 많은 곳에 산다.

머리 앞모습

머리 옆모습

참몰개는 유속이 느리고 얕은 하천이나 저수지의 수초가 많은 곳에 산다. 번식기는 6~8월로 수초에 알을 붙인다. 생김새가 거의 같은 몰개와 구분할 때는 입수염의 길이를 비교하는데, 몰개의 입수염은 눈 지름보다 짧은 데 비해 참몰개의 입수염은 눈 지름보다 길다. 큰 강의 중 · 하류 지역에서 주로 살며, 모래와 자갈이 깔린 곳의 중층에 많이 서식한다. 환경 적응력이 강해 약간 오염된 곳에서도 잘 산다. 대한민국 고유종이다.

점몰개 *Squalidus multimaculatus* Hosoya et Jeon, 1984

영문명 : Spotted barbel gudgeon

몸 길이 : 5~7cm

대한민국 고유종

산란시기(월) 1 2 3 4 5 6 7 8 9 10 11 12

형태/색깔 몸은 길지 않으며 옆으로 납작하다. 주둥이는 뾰족하고 입은 비스듬히 위로 향해 있다. 눈 지름 정도 길이의 입수염이 1쌍 있다. 위턱이 아래턱보다 약간 길다. 옆줄은 뚜렷하다. 몸 색깔은 황갈색이고 배 쪽은 색깔이 연하며 광택이 있다. 옆줄 위에는 검은색 반점이 6~12개가 줄지어 있고, 옆줄이 지나는 비늘에 검은색 반점이 있다. 각 지느러미는 투명하다.

생활 물이 깨끗하고 바닥에 모래나 자갈이 깔린 얕은 하천에 산다.

먹이 주로 조류를 먹고 산다.

분포 동해 남부로 흐르는 형산강, 영덕군 오십천, 죽산천, 송천천, 경남 울주군의 회야강에 분포한다(동해안 전 수계에 살고 있어 정확한 조사가 필요하다).

물이 천천히 흐르는 깊지 않은 하천이나 저수지에 산다.

머리 앞모습

머리 옆모습

점몰개는 물이 깨끗하며 유속이 느리고 바닥에 모래나 자갈이 깔린 얕은 하천에 산다. 번식이나 먹이, 습성 등에 대한 정확한 기록이 없다. 몸통에 6~12개의 검은색 반점이 1줄로 이어져 있어 '점몰개'라 부른다. 처음 발견 당시 경상북도 영덕군 오십천과 포항 · 경주시 일대의 수계, 그리고 부산시 해운대로 흐르는 소하천에서만 사는 것으로 알려져 왔으나, 이보다 훨씬 북상한 강원도 삼척시 가곡천에도 서식하고 있음이 조사되었고(Nam, Kim, Chae et Yang, 2002), 2008년 민물고기 연구가 조성장 씨에 의해 강원도 고성군 일대 수계에도 서식하고 있는 것으로 밝혀졌다. 대한민국 고유종이다.

모샘치 *Gobio cynocephalus* Dybowski, 1869

영문명 : Siberian gudgeon **몸 길이** : 12~18cm

산란시기(월) 1 2 3 4 5 6 7 8 9 10 11 12

형태/색깔 몸은 길고 좌우로 약간 납작하다. 머리는 길고 주둥이는 짧다. 아래턱은 위턱보다 짧다. 입은 둥그렇고 주둥이 밑에 있다. 입수염은 1쌍이며 눈 지름보다 길다. 옆줄은 완전하며 거의 직선이다. 등지느러미는 삼각형이며 바깥쪽은 안으로 약간 휘었다. 몸 색깔은 옅은 녹갈색이고 배 쪽은 은백색이다. 몸통 중앙에 눈동자 크기 정도의 반점 8~12개가 있다.

생활 하천 중류의 모래와 자갈이 깔린 곳에 산다.

먹이 수서곤충의 유충이나 패류, 갑각류 등을 먹고 산다.

분포 서해와 동해로 흐르는 한강 이북의 하천에 분포한다. 러시아와 중국을 흐르는 아무르강에도 분포한다.

모래무지와 비슷하지만 모래무지보다 주둥이가 짧다.

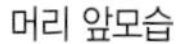

머리 앞모습

머리 옆모습

모샘치는 바닥에 모래와 자갈이 깔린 하천의 여울에 살며 물이 비교적 얕은 곳에서 생활하다가 겨울이 되면 깊은 곳으로 가 겨울을 난다. 북방계 어류로 북한의 압록강, 청천강, 대동강, 두만강과 동해로 흐르는 하천에 분포한다. 한강 수계에 출현하였다는 기록(Uchida, 1939)이 있으나 이후로는 출현 기록이 없다.

누치 *Hemibarbus labeo* (Pallas, 1776)

영문명 : Barbel steed **몸 길이** : 25~60cm
방언 : 눈치, 능치

산란시기(월) 1 2 3 4 5 6 7 8 9 10 11 12

형태/색깔 몸은 길며 옆으로 납작하다. 주둥이가 튀어나왔다. 입술은 두꺼우며 입수염은 1쌍이다. 위턱이 아래턱보다 길다. 옆줄은 뚜렷하며, 비늘은 고르다. 몸 색깔은 은갈색이고 배 쪽은 연하며 광택이 있다. 몸통에 눈동자 크기의 반점이 여러 개 있는데, 다 자라면 없어진다. 등지느러미와 꼬리지느러미에 검은색 줄무늬가 있다. 다른 지느러미의 시작 부분은 연한 황색을 띤다.
생활 물이 깨끗하고 바닥에 모래나 자갈이 깔린 강 중 · 하류 지역에 산다.
먹이 수서곤충의 애벌레, 실지렁이, 새우, 다슬기, 부착 조류를 먹고 산다.
분포 서해와 남해로 흐르는 강이나 하천에 분포한다. 베트남과 일본, 중국에도 분포한다.

몸통에 있는 눈동자 크기의 반점은 다 자라면 없어진다.

머리 앞모습

머리 옆모습

다 자란 누치

누치는 물이 비교적 깊고 깨끗하며 모래나 자갈이 깔린 하천에 산다. 번식기는 4월 말~6월 초순으로 24절기 중 하나인 곡우(穀雨)를 전후해 절정을 이루는데, 중 · 하류 쪽에 있던 누치 암수가 큰 무리를 지어 얕은 여울로 올라오며, 서로 뒤섞이면서 자갈 틈에 알을 낳는다. 이를 예로부터 '누치가리'라고 불렀다. 번식기에 수컷의 주둥이와 가슴지느러미, 배지느러미에 흰색의 작은 돌기가 돋으며 몸 색깔은 진해진다. 알은 3~4일 만에 깨어나며 새끼의 몸 길이는 7~8㎜이다. 몸 길이가 60㎝ 이상 자라기도 한다. 참마자와 생김새가 비슷하지만 몸통에 눈동자만 한 반점 외에 다른 무늬가 없고, 참마자는 이외에도 온몸에 작은 반점이 빽빽하여 누치와 구분할 수 있다.

참마자 *Hemibarbus longirostris* (Regan, 1908)

영문명 : Long nose barbel **몸 길이 :** 15~20cm
방언 : 매자, 마자, 참매자

산란시기(월) 1 2 3 4 5 6 7 8 9 10 11 12

형태/색깔 몸은 길며 옆으로 납작하다. 주둥이는 길고 뾰족하다. 입은 주둥이 밑에 있으며 입수염은 1쌍이다. 위턱이 아래턱보다 길다. 옆줄은 뚜렷하다. 몸 색깔은 갈색이며 배 쪽은 은백색으로 광택이 있다. 몸통 가운데에는 눈동자 크기의 반점이 있고 몸 전체에는 작은 점들이 흩어져 있으며, 등지느러미와 꼬리지느러미에 줄무늬가 있다.

생활 물이 깨끗하고 모래와 자갈이 깔린 하천의 중 · 상류에 산다.

먹이 잡식성으로 수서곤충의 애벌레, 부착 조류 등을 먹고 산다.

분포 서해와 남해로 흐르는 하천에 분포하며, 중국과 일본에도 분포한다.

몸통에 작은 반점이 흩어져 있다.

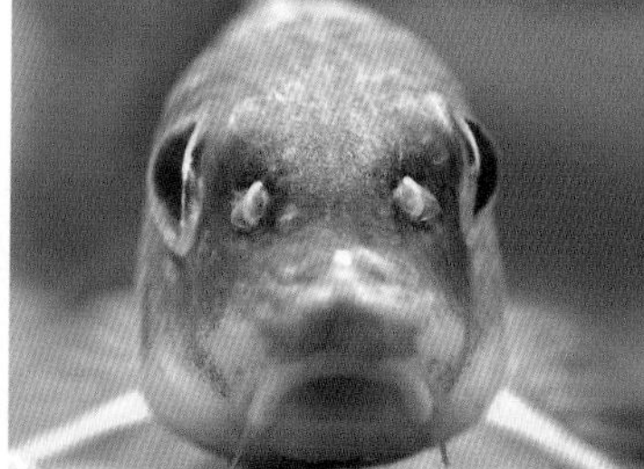

머리 앞모습

머리 옆모습

어린 참마자

참마자는 모래와 자갈이 깔린 깨끗한 하천의 중 · 상류 여울이나 소(沼)에 살며 모래 속을 파고 들어 몸을 숨기기도 한다. 번식기는 4월 말~6월로 모래나 자갈 위에 알을 낳는다. 번식기에 수컷의 몸통에 좁쌀 크기의 돌기가 돋아나고 배와 가슴지느러미, 배지느러미, 뒷지느러미는 주황색을 띤다. 누치와 생김새가 거의 비슷하지만 몸통의 작은 점과 등지느러미, 꼬리지느러미의 줄무늬로 구분할 수 있다. 어릴 때의 참마자와 누치는 구분하기 쉽지 않다. 누치는 몸 길이가 60㎝까지 자라기도 하지만 참마자는 최대 30㎝ 정도까지 자란다. 낚시꾼들은 '매자'라고도 부른다.

어름치 *Hemibarbus mylodon* (Berg, 1907)

영문명 : Korean spotted barbel **몸 길이 :** 20~45cm
방언 : 반어, 어룽치 대한민국 고유종 | 천연기념물 제238호 · 제259호

산란시기(월) 1 2 3 4 5 6 7 8 9 10 11 12

형태/색깔 몸은 길며 원통형이다. 주둥이는 둥글고 튀어나왔다. 입은 주둥이 밑에 있고 입수염은 1쌍이다. 위턱이 아래턱보다 길며 입술은 얇다. 옆줄은 뚜렷하다. 몸 색깔은 연한 갈색이며 배 쪽은 은백색이다. 몸 전체에는 작은 검은색 반점이 있고 몸 가운데에 눈동자 크기의 반점이 흐릿하게 이어진다. 등지느러미, 뒷지느러미, 꼬리지느러미에 검은색 띠가 2~4줄 있다.

생활 물이 깨끗하고 바닥에 자갈이 깔린 큰 하천의 중 · 상류에 산다.

먹이 수서곤충을 주로 먹고, 새우와 다슬기, 작은 물고기를 먹는다.

분포 한강, 임진강, 금강의 상류에만 분포한다(금강 상류의 어름치는 1982년 천연기념물 제238호로 지정된 이후 더는 발견되지 않는다).

1년생 어름치

머리 앞모습

머리 옆모습

어름치의 산란탑

산란과 알 덮기를 반복하는 과정에서 만들어진 어름치 산란탑. 알이 다른 물고기에게 먹히거나 물살에 떠내려가는 것을 막는다.

어름치는 물이 깊고 맑으면서 자갈이 깔린 중·상류의 여울 지역에 산다. 야행성으로 단독 생활을 하며 봄과 가을에는 다슬기를 먹는다. 번식기는 4~5월로 암컷이 여울 가장자리에 얕은 웅덩이를 파고 알을 낳으면 수컷이 방정한다. 곧바로 모래와 자갈로 알을 덮은 암컷은 재차 알을 낳고, 수컷도 기다렸다가 방정한다. 이를 서너 차례 반복한 후 암컷이 완전하게 알을 덮는다. 알 낳기가 끝나면 높이 20~30㎝, 너비 60㎝ 정도의 돌탑이 쌓인다. 알을 덮는 것은 다른 물고기에게 먹히는 것을 막기 위해서이다. 번식기에 수컷의 배는 검은색으로 변하고 주둥이에 돌기가 돋는다. 대한민국 고유종이며 천연기념물 제238호(금강의 어름치), 제259호(전국의 어름치)로 지정하여 보호하고 있다.

모래무지 *Pseudogobio esocinus* (Temminck et Schlegel, 1846)

영문명 : Goby minnow **몸 길이 :** 15~30cm
방언 : 모래무치, 모잼이

산란시기(월) 1 2 3 4 5 6 7 8 9 10 11 12

형태/색깔 몸은 길며 원통형이고 몸 뒷부분은 가늘다. 주둥이는 뾰족하고 길며 입은 주둥이 밑에 있다. 입술은 돌기로 덮여 있고 입수염은 1쌍이다. 눈은 머리 윗부분에 나 있다. 옆줄은 뚜렷하다. 몸 색깔은 전체적으로 회갈색이며 배 쪽은 은갈색이다. 몸 가운데와 등에 큰 검은색 반점이 6~7개 있고, 몸 전체에 작은 검은색 반점이 흩어져 있다. 뒷지느러미를 제외한 각 지느러미에 검은색 줄무늬가 있다.

생활 물이 깨끗하고 바닥에 모래가 깔린 하천의 중 · 상류 바닥에 산다.

먹이 모래 속 곤충과 소형 동물을 걸러 먹는다.

분포 서해와 남해로 흐르는 하천에 분포한다. 중국과 일본에도 분포한다.

주둥이로 모래를 빨아들여 먹이는 걸러 먹고 모래는 아가미로 내보낸다.

머리 앞모습

머리 옆모습

모래무지는 물이 깨끗하고 모래가 깔린 하천의 중 · 상류 바닥에 산다. 번식기는 5~7월로 모래에 알을 낳고 모래로 덮는다. 수온 21℃에서 6일이면 몸길이가 4㎜인 새끼가 깨어난다. 입으로 모래를 빨아들여서 먹이는 섭취하고 모래는 분리하여 아가미 밖으로 내보낸다. 이 과정에서 모래가 깨끗해지므로 '바닥 청소부'라는 별명이 있다. 위협을 느끼면 모래를 파고 들어가 숨는다. 버들매치, 두우쟁이 등과 생김새는 비슷하지만 주둥이가 더 길고 뾰족하다. 모래가 있는 곳에 많이 살았지만 사람들이 강에서 모래를 퍼내는 바람에 서식지가 줄어들었고, 바닥이 자갈과 펄인 곳까지 밀려나고 점차 그 수도 줄어들고 있다.

버들매치 *Abbottina rivularis* (Basilewsky, 1855)

영문명 : Chinese false gudgeon **몸 길이 :** 8~15cm
방언 : 알락마재기, 몰치

산란시기(월) 1 2 3 4 5 6 7 8 9 10 11 12

형태/색깔 몸은 원통형으로 통통하다. 머리는 큰 편이며 주둥이는 짧고 뭉툭하다. 입은 주둥이 밑에 있다. 입수염은 1쌍으로 짧다. 눈은 작고 머리 윗부분에 있다. 이마와 주둥이 사이가 움푹 파였다. 옆줄은 뚜렷하다. 몸 색깔은 연한 갈색이고 배 쪽은 은백색이다. 몸 가운데에는 눈 크기보다 크고 진한 반점이 7~9개가 나란히 있다. 몸 윗부분에는 작은 반점이 흩어져 있다. 뒷지느러미를 제외한 각 지느러미에 검은색 줄무늬가 규칙적으로 나 있다.

생활 물이 천천히 흐르고 바닥에 모래나 진흙이 깔린 하천, 저수지에 산다.

먹이 잡식성으로 실지렁이, 수서곤충, 식물의 씨앗, 유기물 등을 먹는다.

분포 서해와 남해로 흐르는 하천에 산다. 중국과 일본에도 분포한다.

지느러미 줄무늬가 규칙적이다.

머리 앞모습

머리 옆모습

버들매치 수컷의 추성

번식기 수컷의 턱 밑과 가슴지느러미 1번째 기조에 뾰족한 돌기가 돋아난다.

버들매치는 물이 천천히 흐르는 바닥에 모래나 진흙, 펄이 깔린 곳에 산다. 번식기는 4~6월로 수컷은 물살이 약한 곳의 바닥을 청소하여 알자리를 만든 다음 암컷을 유인하고, 암컷이 알을 낳으면 그 자리를 지킨다. 번식기에 수컷의 배지느러미는 주황색으로 변하고 턱 밑과 가슴지느러미 기조에 톱니 같은 돌기가 돋는다. 모래나 진흙을 파고 들어가기도 한다. 모래무지와 닮았지만 주둥이가 짧고 뭉툭하며, 이마가 움푹 파여서 구분할 수 있다. 눈에서 주둥이까지 검은색 줄이 있다. 요즘 들어 자연에서 그 수가 줄어들고 있다.

왜매치 *Abbottina springeri* Banarescu et Nalbant, 1973

영문명 : Korean dwarf gudgeon

몸 길이 : 6~8cm
대한민국 고유종

산란시기(월) 1 2 3 4 5 6 7 8 9 10 11 12

형태/색깔 몸은 원통형이다. 머리는 작으며 주둥이는 짧고 뭉툭하다. 입은 주둥이 밑에 있다. 입수염은 1쌍이고 짧다. 눈은 비교적 크고 이마와 주둥이 사이가 약간 파였다. 옆줄은 뚜렷하다. 몸 색깔은 연한 갈색이고 배 쪽은 은백색이다. 몸 가운데에는 눈보다 크고 진한 반점이 7~8개가 나란히 있고 등에는 5~6개의 반점이 있다. 몸의 윗부분에는 작은 반점이 흩어져 있다. 가슴지느러미, 등지느러미, 꼬리지느러미에 검은색 줄무늬가 불규칙하게 나 있다.

생활 유속이 느리고 바닥에 모래나 펄이 깔린 하천 중 · 하류에 산다.

먹이 잡식성으로 부착 조류나 수서곤충, 유기물을 먹고 산다.

분포 동해로 흐르는 하천을 제외한 대부분의 하천에 산다.

하천 중 · 하류에 산다. 몸집이 작다.

머리 앞모습

머리 옆모습

왜매치는 물 흐름이 없거나 유속이 느리고 바닥에 모래나 펄이 깔린 하천 중 · 하류와 농수로, 저수지, 연못의 수초가 있는 곳에 떼를 지어 산다. 번식기는 4~7월로 번식 행동에 대해서는 알려지지 않았다. 번식기에 수컷의 몸 색깔은 검게 변한다. 버들매치와 생김새가 비슷하지만, 왜매치의 몸은 좀 더 가늘고 둥글며 주둥이가 짧고, 등지느러미와 꼬리지느러미의 줄무늬가 불규칙한 특징이 있다. 개발로 서식처가 망가지고 농약, 축산 폐수 등으로 하천이 오염되어 그 수가 빠르게 줄어들고 있다. 대한민국 고유종이다.

꾸구리 *Gobiobotia macrocephala* Mori, 1935

영문명 : Cat's eye eightbarbel gudgeon　　**몸 길이 :** 7~12cm
방언 : 돌메자　　대한민국 고유종 | 멸종위기 야생생물 Ⅱ급

산란시기(월) 1 2 3 4 5 6 7 8 9 10 11 12

형태/색깔 몸은 길고 원통형이며 몸 뒷부분은 가늘다. 주둥이는 뾰족하고 위아래로 납작하다. 입은 주둥이 밑에 있다. 입수염은 입가에 1쌍, 턱 아랫부분에 3쌍이 있으며 맨 뒤의 것이 가장 길다. 눈은 머리 윗부분에 있고 빛의 밝기에 따라 눈꺼풀이 여닫힌다. 옆줄은 뚜렷하다. 몸 색깔은 황갈색이며 배 쪽은 색깔이 연하다. 등지느러미 뒤쪽으로 흑갈색 무늬가 3마디 있다. 각 지느러미에 짧은 검은색 줄무늬가 흩어져 있다.

생활 물이 맑고 깨끗하며 자갈이 깔린 하천의 중 · 상류 여울 지역에만 산다.

먹이 주로 수서곤충을 먹고 산다.

분포 한강과 임진강, 금강의 중 · 상류 지역에 제한적으로 분포한다.

여울의 돌 틈에 산다. 빛의 밝기에 따라 눈꺼풀을 여닫는다.

머리 앞모습

머리 옆모습(밝은 곳에서의 눈동자)

입수염이 4쌍이다

어두운 곳에서의 눈동자

꾸구리는 물이 맑으며 크고 작은 돌이 섞인 하천 중 · 상류 여울에서 돌 사이를 옮겨 다니며 산다. 번식기는 4~6월로 여울의 아래쪽에서 돌 밑에 알을 낳는다. 번식기에 수컷의 몸 색깔은 진해지고 흑갈색 무늬는 검은색을 띤다. 새끼는 만 년이 되면 몸 길이가 5~6㎝로, 만 2년이 되면 8~9㎝ 정도로 자라고, 몸 길이가 10㎝ 이상 자란 것은 만 3년 이상 된 것이다. 우리나라 민물고기 가운데 유일하게 빛의 밝기에 따라 눈꺼풀을 열고 닫는데, 주변이 어두우면 양옆으로 열리고 밝으면 가운데로 닫힌다. 빠른 물살을 헤치기 쉽도록 가슴지느러미와 배지느러미는 크고 뻣뻣하다. 대한민국 고유종이며 '멸종위기 야생생물Ⅱ급'으로 지정하여 보호하고 있다.

돌상어 *Gobiobotia brevibarba* Mori, 1935

영문명 : Short eightbarbel gudgeon **몸 길이 :** 10~13cm
방언 : 돌나리, 돌무지 대한민국 고유종 | 멸종위기 야생생물 Ⅱ급

산란시기(월) 1 2 3 4 5 6 7 8 9 10 11 12

형태/색깔 몸은 길며 배는 불룩하고 몸 뒷부분은 옆으로 납작하다. 주둥이는 뾰족하며 머리는 위아래로 납작하다. 입은 주둥이 밑에 있다. 입수염은 입가에 1쌍, 턱 아랫부분에 3쌍이 있으며, 꾸구리보다 입수염이 짧다. 옆줄은 뚜렷하다. 몸 색깔은 황갈색이고 배 쪽은 색깔이 연하다. 몸 가운데에는 반점이 7~8개 있고, 등에는 반점이 5~6개 있다. 각 지느러미에는 무늬가 없다. 눈 아래의 주둥이 쪽으로 검은색 선이 그어져 있다.

생활 물이 깨끗하며 자갈이 깔린 하천의 중 · 상류 여울에 산다.

먹이 주로 수서곤충을 먹고 산다.

분포 한강과 임진강, 금강의 중 · 상류 지역에 제한적으로 분포한다.

물살이 빠른 여울에서 돌 틈을 옮겨 다니며 산다.

머리 앞모습

머리 옆모습

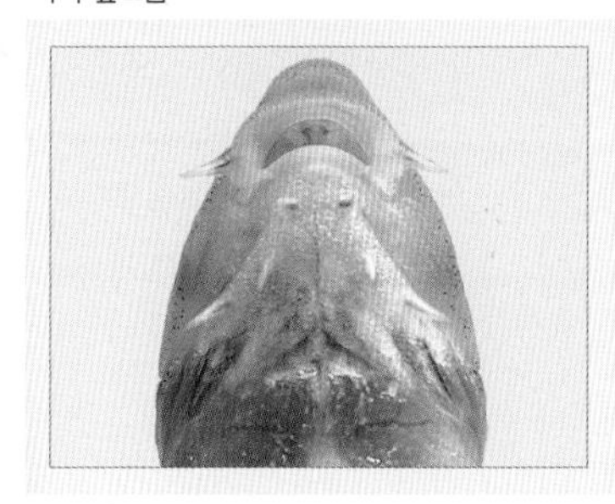

돌상어의 입수염

물이 빠르게 흐르는 곳에서 돌이나 자갈 모서리에 입수염을 걸어 몸을 고정하기도 한다.

돌상어는 유속이 빠르고 물이 깨끗하며 바닥에 자갈이 깔린 하천의 중 · 상류 여울에 꾸구리와 같이 산다. 번식기는 4~6월로 돌 밑에 알을 낳는데, 알자리는 꾸구리보다 유속이 더 빠르고 깊은 곳을 택한다. 수정된 알은 자갈 틈으로 가라앉아 붙는다. 번식기가 되면 암수 모두 배가 불룩해지며 추성이나 몸 색깔에는 변화가 없다. 꾸구리와 생김새가 비슷하지만 눈 모양, 지느러미 무늬, 몸의 반점에서 차이가 나고, 입수염이 꾸구리보다 짧아 구분하기 쉽다. 몸통이 유선형이고 가슴지느러미, 배지느러미가 뻣뻣하여 물살이 빠른 여울에 적응할 수 있다. 서식지가 망가져 그 수가 줄고 있다. 대한민국 고유종이며 '멸종위기 야생생물 Ⅱ급'으로 지정하여 보호하고 있다.

흰수마자 *Gobiobotia nakdongensis* Mori, 1935

영문명 : White eightbarbel gudgeon **몸 길이 :** 6~10cm
방언 : 락동돌상어 대한민국 고유종 | 멸종위기 야생생물 I 급

산란시기(월) 1 2 3 4 5 6 7 8 9 10 11 12

형태/색깔 몸은 길며 배는 불룩하고 몸 뒷부분은 가늘다. 주둥이는 뾰족하다. 머리는 위아래로 납작하며, 입은 주둥이 밑에 있다. 흰색의 긴 입수염은 입가에 1쌍, 턱 아랫부분에 3쌍이 있다. 눈은 비교적 크고 머리 윗부분에 있으며 약간 튀어나왔다. 옆줄은 뚜렷하다. 몸 색깔은 황갈색이며 배 쪽은 색깔이 연하다. 몸 가운데와 등에는 7~8개의 진한 갈색과 흰색 반점이 있다. 각 지느러미는 투명하다.

생활 바닥에 잔모래가 깔린 하천의 중류나 하류의 얕은 여울에 산다.

먹이 수서곤충의 애벌레를 먹고 산다.

분포 한강과 임진강 하류, 금강과 낙동강의 중류 및 하류에 드물게 분포한다.

물이 천천히 흐르는 여울에 산다.

머리 앞모습

머리 옆모습

흰수마자의 입수염

꾸구리나 돌상어와 달리 입수염이 흰색이고, 길이가 길다.

흰수마자는 바닥에 고운 모래가 있고 물이 세차게 흐르는 여울보다는 수심이 얕고 유속이 약한 여울 쪽에 산다. 경우에 따라 하천 아래의 깊은 곳에서 발견되기도 한다. 번식기는 6~7월이며 하천의 하류로 이동해 산란하는 것으로 알려졌다. 입수염은 꾸구리나 돌상어와 다르게 흰색으로, '흰 수염을 가진 마자'라고 해서 '흰수마자'라는 이름이 붙었다. 눈동자는 좌우로 움직인다. 서식 조건은 다소 까다로워서 깨끗한 물, 잔모래, 얕은 여울이어야 살 수 있다. 강과 하천에서 잔모래를 퍼내 물이 더러워지고 얕은 여울도 덩달아 훼손되고 있는 것이 흰 수마자가 사라지는 원인이다. 대한민국 고유종이며 '멸종위기 야생생물 I 급'으로 지정하여 보호하고 있다.

두만강자그사니 *Mesogobio tumensis* Chang, 1980

영문명 : Tumen river barbel

몸 길이 : 15cm

대한민국 고유종

산란시기(월) 1 2 3 4 5 6 7 8 9 10 11 12

형태/색깔 몸은 길고 원통형이다. 주둥이는 짧고 끝은 둥그렇다. 입은 주둥이 아래에 있고 말굽 모양이다. 입수염은 1쌍이다. 눈은 비교적 작다. 등지느러미와 뒷지느러미의 둘레는 약간 오목하다. 몸 색깔은 황갈색이며 배 쪽은 엷다. 몸통 중앙에 10~11개의 눈동자 크기 만한 검은색 반점이 있다. 등지느러미와 꼬리지느러미에 짧은 줄무늬가 있다.

생활 물이 맑은 하천의 모래와 자갈이 깔린 곳에서 산다.

먹이 부착 조류나 수서곤충의 유충을 먹는다.

분포 두만강 수계에 분포한다.

두만강 수계에 산다.

머리 앞모습

머리 옆모습

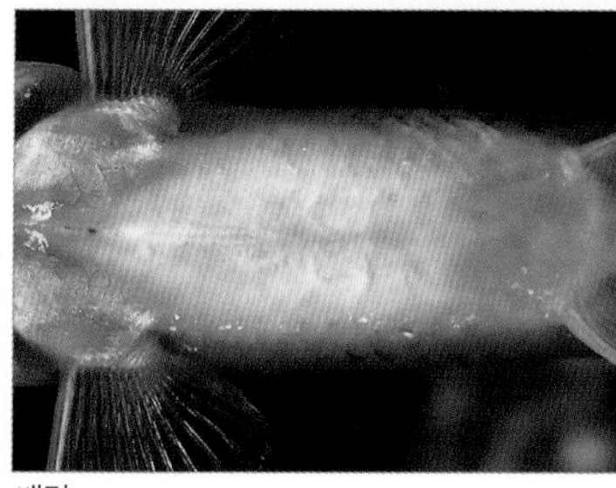
배면

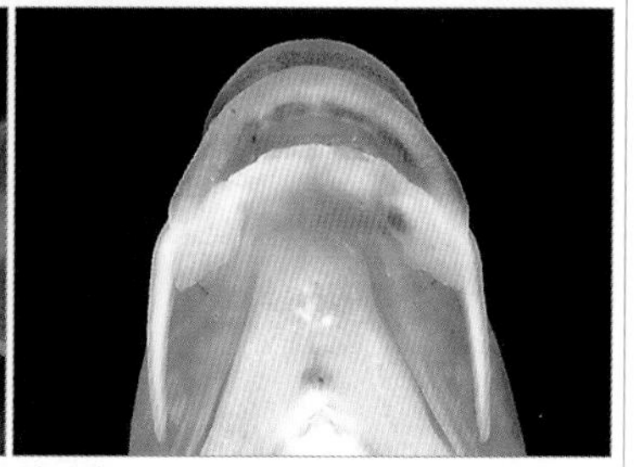
입 모양

두만강자그사니는 하천 중 · 상류의 물이 맑고 바닥에 모래와 자갈이 깔린 곳에 산다. 부화 후 만 2년이 되면 성어가 되며 산란기는 5~6월이다. 모래나 자갈 위에 알을 낳는다. 물이 비교적 얕은 곳에서 생활하다가 겨울이 되면 깊은 곳으로 간다. 북한의 두만강 수계에 분포한다. 대한민국 고유종이다.

모래주사 *Microphysogobio koreensis* Mori, 1935

영문명 : Korean southern gudgeon　　**몸 길이** : 8~10cm
방언 : 돌붙이　　대한민국 고유종 | 멸종위기 야생생물 I 급

산란시기(월) 1 2 3 4 5 6 7 8 9 10 11 12

형태/색깔 몸은 길며 몸 뒷부분은 가늘다. 주둥이는 약간 뾰족하고 입은 주둥이 밑에 있다. 입수염은 1쌍이다. 입술에 돌기가 있는데 윗입술 가운데에는 1줄이, 양옆에는 여러 줄이 돋아 있다. 옆줄은 뚜렷하다. 배에도 비늘이 있다. 몸 색깔은 청갈색이며 배 쪽은 은백색이다. 몸 가운데에 테두리가 뚜렷하지 않은 진한 갈색 반점이 5~13개 있고, 등에는 색깔이 진한 반점이 6~8개 있다. 뒷지느러미를 제외한 각 지느러미에 진한 갈색 줄무늬가 있다.

생활 물이 빠르게 흐르고 자갈과 모래가 많은 하천의 중 · 상류에 산다.

먹이 수서곤충, 소형 갑각류, 부착 조류 등을 먹고 산다.

분포 낙동강과 섬진강 수계에 분포한다.

중 · 상류의 여울에 산다. 돌마자와 생김새가 비슷하다.

머리 앞모습

머리 옆모습

배면(비늘이 있음)

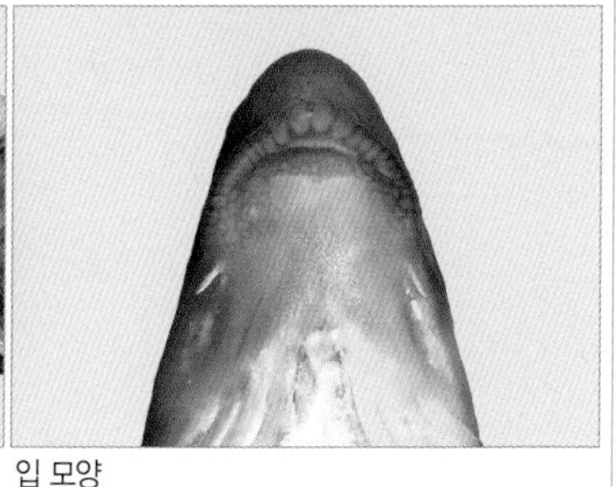

입 모양

모래주사는 물이 비교적 빠르게 흐르고 자갈과 모래가 많이 깔린 하천의 중 · 상류 여울에 작은 무리를 이루어 산다. 번식기나 번식 행동은 확실하지 않다. 돌마자와 생김새가 비슷하지만 입술 모양과 배의 비늘 유무에 따라 구분한다. 모래주사는 배에도 비늘이 있다. 낙동강과 섬진강 수계에만 살고 있다. 번식기에 암컷은 여울의 작은 자갈 틈을 파고 들어가 알을 낳으며 뒤따르던 여러 마리의 수컷이 방정한다. 이때 수컷의 몸은 붉은색을 띤다. 대한민국 고유종이며 '멸종위기 야생생물 I 급'으로 지정하여 보호하고 있다.

돌마자 *Microphysogobio yaluensis* (Mori, 1928)

영문명 : Korean common gudgeon
몸 길이 : 5~12cm
방언 : 압록돌붙이, 돌매자
대한민국 고유종

산란시기(월) 1 2 3 4 5 6 7 8 9 10 11 12

형태/색깔 몸은 길며 원통형이고 몸 뒷부분은 가늘다. 주둥이는 짧고 뭉툭하며 입은 주둥이 밑에 있다. 입수염은 1쌍이다. 윗입술에는 큰 돌기가 1줄 돋아 있다. 눈은 비교적 작고 머리 가운데의 윗부분에 있다. 옆줄은 뚜렷하다. 배에는 비늘이 없다. 몸 색깔은 청갈색이며 배 쪽은 은백색이다. 몸 가운데에 진한 갈색 반점이 8~9개 있고, 등에는 색깔이 진한 반점이 5~6개 있다. 각 지느러미에 진한 갈색 줄무늬가 있다.

생활 물이 느리게 흐르고 깨끗한 하천 중류의 모래와 자갈이 깔린 곳에 산다.

먹이 잡식성으로 수서곤충이나 부착 조류, 유기물을 먹고 산다.

분포 동해로 흐르는 하천을 제외한 전국의 하천에 분포한다.

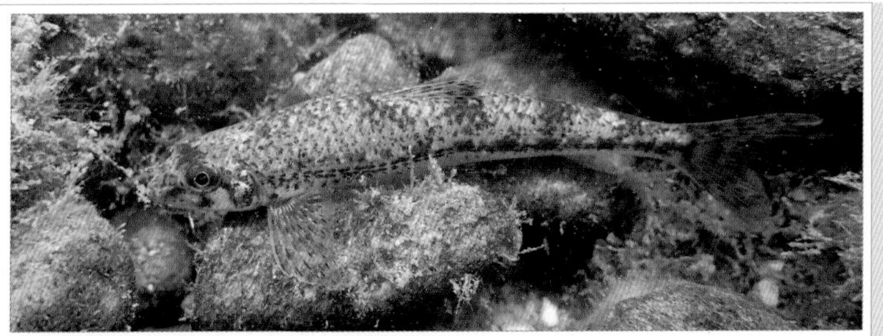

하천의 중류에 산다. 가슴지느러미 안쪽이 붉은색이다.

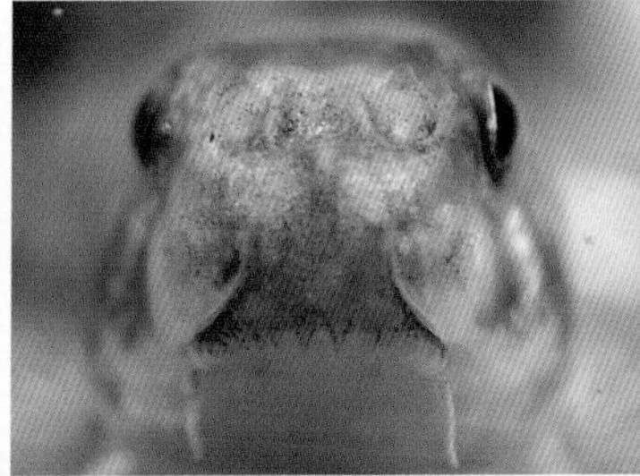

머리 앞모습

머리 옆모습

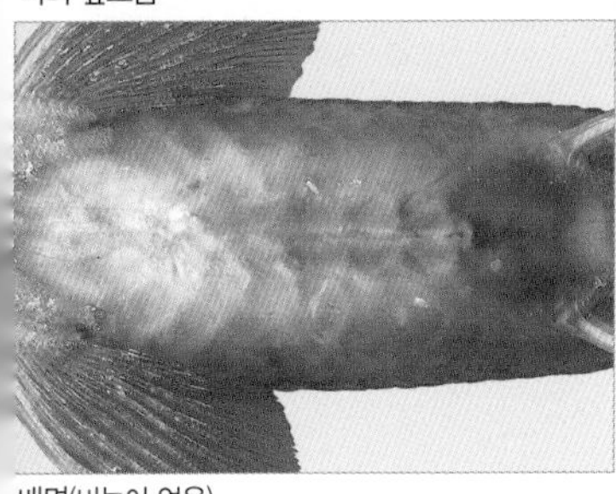

배면(비늘이 없음)

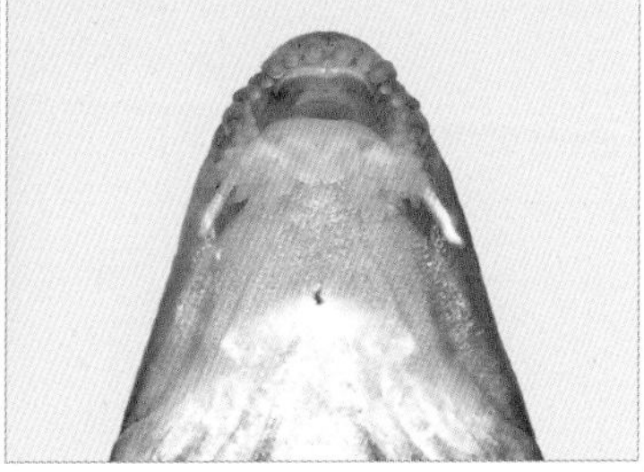

입 모양

돌마자는 물이 천천히 흐르고 바닥에 모래와 자갈이 깔린 하천의 중류에서 집단을 이루어 산다. 번식기는 4~7월로 암컷은 물이 정체된 곳 바닥의 돌이나 풀뿌리, 이끼 틈새에 알을 낳고 수컷은 그 자리를 맴돌면서 알을 지킨다. 다른 수컷이나 물고기가 다가오면 쫓아낸다. 번식기에 수컷의 몸 색깔은 검은색으로 변하고 주둥이와 가슴지느러미 안쪽은 붉은색이 더해진다. 생김새가 비슷하여 혼동하기 쉬운 모래주사와 달리 돌마자의 윗입술에는 돌기가 1줄이고 배에는 비늘이 없는 것이 특징이다. 우리나라에 비교적 많이 살았으나 하천 바닥이 개발과 오염으로 망가져 그 수가 빠르게 줄고 있다. 대한민국 고유종이다.

여울마자 *Microphysogobio rapidus* Chae et Yang, 1999

영문명 : Rapid small gudgeon　　**몸 길이** : 6~10cm

대한민국 고유종 | 멸종위기 야생생물 I 급

산란시기(월) 1 2 3 4 5 6 7 8 9 10 11 12

형태/색깔 몸은 길고 원통형이며 몸 뒷부분은 가늘다. 주둥이는 짧고 뭉툭하며 입은 주둥이 밑에 있다. 입수염은 1쌍이다. 윗입술에는 큰 돌기가 1줄 돋아 있다. 눈은 머리 가운데의 뒷부분에 있다. 옆줄은 뚜렷하다. 배에는 비늘이 없다. 몸 색깔은 녹갈색이며 배 쪽은 은백색이다. 아가미에는 파란색 광택이 있다. 몸 가운데에는 노란색 띠가 있고 그 위에 갈색 반점이 8~9개 있다. 등에는 연한 갈색 반점이 5~6개 있다.

생활 물이 빠르게 흐르고 바닥에 모래와 자갈이 깔린 하천의 여울에 산다.

먹이 확실치 않으나 돌마자와 비슷할 것으로 추정된다.

분포 낙동강 수계 외에 발견된 기록이 없다.

여울에 살며 아가미 덮개에 파란색 광택이 있다.

머리 앞모습

머리 옆모습

여울마자는 유속이 빠르고 모래와 자갈이 깔린 곳에 주로 살지만 산란기에는 자갈이 많은 여울에 자주 출현한다. 모래주사속(屬)의 물고기인 돌마자, 모래주사와 함께 살기도 한다. 번식기에 수컷의 몸 색깔은 노란색이 더해지고 몸 중앙의 노란색 띠와 반점은 초록색이 되며 아가미의 파란색 광택은 진해진다. 또한 가슴지느러미와 배지느러미는 붉은색이 된다. 1999년에 채병수 박사와 양홍준 박사가 신종으로 보고하였다. 낙동강 수계의 일부 지역에서만 희귀하게 살고 있다. 대한민국 고유종이며 '멸종위기 야생생물 I 급'으로 지정하여 보호하고 있다.

됭경모치 *Microphysogobio jeoni* Kim et Yang, 1999

영문명 : Slender sand gudgeon **몸 길이** : 7~10cm

대한민국 고유종

산란시기(월) 1 2 3 4 5 6 7 8 9 10 11 12 (추정)

형태/색깔 몸은 길며 옆으로 약간 납작하고 꼬리자루는 길다. 주둥이는 짧고 뭉툭하며 입은 주둥이 밑에 있다. 입수염은 1쌍이다. 윗입술에는 돌기가 없거나 가운데만 희미하다. 눈은 비교적 크고 머리 가운데에 있다. 옆줄은 뚜렷하다. 배에는 비늘이 있다. 몸 색깔은 연한 갈색이며 배 쪽은 은백색이다. 몸 가운데에는 진한 갈색 반점이 8~11개 있고, 등의 반점은 희미하다. 각 지느러미는 투명하다.

생활 바닥에 모래가 깔린 큰 강의 중 · 하류에 살며 댐에서도 산다.

먹이 잡식성으로 수서곤충, 미세한 부착 조류 등을 먹고 산다.

분포 한강과 임진강, 낙동강, 금강 및 안동호 등에 분포한다.

물이 천천히 흐르는 곳에 산다.

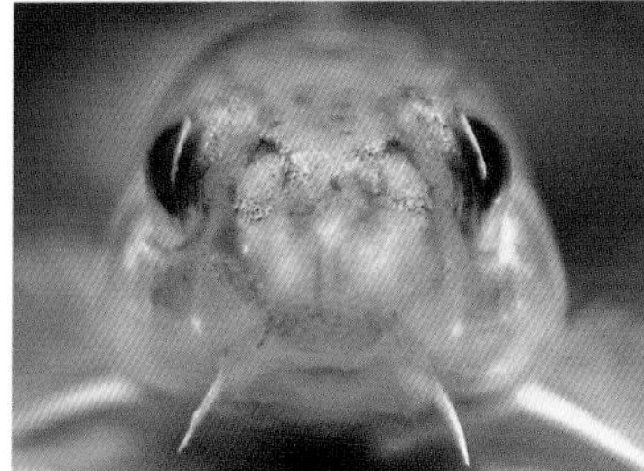

머리 앞모습

머리 옆모습

됭경모치의 배면

배에 비늘이 있다.

됭경모치는 하천 중 · 하류의 물이 천천히 흐르고 바닥에 모래가 깔린 곳에서 산다. 번식기나 번식 행동은 확실하지 않다. 모래주사속(屬)의 다른 물고기와 달리 몸통은 비교적 가늘고 등 쪽에 있는 비늘이 마름모꼴인 것이 특징이다. 돌마자가 잘 발견되는 중류역보다 하류 쪽 바닥이 고르고 모래가 깔린 곳에서 많이 발견된다. 대한민국 고유종이다.

배가사리 *Microphysogobio longidorsalis* Mori, 1935

영문명 : Large fin gudgeon
몸 길이 : 8~15cm
방언 : 큰돌붙이, 돌무지
대한민국 고유종

산란시기(월) 1 2 3 4 5 6 7 8 9 10 11 12

형태/색깔 몸은 길며 몸 앞부분은 통통하고 뒷부분은 납작하다. 주둥이는 짧고 뭉툭하며 입은 주둥이 밑에 있다. 입수염은 1쌍이다. 윗입술의 돌기는 가운데가 1줄이고 양옆은 작아져서 여러 줄이다. 눈은 비교적 작고 머리 윗부분에 있다. 등지느러미는 크며 부채 모양이다. 옆줄은 뚜렷하다. 배에는 비늘이 있다. 등 쪽은 진한 갈색이고 배 쪽은 은백색이다. 몸 가운데에는 진한 갈색 반점이 8~9개 있다. 각 지느러미에는 작은 줄무늬가 있다.

생활 물이 빠르게 흐르고 바닥에 자갈이 깔린 하천 중 · 상류 여울에 산다.

먹이 부착 조류를 주로 먹고 산다.

분포 한강과 임진강, 금강, 북한의 대동강에 분포한다.

여울에 살며 등지느러미가 크다.

머리 앞모습

머리 옆모습

배가사리의 배면

배에 비늘이 있다.

배가사리는 물이 깨끗하고 빠르게 흐르는 하천의 중·상류 여울과 그 주변에 무리 지어 산다. 번식기는 5~7월로 돌과 자갈이 깔린 여울 바닥에 알을 낳으며, 알은 점착성이 있어 돌에 붙는다. 번식기에 수컷의 주둥이와 눈 주변에 작은 돌기가 빽빽하게 돋아나고 각 지느러미 바깥 부분에는 붉은색이 선명해진다. 또한 등지느러미는 더 크게 확장된다. 모래주사속(屬)의 물고기 중 몸집이 가장 크다. 이들이 사는 곳보다 더 위쪽인 상류 여울 지역에 산다. 금강 수계에선 1935년(전북 진안)과 1987년(충남 대덕)에 채집되었다는 기록이 있으나, 이후에는 없다. 대한민국 고유종이다.

두우쟁이 *Saurogobio dabryi* Bleeker, 1871

영문명 : Chinese lizard gudgeon **몸 길이 :** 20~25cm
방언 : 생새미, 미수개미

산란시기(월) 1 2 3 4 5 6 7 8 9 10 11 12

형태/색깔 몸은 아주 길고 원통형이며 몸 뒷부분은 가늘다. 주둥이는 길고 둥글며 입은 주둥이 아래에 있다. 입수염은 1쌍이다. 입술은 돌기로 덮여 있다. 눈은 크고 머리 윗부분에 있다. 등지느러미는 몸의 앞부분에 있다. 옆줄은 뚜렷하다. 몸 색깔은 푸른빛이 나는 갈색이고 배 쪽은 은백색이다. 몸 가운데에 눈동자 크기의 검푸른 반점이 10~15개 줄지어 있다.

생활 바닥에 모래가 깔린 큰 하천의 중 · 하류 바닥에 산다.

먹이 잡식성으로 소형 갑각류와 부착 조류를 먹고 산다.

분포 한강과 임진강, 금강에 분포하며 북한의 대동강, 압록강 및 중국, 베트남, 러시아 동북부에 분포한다.

큰 강의 하류에 산다. 알을 낳기 위해 봄에 강을 거슬러 온다.

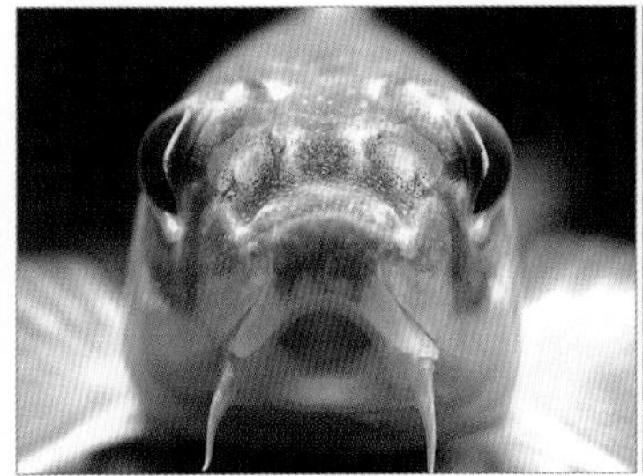

머리 앞모습

머리 옆모습

두우쟁이는 큰 강이나 하천의 하류 모랫바닥에 산다. 번식기는 24절기 중 곡우(穀雨) 전후에 절정을 이루며 하류에 있던 암수가 알을 낳으러 무리 지어 하천을 거슬러 올라온다. 알은 얕은 곳의 수초에 붙인다. 번식기에 수컷의 몸 색깔은 약간 붉어지고 1~5번째 옆줄의 비늘과 가슴지느러미, 뒷지느러미 안쪽은 빨간색을 띠며 옆줄 아랫부분에는 붉은색 줄무늬가 나타난다. 한강이나 임진강에 사는 두우쟁이는 우기(雨期) 때 불어난 강물을 따라 강화도까지 떠내려갔다가 올라오기도 한다. 모래무지와 생김새가 비슷하지만 모래무지보다 입이 작고 등지느러미 뒤쪽의 몸 길이가 더 길다. 서유구가 쓴 《전어지(佃漁志)》에는 두우쟁이를 가리켜 '미수감미어'로 기록하고 있다.

왜몰개 *Aphyocypris chinensis* Günther, 1868

영문명 : Venus fish
몸 길이 : 4~6cm
방언 : 농달치

D. iii, 7

A. iii, 6~7

산란시기(월) 1 2 3 4 5 6 7 8 9 10 11 12

형태/색깔 몸은 작고 옆으로 납작하다. 주둥이는 짧다. 입은 크며 주둥이 아래에 경사져 있다. 입수염은 없다. 아래턱이 위턱보다 길다. 눈은 큰 편이며 머리 가운데에 있다. 배지느러미 끝부분에서 뒷지느러미 앞부분까지 칼날처럼 약간 솟은 곳이 있다. 옆줄은 4~9번째 비늘에서 끝난다. 비늘은 크다. 몸 색깔은 푸른 갈색 또는 황갈색이며 배 쪽은 은백색이다. 몸 가운데에 진한 갈색 가로줄이 있지만 뚜렷하지 않은 것들도 있다.

생활 소하천이나 농수로, 웅덩이 등에 떼를 지어 산다.

먹이 수서곤충, 육상 곤충, 모기 애벌레, 소형 갑각류 등을 먹고 산다.

분포 동해로 흐르는 하천을 제외한 전국 하천과 중국, 대만, 일본에 분포한다.

소하천이나 농수로, 웅덩이 등에서 떼 지어 산다.

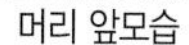

머리 앞모습

머리 옆모습

왜몰개는 물 흐름이 거의 없고 수초가 많은 소하천 하류나 농수로, 웅덩이 등에 떼 지어 산다. 번식기는 5~6월로 수초에 알을 붙인다. 몸집이 작아서 이름에 왜(矮)자가 붙었다. 물살이 센 곳에서 유영이 어려운 송사리나 버들붕어와 함께 산다. 이들이 사는 곳의 물은 대개 정체되고 바닥에는 유기물이 많은 진흙이나 펄이 깔려 있어 그다지 깨끗하지 않지만, 유기물을 양분으로 빨아들이는 수초가 빼곡하여 중상층의 물은 비교적 안정되고 깨끗한 편이다. 왜몰개와 송사리, 버들붕어의 입 구조는 물 위에 떨어지는 작은 육상 곤충이나 수면에 떠 있는 모기의 애벌레 등을 잡아먹기 쉽도록 모두 위로 향해 있다.

갈겨니 *Zacco temminckii* (Temminck et Schlegel, 1846)

영문명 : Dark chub **몸 길이 :** 10~17cm
방언 : 불지네

산란시기(월) 1 2 3 4 5 6 7 8 9 10 11 12

형태/색깔 몸은 길며 옆으로 납작하다. 주둥이는 짧고 뭉툭하며 입은 크다. 입수염은 없다. 위턱이 아래턱보다 약간 길다. 눈은 참갈겨니보다 작다. 옆줄은 뚜렷하고 배 아래쪽으로 휘었다. 몸 색깔은 푸른 갈색이며 배 쪽은 은백색이다. 동공 바로 위에 붉은색 반원이 있다. 몸 가운데에는 굵은 흑갈색 가로줄이 있다.

생활 하천 중 · 상류에 많이 산다(참갈겨니에 비해 유속이 느린 곳에 주로 산다).

먹이 잡식성으로 수서곤충의 애벌레, 육상 곤충, 부착 조류를 먹고 산다.

분포 섬진강과 낙동강, 영산강, 탐진강 수계 등 우리나라 남부 지방과 일본에 분포한다.

암컷. 하천의 상류와 중류에 산다. 동공 위에 붉은색 반원이 있다.

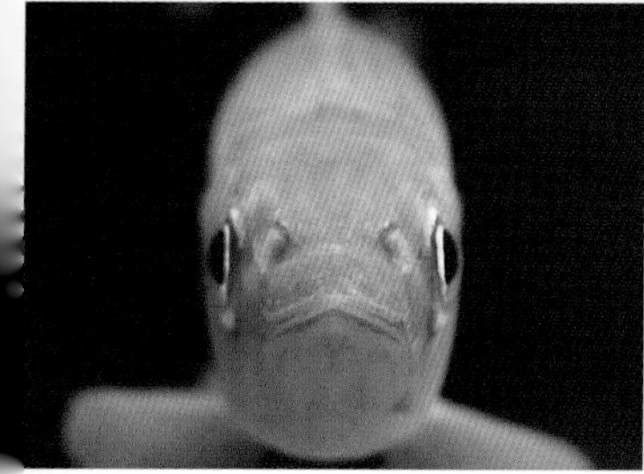

머리 앞모습

머리 옆모습

갈겨니는 물이 맑고 천천히 흐르며 자갈이 깔린 하천의 상류와 중류에 걸쳐 무리 지어 산다. 번식기는 5~8월로 모래와 자갈이 있는 여울에 알을 낳는다. 번식기에 수컷의 눈과 턱 주변에는 딱딱하고 큰 돌기가 돋아나고 등지느러미 앞부분과 배 쪽이 붉어지며 뒷지느러미는 커진다. 태안반도 이남 즉 섬진강과 낙동강, 영산강, 탐진강 등의 수계에서 몸 색깔과 등지느러미 무늬, 비늘 수가 다른 무리의 출현이 보고되었는데 이들은 2005년 갈겨니와 분리되어 '참갈겨니'란 이름의 신종으로 명명되었다.

참갈겨니 *Zacco koreanus* Kim, Oh et Hosoya, 2005

영문명 : Korean dark chub **몸 길이** : 13~20cm

대한민국 고유종

산란시기(월) 1 2 3 4 5 6 7 8 9 10 11 12

형태/색깔 몸은 길며 옆으로 납작하다. 주둥이는 짧고 뭉툭하며 입은 크다. 입수염은 없다. 위턱이 아래턱보다 약간 길다. 눈은 크다. 옆줄은 뚜렷하고 배 아래쪽으로 휘었다. 몸 색깔은 푸른 갈색 또는 황갈색이며 배 쪽은 은백색이다 몸 가운데에는 굵은 흑갈색 가로줄이 있다. 다 자란 수컷의 몸에는 노란색고 붉은색이 더해진다.

생활 물이 깨끗한 하천의 중 · 상류에 많이 산다.

먹이 잡식성으로 수서곤충의 애벌레, 육상 곤충, 부착 조류를 먹고 산다.

분포 한강, 임진강, 금강, 만경강, 동진강, 탐진강, 섬진강, 낙동강과 동해로 흐르는 하천 등 우리나라의 전역에 분포한다.

하천의 중 · 상류에 산다. 몸에 노란색이 많다.

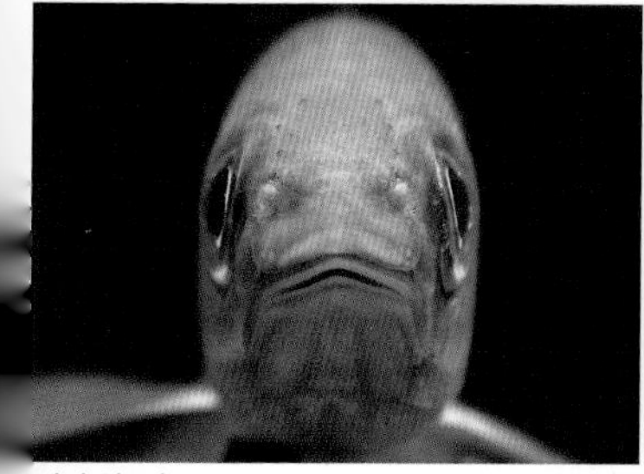

머리 앞모습

머리 옆모습

참갈겨니는 유속이 빠른 하천의 중 · 상류에 많이 살며 수량이 풍부한 산간의 계류에도 산다. 번식기는 6~8월로 자갈이 깔린 여울에서 암수가 짝을 지어 알을 낳는다. 번식기에 수컷의 눈과 턱 주변에는 딱딱한 돌기가 돋아나고 몸통에는 황색과 붉은색이 더해지며 뒷지느러미는 커진다. 수정된 알과 갓 깨어난 새끼는 갈겨니에 비해 크다. 눈에는 붉은색 반원이 없거나 희미하다. 갈겨니와 공존하는 하천에서는 갈겨니보다 상류 쪽에 더 많이 출현한다. 2005년 신종으로 기록되었다. 등지느러미의 무늬는 분포 지역에 따라 3가지로 다른 형태를 보인다. 대한민국 고유종이다.

피라미 *Zacco platypus* (Temminck et Schlegel, 1846)

영문명 : Pale chub
몸 길이 : 12~17cm
방언 : 불거지, 행베리, 피리, 피래미

산란시기(월) 1 2 3 4 5 6 7 8 9 10 11 12

형태/색깔 몸은 길며 옆으로 납작하다. 주둥이는 짧고 입은 크다. 입수염은 없다. 위턱이 아래턱보다 약간 길다. 눈은 비교적 작다. 옆줄은 뚜렷하고 배 아래쪽으로 휜다. 몸 색깔은 푸른 갈색이다. 등 쪽은 색깔이 진하고 배 쪽은 은백색이다. 몸에는 끝이 뾰족한 분홍색 무늬가 불규칙하게 나 있다.

생활 하천의 중류 여울 지역이나 저수지, 댐 등에서 산다.

먹이 잡식성으로 수서곤충의 애벌레나 부착 조류 등을 먹고 산다.

분포 서해와 남해, 동해로 흐르는 전국의 하천에 분포한다. 중국과 대만, 일본에도 분포한다.

하천 중류나 저수지, 댐 등에 산다. 번식기에 수컷의 뒷지느러미가 커진다.

머리 앞모습

머리 옆모습(번식기의 수컷)

번식기의 수컷

번식기에 확장된 수컷의 뒷지느러미

피라미는 유속이 빠르지 않은 하천의 중류나 저수지, 댐 등에서 무리 지어 산다. 번식기는 5~8월로 암수가 작은 무리를 이루어 얕은 여울의 잔자갈을 뒷지느러미로 파헤치며 알을 낳는다. 번식기에 수컷의 주둥이와 뺨에는 딱딱한 돌기가 돋아나고 뒷지느러미는 커진다. 또한 주둥이 주변은 검은색으로 변하고 몸통에는 청록색과 붉은색이 더해져 '불거지'라 불리기도 한다. 물 환경의 변화에 잘 적응하여 하천과 저수지 등에 고루 퍼져 살며, 가장 많이 볼 수 있는 물고기이다. 혼동하기 쉬운 물고기로는 끄리가 있다.

끄리 *Opsariichthys uncirostris amurensis* Berg, 1932

영문명 : Korean piscivorous chub, Three-lips **몸 길이 :** 20~40cm
방언 : 어헤

산란시기(월) 1 2 3 4 **5** **6** **7** 8 9 10 11 12

형태/색깔 몸은 길며 옆으로 납작하다. 주둥이는 짧다. 입은 크며 입의 옆부분은 S자를 누인 모양이다. 입수염은 없다. 아래턱이 위턱보다 약간 길다. 눈은 비교적 작다. 옆줄은 뚜렷하며 배 아래쪽으로 휜다. 몸 색깔은 푸른 갈색 또는 갈색이다. 등 쪽은 색깔이 진하고 배 쪽은 광택이 있는 은백색이다. 동공 바로 위에 붉은색 반원이 있다. 등지느러미와 꼬리지느러미는 황갈색이다.

생활 큰 강의 중 · 하류와 댐, 대형 호수, 저수지 등에 산다.

먹이 수서곤충과 갑각류, 중소형 물고기 등을 먹고 산다.

분포 동해로 흐르는 하천을 제외한 전국의 하천과 댐 등에 살며, 중국과 시베리아에도 분포한다.

큰 강의 중·하류나 댐 등에 산다. 포식성이 강하다.

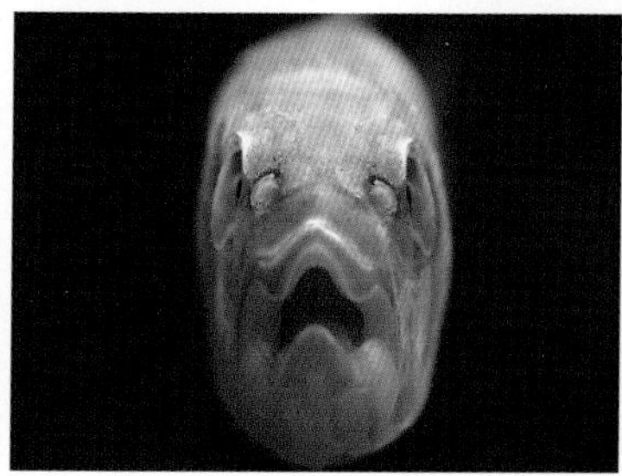

머리 앞모습

머리 옆모습

끄리는 큰 강의 중·하류나 저수지, 댐 등에 산다. 번식기는 5~7월로 자갈이 깔리고 물살이 센 큰 하천의 여울에서 알을 낳는다. 번식기에 수컷의 주둥이 주변과 아가미 덮개, 뒷지느러미에 돌기가 돋아난다. 또한 등 쪽은 청자색을 띠고 턱 아랫부분에서 배까지 주황색을 띠며, 가슴지느러미와 배지느러미, 뒷지느러미 일부분에 주황색이 나타난다. 포식성이 강한 물고기로 어릴 때 동물성 플랑크톤과 수서곤충 등을 먹고 산다. 다 자라면 몸 길이가 40㎝ 정도로 민물고기 중에서 몸집이 비교적 큰 편에 속하며, 갑각류와 중소형 물고기 등을 닥치는 대로 먹는다. 댐 유입 하천의 상류까지 진출하여 작은 물고기를 잡아 먹기도 한다.

강준치 *Erythroculter erythropterus* (Basilewsky, 1855)

영문명 : Predatory carp, Skygager **몸 길이** : 40~50cm
방언 : 준치

산란시기(월) 1 2 3 4 5 6 7 8 9 10 11 12

형태/색깔 몸은 길고 매우 납작하다. 주둥이는 뾰족하며 입은 위로 향해 있다. 입수염은 없다. 아래턱이 위턱보다 길다. 눈은 크고 머리 앞부분에 있다. 항문 바로 앞까지 칼날 같은 골질의 융기연이 있다. 꼬리지느러미 아래 조각이 더 길다. 등 쪽은 푸른 갈색이고 배 쪽은 광택이 있는 은백색이다.

생활 물이 천천히 흐르는 강이나 하천 하류, 댐호 등에 산다.

먹이 육상 곤충, 수서곤충, 갑각류, 어린 물고기 등을 먹고 산다.

분포 서해와 남해로 흐르는 강이나 하천, 북한의 대동강과 압록강 등에 분포한다. 중국 화북 지역, 대만 등지에도 분포한다.

어린 강준치. 물이 천천히 흐르는 하천이나 강의 하류에 산다.

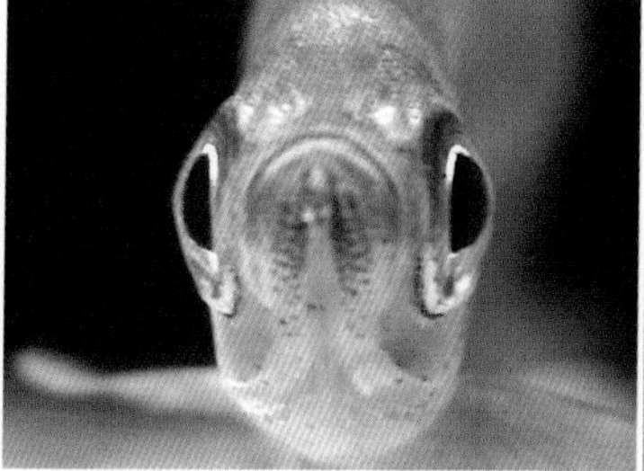
머리 앞모습

머리 옆모습

강준치의 배 가장자리 융기연

배 아래에 칼날처럼 솟은 부분이 있다.

강준치는 물이 천천히 흐르는 하천이나 강 하류의 바닥이 평평한 곳에 산다. 번식기는 5~7월로 수초에 알을 붙인다. 치어기에는 무리를 지어 생활하다 다 자라면 강의 하류로 이동하여 단독으로 생활한다. 수면 가까이에서 유영하면서 물 위로 떨어지는 육상 곤충이나 물의 중층 이상에서 유영하는 어린 물고기 등을 많이 먹는다. 물이 혼탁한 곳에서도 잘 살며 민물고기로는 대형 종(種)에 속한다. 몸 길이가 90㎝를 넘는 것들이 낚시로 포획되기도 한다. 예로부터 약용과 식용으로도 이용되었으나 잔가시가 많고 맛은 없다고 알려져 있다. 고서에는 '백어(白魚)'로 기록되어 있다.

백조어 *Culter brevicauda* Günther, 1868

영문명 : White skygager
방언 : 냇뱅어

몸 길이 : 20~25cm
멸종위기 야생생물 Ⅱ급

산란시기(월)	1	2	3	4	5	6	7	8	9	10	11	12

형태/색깔 몸은 길고 좌우로 납작하다. 머리는 작고 아래턱이 위로 돌출되어 있다. 입은 크고 위로 향해 있다. 등은 머리 뒤부터 등지느러미 앞까지 둥그렇게 굽어 있다. 옆줄은 완전하다. 등지느러미는 뾰족하고 뒷지느러미는 넓다. 배에는 칼날 같은 융기연이 있다. 몸 색깔은 금속성을 띤 은백색이다. 각 지느러미는 어떠한 무늬도 없다.

생활 수량이 많은 하천의 유속이 느린 곳에 산다.

먹이 육식성으로 작은 물고기나 갑각류, 수서곤충 등을 먹고 산다.

분포 낙동강, 금강, 영산강 등에 분포한다. 북한의 대동강과 중국, 대만에도 분포한다.

2017년 '멸종위기 야생생물 Ⅱ급'으로 지정되었다.

백조어의 배 가장자리 융기연

배 아래에 칼날 같은 융기연이 솟아 있다.

백조어는 큰 강이나 수량이 많은 하천의 중 · 하류에 주로 살며 수면 가까이 유영하는 작은 물고기나 수서곤충, 갑각류 등을 먹고 산다. 강준치와 모양이 비슷하지만 강준치에 비해 체고가 높고 길이는 짧다. 비늘의 수가 적고 비늘의 바깥 면이 둥글어 기왓장처럼 가지런하다. 가슴지느러미 뒤에서 뒷지느러미 앞까지 칼날 같은 융기연이 솟아 있다. 최근 서식지 중 한 곳인 금강에서는 서식이 확인되지 않고 있으며 낙동강에서는 서식지가 점차 줄고 있다. 감소의 원인으로 환경 파괴와 경쟁 어종인 강준치의 낙동강 이입을 꼽고 있다. 멸종위기 야생생물Ⅱ급'으로 지정하여 보호하고 있다.

치리 *Hemiculter eigenmanni* (Jordan and Metz, 1913)

영문명 : Korean sharpbelly **몸 길이 :** 15~20cm

방언 : 살치 대한민국 고유종

산란시기(월) 1 2 3 4 5 **6** **7** 8 9 10 11 12

형태/색깔 몸은 길고 매우 납작하다. 주둥이는 짧고 뾰족하다. 입은 주둥이 아래에 있으며 위로 향해 있다. 입수염은 없다. 아래턱이 위턱보다 길다. 눈은 크며 머리 앞부분에 있다. 배 가장자리에는 가슴지느러미 뒷부분에서 항문 바로 앞부분까지 칼날처럼 솟은 곳이 있다. 꼬리지느러미 아래 조각이 더 길다. 등 쪽은 푸른 갈색이고 배 쪽은 광택이 있는 은백색이다.

생활 하천의 물이 느리게 흐르는 곳이나 저수지, 댐호에 산다.

먹이 잡식성으로 수서곤충, 작은 동물, 식물의 씨앗 등을 먹고 산다.

분포 서해와 남해로 흐르는 하천에 서식한다.

물이 천천히 흐르는 곳에 산다.

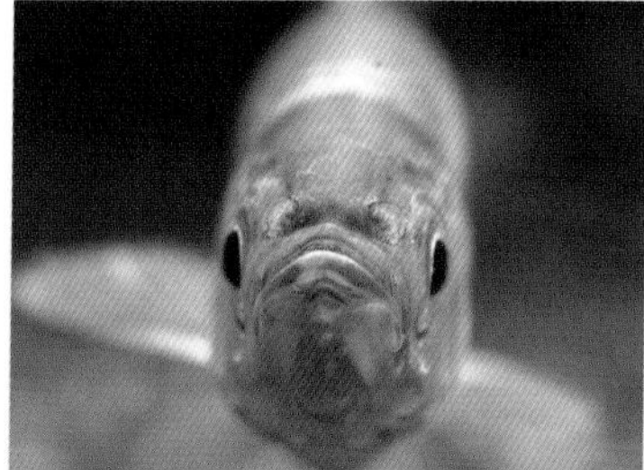
머리 앞모습

머리 옆모습

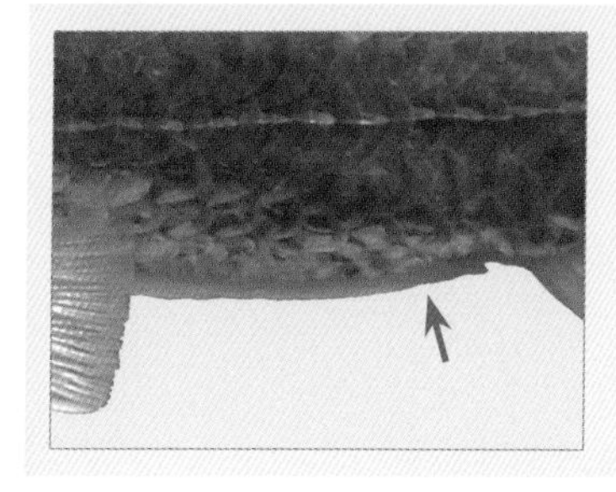

치리의 배 가장자리 융기연

배 아래에 칼날처럼 솟은 부분이 있다.

치리는 물이 천천히 흐르는 하천이나 저수지, 댐호의 수면 가까이에 살며 표층을 빠르게 유영한다. 번식기는 6~7월로 번식 행동이나 생태는 알려지지 않았다. 우리나라의 서해와 남해로 흐르는 안성천, 금강, 만경강, 영산강, 섬진강에서 산다. 닮은 물고기로는 살치가 있다. 살치는 치리보다 등이 굽어져 있으며 배 가장자리의 융기연이 둔하고 비늘은 약해 벗겨지기 쉽다. 치리에 대해 학명을 *Hemiculter leucisculus*로 적용하기도 하나 환경부 국립생물자원관 '한반도의 생물다양성' 웹사이트에서는 학명을 *Hemiculter eigenmanni*로 적용하고 대한민국 고유종으로 기재하고 있다.

눈불개 *Squaliobarbus curriculus* (Richardson, 1846)

영문명 : Barbel chub **몸 길이 :** 30~50cm
방언 : 홍안자

산란시기(월) 1 2 3 4 5 6 7 8 9 10 11 12

형태/색깔 몸은 길고 원통형이나 몸 뒷부분은 약간 납작하다. 머리는 작다. 주둥이는 짧으며 끝은 둥글다. 입은 주둥이 아래에 있고 위로 향해 있다. 입수염은 입가에 1쌍 있으며 짧다. 위턱이 아래턱보다 길다. 눈은 머리 앞부분에 있다. 옆줄은 뚜렷하다. 등 쪽은 연한 갈색이며 배 쪽은 은백색이다. 동공 바로 위에 붉은색 반원이 있다. 옆줄 윗부분의 비늘 가운데에는 검은색 점이 박혀 있다.

생활 물살이 약한 큰 강의 중 · 하류에서 단독으로 산다.

먹이 잡식성으로 수서곤충, 물고기의 알, 부착 조류 등을 먹고 산다.

분포 한강과 금강에 분포하며 북한과 중국에도 분포한다.

큰 강의 중 · 하류에 산다.

머리 앞모습

머리 옆모습

눈불개는 물이 느리게 흐르는 큰 강의 중 · 하류나 연결된 지류에서 산다. 단독으로 생활하다가 번식기인 6~8월에 집단을 이룬다. 번식기 외의 기간에도 무리 지어 생활하는 것이 관찰되기도 한다. 기타 자세한 생태는 밝혀지지 않았다. 비슷한 물고기로는 가숭어가 있지만, 가숭어는 등지느러미가 2개 있어 구분할 수 있다.

초어 *Ctenopharyngodon idellus* (Valenciennes, 1844)

영문명 : Grass carp

몸 길이 : 50~100cm

외래종

산란시기(월) 1 2 3 4 5 **6** **7** 8 9 10 11 12

형태/색깔 몸은 길고 좌우로 약간 납작하다. 주둥이는 둥글고 입은 앞쪽으로 향해 있다. 입수염은 없다. 머리 위쪽은 넓다. 등지느러미는 몸의 중앙에 있다. 옆줄은 완전하다. 등 쪽은 회갈색이며 배 쪽은 은백색이다. 각 지느러미는 검은색을 띤다.

생활 큰 강이나 댐, 호수, 저수지 등에 산다.

먹이 수중 식물이나 물에 잠긴 육상 식물을 먹는다.

분포 전국의 저수지와 댐에 분포한다. 원산지는 중국으로 알려져 있으며 양식용으로 전 세계에 도입되어 분포한다.

저수지와 댐에 살며 수중 식물을 먹는다.

머리 앞모습

머리 옆모습

초어는 초식성으로 수초나 물에 잠긴 육상 식물의 부드러운 줄기나 잎새 등을 먹고 산다. 과일 껍질이나 채소 등을 던져 주어도 잘 먹는다. 수중의 식물을 대량으로 먹어 치우는 탓에 수중 생태가 교란되기도 한다. 원산지는 아시아 동부이며 중국 및 베트남, 라오스 등지에 자연적으로 분포하는 것으로 알려져 있다. 우리나라는 1963년 일본에서 도입하여 낙동강과 한강 상류인 소양댐에 방류하였으며 이후 수초 제거 등의 목적으로 방류되기도 하였으나 국내의 자연환경에는 적응하지 못했다. 환경부는 현재 이 종(種)이 전국적으로 분포한다고 설명하고 있다(국립생물자원관 '한반도의 생물다양성' 웹사이트). 양식은 비교적 쉬워 세계 각국에 도입되었다.

미꾸리 *Misgurnus anguillicaudatus* (Cantor, 1842)

영문명 : Muddy loach **몸 길이** : 10~17cm
방언 : 미꾸라지

산란시기(월) 1 2 3 4 5 6 7 8 9 10 11 12

형태/색깔 몸은 가늘고 길며 원통형이다. 몸 뒷부분은 옆으로 납작하다. 주둥이는 길고 입은 주둥이 아래에 있다. 입수염은 윗입술에 3쌍이 있다. 아랫입술 가운데에는 수염처럼 긴 돌기가 2쌍 있다. 눈 아래 가시는 없다. 수컷의 가슴지느러미는 암컷에 비해 길다. 꼬리지느러미는 둥글다. 몸 색깔은 갈색이며 등 쪽은 색깔이 진하고 배 쪽은 연하다. 몸통에 작은 반점들이 흩어져 있다. 꼬리지느러미 시작 부분에 검은색 점이 뚜렷하다.

생활 유속이 느린 하천이나 농수로에 산다.

먹이 잡식성으로 수서곤충의 애벌레, 조류, 유기물 등을 먹고 산다.

분포 전국적으로 분포하며 중국과 일본에도 분포한다.

늪이나 논, 농수로 등에 산다.

머리 앞모습

머리 옆모습

미꾸리 수컷의 가슴지느러미
2번째 기조에 원형의 골질반이 있다.

미꾸리는 바닥이 진흙인 늪이나 논, 농수로 등에 많이 살지만 하천 중류의 모래가 깔린 곳에서 살기도 한다. 번식기는 6~7월로 수컷은 암컷의 몸통을 휘감아 조여 산란을 이끈다. 수컷의 가슴지느러미 시작 부분에는 골질반이 있어 암컷의 가슴지느러미보다 길고 끝은 뾰족하다. 미꾸리는 미꾸라지보다 몸이 통통해서 '동글이'로, 몸이 납작한 미꾸라지는 '납작이'로 부르는 곳이 있다. 아가미 호흡 외에 장호흡을 하여 산소가 적은 물 환경에서도 살 수 있으며, 논에 사는 미꾸리는 겨울이면 논바닥이나 논두렁을 파고 들어가 겨울을 난다. 예로부터 보양식의 재료로 많이 쓰였는데 농약 사용으로 그 수가 많이 줄어 중국에서 대량으로 수입되고 있다.

미꾸라지 *Misgurnus mizolepis* Günther, 1888

영문명 : Chinese muddy loach **몸 길이** : 20cm
방언 : 당미꾸리, 미꾸락지

산란시기(월) 1 2 3 4 5 6 7 8 9 10 11 12

형태/색깔 몸은 길며 미꾸리보다 납작하다. 주둥이는 길고 입은 주둥이 아래에 있다. 입수염은 윗입술에 3쌍이 있고, 아랫입술 가운데에는 긴 돌기가 2쌍 있다. 눈 아래 가시는 없다. 수컷의 가슴지느러미는 암컷에 비해 길다. 꼬리지느러미는 둥글고 칼날처럼 솟은 면이 등지느러미와 뒷지느러미 끝으로 이어진다. 몸 색깔은 황갈색이고 배 쪽은 색깔이 연하다. 몸통에 작은 반점들이 흩어져 있다. 꼬리지느러미 시작 부분에 있는 검은색 점은 뚜렷하지 않다.

생활 유속이 느린 하천 하류에 주로 산다.

먹이 잡식성으로 수서곤충의 애벌레, 조류, 유기물 등을 먹고 산다.

분포 전국적으로 분포하며 중국과 대만에도 분포한다.

진흙이나 펄이 깔린 곳에 산다. 몸이 미꾸리보다 납작하다.

머리 앞모습

머리 옆모습

미꾸라지 수컷의 가슴지느러미

2번째 기조에 엘보(elbow : 관 속에 유체 방향을 바꾸는 직각이나 반직각 모양의 관 이음 장치) 모양의 골질반이 있다.

미꾸라지는 유속이 느리거나 정체된 하천이나 농수로, 논바닥에 많이 산다. 번식기는 6~7월로 수컷은 암컷의 몸통을 휘감아 조여 알을 낳도록 돕는다. 수컷의 가슴지느러미는 길고 끝이 뾰족하며 암컷에 없는 골질반이 있다. 암컷의 가슴지느러미는 짧고 끝이 둥글다. 미꾸리에 비해 입수염이 길며, 몸통은 납작하다. 어항에 넣고 살펴보면 수면 위로 올라와 공기를 마시며 항문으로 공기 방울을 빼내는 모습을 관찰할 수 있다. 이는 창자에서 공기 중의 산소를 흡수하고 남은 공기를 항문으로 배출하는 것이다. 미꾸리와 같이 보양식의 재료로 많이 쓰인다.

새코미꾸리 *Koreocobitis rotundicaudata* (Wakiya et Mori, 1929)

영문명 : White nose loach **몸 길이 :** 12~20cm
방언 : 흰무늬하늘종개 대한민국 고유종

산란시기(월) 1 2 3 4 **5 6 7 8** 9 10 11 12

형태/색깔 몸은 길고 원통형이며 몸 뒷부분은 납작하다. 주둥이는 길고 입은 주둥이 아래에 있다. 입수염은 3쌍이다. 눈 아래 가시가 있다. 수컷의 가슴지느러미는 암컷에 비해 길며 골질반이 있다. 꼬리지느러미 앞부분은 칼날처럼 솟은 곳이 위아래로 있고 가장자리는 둥글다. 옆줄은 불완전하다. 몸 색깔은 밝은 주황색이며 몸에는 작은 갈색 반점이 흩어져 있다. 등지느러미와 꼬리지느러미 가장자리를 따라 줄무늬가 펼쳐져 있다.

생활 물이 빠르게 흐르는 하천 중 · 상류의 여울 지역에 산다.

먹이 잡식성이며 수서곤충과 부착 조류를 주로 먹고 산다.

분포 우리나라의 임진강과 한강에 분포한다.

돌과 자갈이 깔린 중 · 상류 여울에 산다. 몸통이 밝은 주황색이다.

머리 앞모습

머리 옆모습

수컷의 가슴지느러미

몸통 무늬

새코미꾸리는 돌과 자갈이 많이 깔린 하천의 중 · 상류 여울에 산다. 번식기는 5~8월로 번식 행동은 알려지지 않았다. 번식기에 수컷의 몸 색깔은 더 붉어진다. 수컷의 가슴지느러미 끝은 뾰족하며 골질반은 네모꼴이다. 암컷의 가슴지느러미 끝은 둥글다. 콧잔등이 길어서 새의 부리처럼 보인다고 하여 '새코미꾸리'라 한다. 임진강과 한강 수계에서만 살고, 낙동강 수계에는 생김새가 비슷하고 몸통에 파란색 반점이 있는 얼룩새코미꾸리가 산다. 대한민국 고유종이다.

얼룩새코미꾸리 *Koreocobitis naktongensis* Kim, Park et Nalbant, 2000

영문명 : Spotted white nose loach
몸 길이 : 12~20cm
대한민국 고유종 | 멸종위기 야생생물 I 급

산란시기(월) 1 2 3 4 5 6 7 8 9 10 11 12

형태/색깔 몸은 길고 원통형이며 몸 뒷부분은 납작하다. 주둥이는 길고 입은 주둥이 아래에 있다. 입수염은 3쌍이다. 눈 아래 움직이는 가시가 있다. 수컷의 가슴지느러미는 암컷에 비해 길고 골질반이 있다. 옆줄은 불완전하다. 몸 색깔은 노란색이며 몸에는 진한 파란색 반점이 흩어져 있다. 등지느러미와 꼬리지느러미 가장자리를 따라 줄무늬가 여러 개 있다.

생활 물이 빠르게 흐르고 바닥에 큰 돌이나 자갈이 많이 깔린 하천 중 · 상류의 여울 지역에 산다.

먹이 주로 부착 조류를 먹고 산다.

분포 낙동강 수계에만 분포한다.

물이 빠르게 흐르는 중 · 상류 여울에 산다. 몸통이 노란색이며 진한 파란색 반점이 있다.

머리 앞모습

머리 옆모습

수컷의 가슴지느러미

몸통 무늬

얼룩새코미꾸리는 물살이 세고 큰 돌과 자갈이 많이 깔린 하천의 여울에 산다. 번식기는 5~6월로 수컷은 암컷의 몸통을 휘감아 조여 알을 낳도록 돕는다. 수컷의 가슴지느러미 끝은 뾰족하며 골질반은 네모꼴이다. 암컷의 가슴지느러미 끝은 둥글다. 입수염 안쪽에도 무늬가 있다. 임진강과 한강에만 사는 새코미꾸리와 생김새는 거의 같지만 몸 색깔과 반점의 크기 및 색깔에 차이가 있어 2000년 미꾸리과(科)의 새로운 종(種)으로 기록되었다. 낙동강 수계에서만 산다. 대한민국 고유종이며 '멸종위기 야생생물 I 급'으로 지정하여 보호하고 있다.

참종개 *Iksookimia koreensis* (Kim, 1975)

영문명 : Korean spine loach **몸 길이** : 10~18cm
방언 : 하늘종개 대한민국 고유종

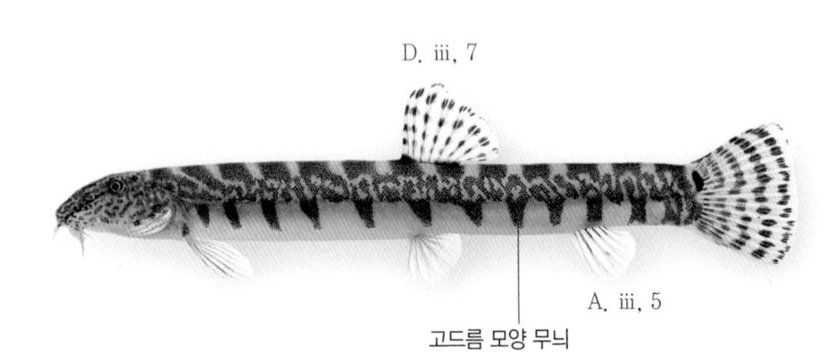

산란시기(월) 1 2 3 4 5 6 7 8 9 10 11 12

형태/색깔 몸은 길고 몸통은 굵으며 몸 뒷부분은 납작하다. 입은 주둥이 아래에 있고 입수염은 3쌍이다. 눈 아래 가시가 있다. 수컷의 가슴지느러미는 암컷에 비해 길며 골질반이 있다. 옆줄은 불완전하다. 몸 색깔은 연한 황색이며 몸의 옆 부분에는 고드름 모양 무늬가 10~13개 있고, 등 쪽에는 구름무늬가 있다. 꼬리지느러미 시작 부분에는 검은색 점이 1개 있다.

생활 물이 빠르게 흐르고 자갈이 많이 깔린 맑은 하천의 중 · 상류에 산다.

먹이 잡식성으로 수서곤충, 부착 조류 등을 먹고 산다.

분포 노령산맥 이북의 서해로 흐르는 임진강, 한강, 금강, 만경강, 동진강과 동해로 흐르는 강원도 삼척시 오십천, 마읍천에 서식한다.

하천의 중 · 상류에 산다.

머리 앞모습

머리 옆모습

참종개 수컷의 가슴지느러미

2번째 기조에 긴 막대 모양의 골질반이 있다.

참종개는 물이 깨끗하며 유속이 빠르고 바닥에 모래와 자갈이 깔린 하천의 중 · 상류에 산다. 번식기는 5~6월로 수컷은 암컷의 몸통을 휘감아 조여 알을 낳도록 돕는다. 수컷의 가슴지느러미 끝은 뾰족하며 골질반은 긴 막대 모양이다. 암컷의 가슴지느러미 끝은 둥글다. 1975년 김익수 박사에 의해 신종으로 발표되었는데, 이는 우리나라 민물고기 연구사 중 우리나라 연구자에 의해 신종이 기록된 최초의 일이다. 이는 이후에 많은 미꾸리과(科) 참종개속(屬)의 물고기가 신종으로 기록되는 시발점이 되었다. 대한민국 고유종이다.

부안종개 *Iksookimia pumila* (Kim et Lee, 1987)

영문명 : Buan spine loach **몸 길이** : 6~8cm
방언 : 호랑미꾸리 대한민국 고유종 | 멸종위기 야생생물 Ⅱ급

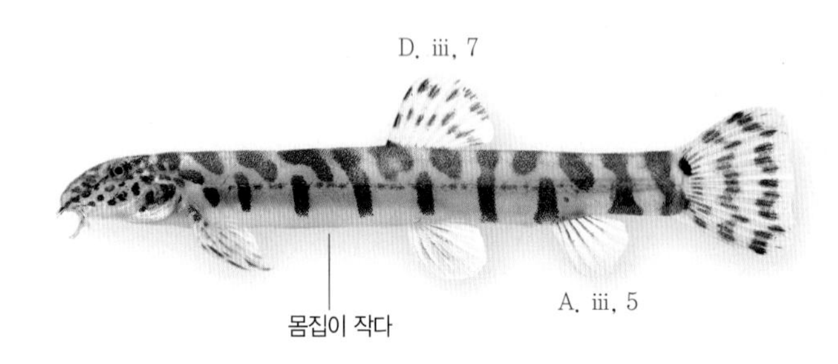

산란시기(월) 1 2 3 4 5 6 7 8 9 10 11 12

형태/색깔 몸은 길고 몸통은 굵으며 몸 뒷부분은 납작하다. 입은 주둥이 아래에 있으며 입수염은 3쌍이다. 눈 아래 가시가 있다. 수컷의 가슴지느러미는 암컷에 비해 길고 골질반이 있다. 꼬리지느러미 끝은 거의 직선이다. 옆줄은 불완전하다. 몸 색깔은 밝은 황색이며 몸의 옆 부분에는 고드름 모양 무늬가 5~10개 있고, 등 쪽에는 굵은 무늬가 있다. 꼬리지느러미 시작 부분에는 검은색 점이 1개 있다.

생활 물이 차고 맑으며 유속이 느린 바위, 자갈, 모래가 많이 깔린 곳에 산다.

먹이 잡식성으로 수서곤충, 부착 조류, 유기물 등을 먹고 산다.

분포 전라북도 부안군 백천에서만 제한적으로 분포한다.

전라북도 부안군에서만 산다.

머리 앞모습

머리 옆모습

부안종개 수컷의 가슴지느러미

2번째 기조에 막대 모양의 골질반이 있다.

부안종개는 전 세계에서 전라북도 부안군 변산반도 국립공원 내의 백천(봉래구곡)에서만 사는 매우 희귀한 물고기이다. 번식기는 5월로 수컷은 암컷의 몸통을 휘감아 조여 알을 낳도록 돕는다. 수컷의 골질반은 막대 모양이다. 참종개보다 몸집이 작으며, 암컷이 품는 알은 수가 적고 알이 크며, 몸통 무늬가 달라 참종개와 구분된다. 1996년 부안댐 축조로 서식지가 사라져 그 수가 급격히 줄었다. 2008년 10월 개체 수 회복을 위해 어린 부안종개 5,000마리가 봉래구곡에 방류되었다. 1987년 이완옥 박사에 의해 신종으로 기록되었다. 1996년 멸종위기종으로 지정되었다가 2005년 지정 해제되었으며 2018년 '멸종위기 야생생물 Ⅱ급'으로 재지정되었다.

미호종개 *Cobitis choii* (Kim et Son, 1984)

영문명 : Miiho spine loach **몸 길이** : 7~12cm

대한민국 고유종 | 멸종위기 야생생물 I 급 | 천연기념물 제454호 · 제533호(서식지)

산란시기(월) 1 2 3 4 5 6 7 8 9 10 11 12

형태/색깔 몸은 길고 몸통 가운데는 굵으며 몸 뒷부분은 납작하다. 입은 주둥이 아래에 있으며 입수염은 3쌍이다. 눈 아래 가시가 있다. 수컷의 가슴지느러미는 암컷에 비해 길고 골질반이 있다. 꼬리지느러미 끝은 거의 직선이다. 옆줄은 불완전하다. 몸 색깔은 연한 황색이며 몸의 옆 부분에는 삼각형과 반원형 무늬가 12~17개 있고, 등 쪽에는 크고 작은 무늬가 불규칙하게 있다. 꼬리지느러미 시작 부분에는 검은색 점이 1개 있다.

생활 물이 얕고 모래가 깔린 하천의 중류에 살며 주로 모래 속에서 지낸다.

먹이 주로 규조류를 먹고 사는 것으로 보인다.

분포 금강 수계(미호천, 백곡천, 갑천, 지천 등)에만 분포한다.

금강 수계의 소하천에 산다.

머리 앞모습

머리 옆모습

미호종개 수컷의 가슴지느러미

2번째 기조에 막대 모양의 골질반이 있다.

미호종개는 바닥에 잔모래가 깔리고 유속이 느린 하천 중류에 산다. 번식기는 6~7월이다. 수컷은 알을 밴 암컷의 배를 주둥이로 자극한 뒤 가슴지느러미로 배를 누르고 몸통을 휘감아 조여 알을 낳도록 돕는다. 수컷의 가슴지느러미는 암컷보다 길며 골질반은 막대 모양이다. 충청북도의 미호천에서 처음 발견되어 '미호종개'로 이름 지어졌다. 금강 수계 일부 하천에만 산다. 잔모래 채취와 유실 등으로 서식지에서 빠르게 감소하고 있다. 2008년 이후 인공 증식된 개체들이 원 서식지에 지속적으로 방류되고 있다. 1984년 김익수, 손영목 박사에 의해 신종으로 기록되었다. 대한민국 고유종이고 '멸종위기 야생생물 I 급'으로 지정하여 보호하고 있으며 천연기념물 제454호로 지정되었다.

왕종개 *Iksookimia longicorpa* (Kim, Choi et Nalbant, 1976)

영문명 : King spine loach

몸 길이 : 10~18cm

대한민국 고유종

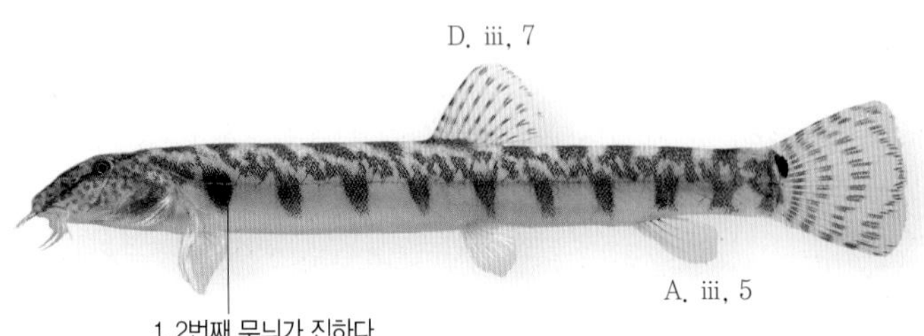

산란시기(월) 1 2 3 4 5 6 7 8 9 10 11 12

형태/색깔 몸은 길고 굵으며 옆으로 약간 납작하다. 입은 주둥이 밑에 있으며 입수염은 3쌍이다. 눈 아래 가시가 있다. 수컷의 가슴지느러미는 암컷에 비해 길고 골질반이 있다. 꼬리지느러미 끝은 거의 직선이다. 옆줄은 불완전하다. 몸 색깔은 연한 황색이며 몸의 옆 부분에는 굵고 긴 무늬가 있고, 머리 쪽의 1, 2번째 무늬가 진하다. 꼬리지느러미 시작 부분에는 검은색 점이 1개 있다.

생활 물살이 세며 바닥에 자갈이 많이 깔린 하천의 중 · 상류에 산다.

먹이 주로 수서곤충을 먹고 산다.

분포 섬진강, 낙동강 인접 섬 지방과 울산 태화강 이남의 하천에 서식한다.

자갈이 많이 깔린 곳에 산다.

머리 앞모습

머리 옆모습

왕종개 수컷의 가슴지느러미

2번째 기조에 혹 모양의 골질반이 있다.

왕종개는 유속이 느리고 깨끗하며 자갈이 많이 깔린 곳에서 산다. 번식기는 5~7월로 다른 미꾸리과 물고기처럼 수컷은 암컷의 몸통을 휘감아 조여 알을 낳도록 돕는다. 수컷의 가슴지느러미는 암컷보다 길며 골질반은 혹 모양이다. 암컷의 가슴지느러미 끝은 둥글다. 미꾸리과(科)의 물고기 중 몸이 가장 굵고 커서 '왕종개'라 부른다. 몸통의 무늬가 남방종개와 비슷하지만 남방종개보다 굵다. 섬진강, 낙동강 등 우리나라 남부 지방 수계에 살고 있다. 대한민국 고유종이다.

남방종개 *Iksookimia hugowolfeldi* Nalbant, 1993

영문명 : Southern spine loach

몸 길이 : 10~15cm

대한민국 고유종

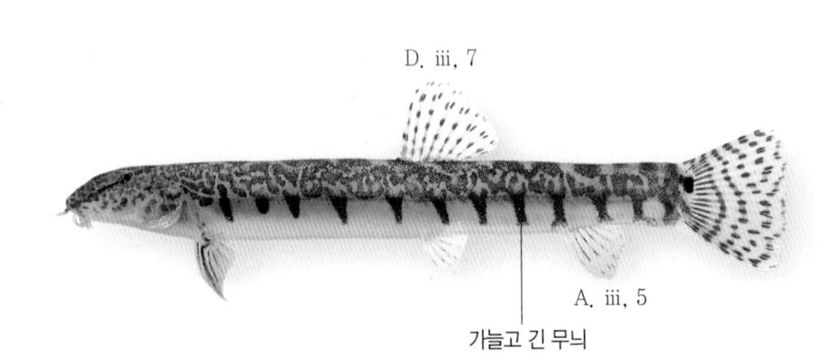

산란시기(월) 1 2 3 4 5 6 7 8 9 10 11 12

형태/색깔 몸은 길고 통통하며 옆으로 약간 납작하다. 입은 주둥이 아래에 있으며 입수염은 3쌍이다. 눈 아래 가시가 있다. 수컷의 가슴지느러미는 암컷에 비해 길고 골질반이 있다. 꼬리지느러미 끝은 거의 직선이다. 옆줄은 불완전하다. 몸 색깔은 연한 황색이며 몸의 옆 부분에는 가늘고 긴 무늬가 9~11개 수직으로 나 있고, 머리 쪽의 1, 2번째 무늬가 진하다. 등 쪽에는 구름무늬가 있다. 꼬리지느러미 시작 부분에는 검은색 점이 1개 있다.

생활 물이 천천히 흐르고 바닥에 모래와 자갈이 깔린 하천 중 · 하류에 산다.

먹이 주로 수서곤충을 먹고 산다.

분포 영산강과 탐진강, 남해의 서쪽으로 흐르는 소하천에 분포한다.

물이 천천히 흐르는 곳에 산다.

머리 앞모습

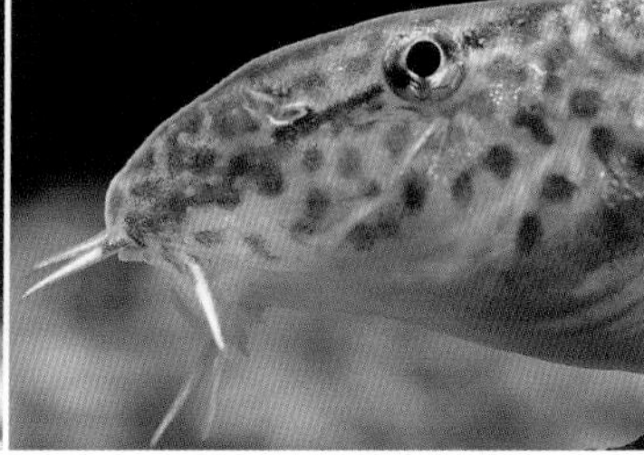

머리 옆모습

남방종개 수컷의 가슴지느러미

2번째 기조에 원형의 골질반이 있다.

남방종개는 바닥에 모래와 자갈이 깔리고 물이 천천히 흐르는 곳에서 산다. 번식기는 5~6월로 수컷은 암컷의 몸통을 휘감아 조여 알을 낳도록 돕는다. 수컷의 가슴지느러미는 암컷보다 길며 끝은 뾰족하고 골질반은 원형이다. 암컷의 가슴지느러미 끝은 둥글다. 왕종개와 생김새가 비슷하지만 몸집이 작으며 몸통의 무늬는 왕종개보다 가늘다. 서해와 남해로 흐르는 전라도의 강과 하천에만 산다. 주 서식지가 우리나라 서 · 남부에 위치하고 있어 '남방종개'라고 이름 지어졌다. 대한민국 고유종이다.

동방종개 *Iksookimia yongdokensis* Kim et Park, 1997

영문명 : Eastern spine loach **몸 길이** : 10cm

대한민국 고유종

산란시기(월) 1 2 3 4 5 6 7 8 9 10 11 12

형태/색깔 몸은 길고 굵으며 옆으로 납작하다. 입은 주둥이 아래에 있으며 입수염은 3쌍이다. 눈 아래 가시가 있다. 수컷의 가슴지느러미는 암컷에 비해 길고 골질반이 있다. 꼬리지느러미 끝은 거의 직선이다. 옆줄은 불완전하다. 몸 색깔은 연한 황색이며 몸의 옆 부분에는 역삼각형 구름무늬가 9~13개 있고, 등 쪽에는 구름무늬가 있다. 꼬리지느러미 시작 부분에는 검은색 점이 1개 있다.

생활 물이 느리게 흐르고 모래, 자갈이 깔린 하천 중 · 하류 바닥에 산다.

먹이 잡식성으로 수서곤충과 조류를 주로 먹는다.

분포 동해로 흐르는 형산강과 영덕군 오십천, 축산천, 송천천에 분포한다.

물이 천천히 흐르는 곳에 산다.

머리 앞모습

머리 옆모습

동방종개 수컷의 가슴지느러미

2번째 기조의 골질반이 작다.

동방종개는 물이 깨끗하며 물살이 느리거나 정체되고 바닥에 모래와 자갈이 깔린 하천 중·하류에서 산다. 번식기는 6~7월이다. 수컷의 가슴지느러미는 암컷보다 길며 끝은 뾰족하고 골질반은 작다. 암컷의 가슴지느러미 끝은 둥글다. 우리나라의 동남쪽 해안으로 흐르는 강과 하천에만 산다. 주 서식지가 우리나라 동·남부에 위치하고 있어 '동방종개'라고 이름 지어졌다. 대한민국 고유종이다.

기름종개 *Cobitis hankugensis* Kim, Park, Son et Nalbant, 2003

영문명 : Nakdong Spine loach **몸 길이 :** 10~15cm
방언 : 하늘종개 대한민국 고유종

산란시기(월) 1 2 3 4 5 6 7 8 9 10 11 12

형태/색깔 몸은 길며 옆으로 납작하다. 입은 주둥이 아래에 있고 입수염은 3쌍이다. 눈 아래 가시가 있다. 수컷의 가슴지느러미는 암컷에 비해 크고 골질반이 있다. 꼬리지느러미 끝은 거의 직선이다. 옆줄은 불완전하다. 몸 색깔은 연한 황색이며 몸통에는 각기 다른 형태의 줄무늬가 4개 있는데, 맨 아랫부분에는 타원형 또는 직사각형 무늬가 9~12개 있다. 꼬리지느러미 시작 부분에는 검은색 점이 1개 있다.

생활 물이 천천히 흐르며 바닥에 모래가 깔린 하천의 중 · 상류에 산다.

먹이 잡식성으로 수서곤충과 절지동물, 부착 조류 등을 먹고 산다.

분포 낙동강 수계와 형산강에만 서식한다.

물이 천천히 흐르고 모래가 깔린 곳에 산다.

머리 앞모습

머리 옆모습

수컷의 가슴지느러미

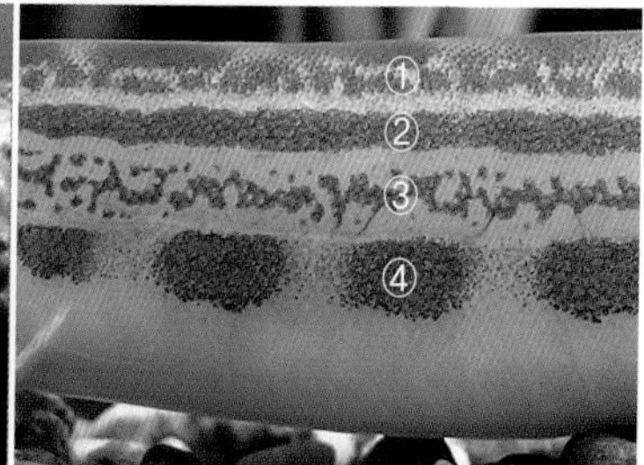

감베타 반문

기름종개는 유속이 느리고 바닥에 모래가 깔린 하천의 중·상류에 산다. 번식기는 5~6월로 알을 낳는 습성은 다른 미꾸리과(科) 물고기와 같다. 수컷의 가슴지느러미에 있는 골질반은 원형이다. 기름종개속(屬) 물고기(기름종개, 점줄종개, 줄종개, 북방종개)의 몸통에는 줄무늬가 4개 있다. 이를 '감베타 반문(Gambetta's Zone, Fourth Gambetta's Pigmentaly Zone)'이라 하며 종마다 형태가 달라 분류의 단서가 된다. 번식기에 기름종개 수컷의 몸통 가장 아랫부분인 ④열의 타원형 또는 직사각형 반점은 약간 흐려지고 좌우로 길어져서 서로 붙게 된다. 대한민국 고유종이다.

점줄종개 *Cobitis nalbanti* Vasil'eva et Kim, 2016

영문명 : Sand spine loach　　**몸 길이** : 8cm
방언 : 지름챙이　　대한민국 고유종

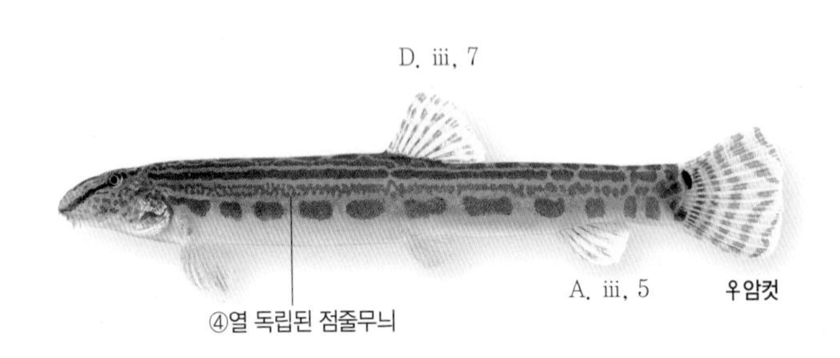

산란시기(월) 1 2 3 4 5 6 7 8 9 10 11 12

형태/색깔 몸은 길며 옆으로 약간 납작하다. 입은 주둥이 아래에 있고 입수염은 3쌍이다. 눈 아래 가시가 있다. 수컷의 가슴지느러미는 암컷에 비해 크고 골질반이 있다. 꼬리지느러미 끝은 거의 직선이다. 옆줄은 불완전하다. 몸 색깔은 연한 황색이며 몸통에는 굵은 점줄무늬가 2개 있고, 그 사이에는 작은 점줄무늬가 있다. 등 쪽에는 몸통의 점줄무늬와 만나는 반점이 있다. 꼬리지느러미 시작 부분에는 검은색 점이 1개 있다.

생활 물이 천천히 흐르고 모래와 펄이 깔린 하천 중 · 하류에 주로 산다.

먹이 주로 수서곤충을 먹고 산다.

분포 서해와 남해로 흐르는 하천에 분포한다.

암컷. 번식기에는 맨 아래의 줄무늬가 서로 연결된다.

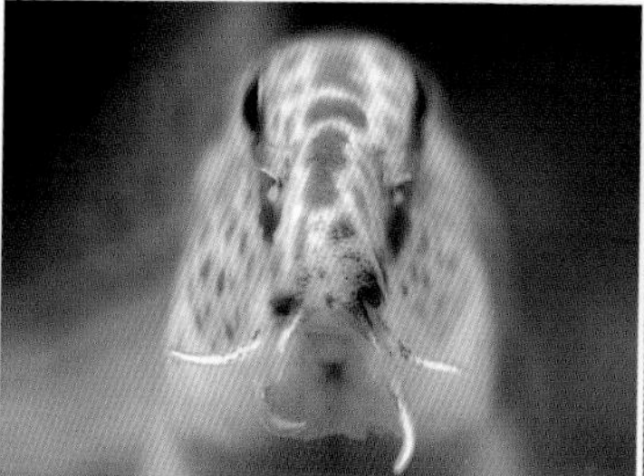
머리 앞모습

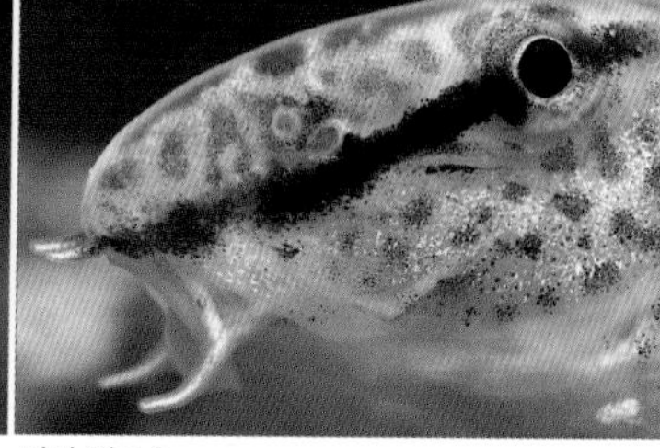
머리 옆모습

점줄종개 수컷의 가슴지느러미

2번째 기조에 원형의 골질반이 있다.

점줄종개는 물이 비교적 깨끗하고 모래나 펄이 깔린 하천의 중·하류에 산다. 번식기는 5~6월로 수컷은 암컷의 몸통을 휘감아 조여 알을 낳도록 돕는다. 수컷의 가슴지느러미에 있는 골질반은 원형이다. 몸통의 무늬(감베타 반문)는 기름종개와 비슷하지만, 가장 아랫부분인 ④열의 점줄무늬는 약간 가늘고 반점 사이에 흐릿한 흔적이 있어서 무늬가 또렷하고 독립적인 기름종개와 구분된다. 번식기에 수컷의 ②, ④열 반점은 좌우로 길어지면서 붙게 되고, ①, ③열 줄무늬는 흐려진다. 점줄종개는 우리나라의 서·남쪽 해안으로 흐르는 강과 하천에만 사는 반면, 기름종개는 낙동강과 형산강에만 살아 서로 서식지가 다르다. 기름종개나 줄종개보다 몸집이 작다. 대한민국 고유종이다.

줄종개 *Cobitis tetralineata* Kim, Park et Nalbant, 1999

영문명 : Striped spine loach
방언 : 줄쟁이

몸 길이 : 10~15cm
대한민국 고유종

산란시기(월) 1 2 3 4 5 6 7 8 9 10 11 12

형태/색깔 몸은 길며 옆으로 약간 납작하다. 입은 주둥이 아래에 있고 입수염은 3쌍이다. 눈 아래 가시가 있다. 수컷의 가슴지느러미는 암컷에 비해 크고 골질반이 있다. 꼬리지느러미 끝은 거의 직선이다. 옆줄은 불완전하다. 몸 색깔은 연한 황색이며 몸통에는 굵은 줄무늬가 2개 있고, 그 사이에 작은 줄무늬가 있다. 꼬리지느러미 시작 부분에는 검은색 점이 1개 있다.

생활 물이 깨끗하며 천천히 흐르고 바닥에 모래가 깔린 하천의 중 · 하류에 산다.

먹이 주로 수서곤충을 먹고 산다.

분포 섬진강과 동진강, 칠보천 상류에 분포한다.

물이 천천히 흐르고 모래가 깔린 곳에 산다.

머리 앞모습

머리 옆모습

줄종개 수컷의 가슴지느러미

2번째 기조에 원형의 골질반이 있다.

줄종개는 물이 깨끗하고 유속이 느리며 바닥에 모래가 깔린 하천 중 · 하류에 산다. 번식기는 5~6월로 알을 낳는 습성은 다른 미꾸리과(科) 물고기와 같다. 수컷의 가슴지느러미에 있는 골질반은 원형이다. 몸통의 무늬는 점줄무늬가 아닌 완전한 줄무늬이다. 기름종개와 점줄종개 수컷의 경우 번식기에는 반점이 확장되어 완전한 줄무늬로 나타난다. 따라서 줄종개와 기름종개, 점줄종개를 구분하기 위해 각각 다른 분포지를 숙지해 두는 것이 도움이 된다. 섬진강 수계에만 분포했으나 유역 변경으로 동진강과 칠보천 상류에도 분포한다. 대한민국 고유종이다.

북방종개 *Iksookimia pacifica* Kim, Park et Nalbant, 1999

영문명 : Northern spine loach

몸 길이 : 8~10cm
대한민국 고유종

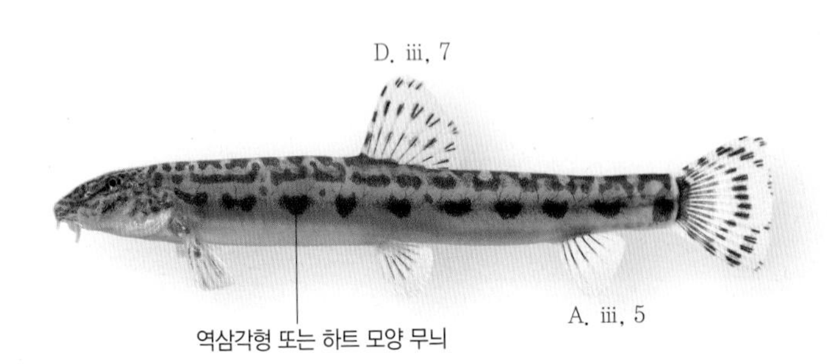

산란시기(월) 1 2 3 4 5 6 7 8 9 10 11 12

형태/색깔 몸은 길며 옆으로 납작하다. 몸통 뒷부분은 가늘다. 입은 주둥이 밑에 있고 입수염은 3쌍이다. 눈 아래 가시가 있다. 수컷의 가슴지느러미는 암컷에 비해 길고 골질반이 있다. 꼬리지느러미 끝은 거의 직선이다. 옆줄은 불완전하다. 몸 색깔은 연한 갈색이며 몸의 옆 부분에는 역삼각형 또는 하트 모양 무늬가 10~12개 있고, 등 쪽으로 작은 점줄무늬가 있다.

생활 바닥에 모래가 깔린 하천의 중 · 하류에 산다.

먹이 수서곤충, 부착 조류를 먹고 산다.

분포 강원도 강릉시 남대천 이북의 동해로 흐르는 하천에만 분포한다.

물이 천천히 흐르고 모래가 깔린 곳에 산다.

머리 앞모습

머리 옆모습

북방종개 수컷의 가슴지느러미
2번째 기조에 삼각형의 골질반이 있다.

북방종개는 물이 천천히 흐르고 바닥에 모래가 깔린 하천의 중·하류 지역에 산다. 번식기는 6~8월이다. 수컷이 암컷의 몸을 휘감아 조여 알을 낳게 하고 수정한다. 주로 모래 속에 있다가 먹이를 먹을 때 밖으로 나온다. 수컷의 가슴지느러미는 암컷보다 길고 끝이 뾰족하며, 골질반은 좁은 삼각형이다. 몸통에 역삼각형이나 하트 모양의 무늬가 줄지어 있다. 강원도 강릉시 남대천을 비롯해 그 위쪽 수계에만 산다. 주 서식지가 우리나라 동·북부에 위치하고 있어 '북방종개'라고 이름 지어졌다. 대한민국 고유종이다.

수수미꾸리 *Kichulchoia multifasciata* (Wakiya et Mori, 1929)

영문명 : Nakdong multi-band loach
방언 : 줄무늬하늘종개

몸 길이 : 15~18cm
대한민국 고유종

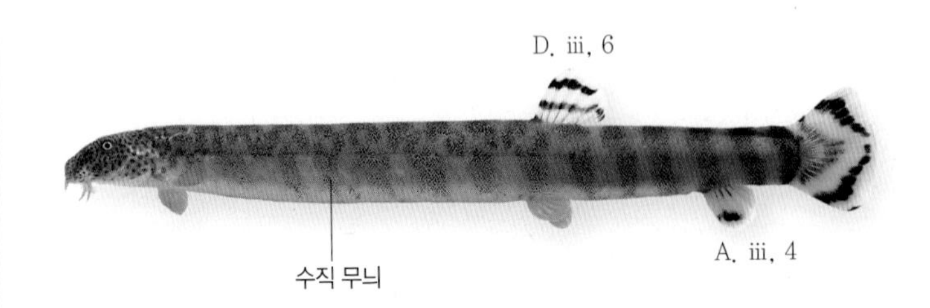

산란시기(월) 1 2 3 4 5 6 7 8 9 10 11 12

형태/색깔 몸은 길며 옆으로 납작하다. 머리는 작고 입은 주둥이 밑에 있다. 입수염은 3쌍으로 짧다. 눈 아래 가시가 있다. 수컷의 가슴지느러미에는 골질반이 없다. 꼬리지느러미 끝은 거의 직선이다. 옆줄은 불완전하다. 몸 색깔은 황색이며 머리와 입수염, 가슴지느러미, 배지느러미는 주황색이다. 머리 쪽에는 작은 검은색 점이 흩어져 있다. 몸통에는 수직 무늬가 13~18개 있다.

생활 물살이 빠르고 깨끗하며 바닥에 큰 자갈이 깔린 하천의 상류에 산다.

먹이 주로 부착 조류를 먹고 산다.

분포 우리나라의 낙동강 수계에만 산다.

물살이 세며 바닥에 자갈이 깔린 곳에 산다.

머리 앞모습

머리 옆모습

수수미꾸리 수컷의 가슴지느러미

다른 미꾸리과 물고기의 가슴지느러미에 있는 골질반이 없다.

수수미꾸리는 물살이 세며 바닥에 큰 자갈이 깔린 하천 상류의 자갈과 돌 밑에 산다. 번식기는 동절기인 11월부터 다음 해 1월까지로 수컷은 암컷의 몸통을 휘감아 조여 알을 낳도록 돕는다. 다른 미꾸리과(科) 물고기 수컷의 가슴지느러미에 있는 골질반이 없어 외형으로는 암수를 구분하기 어렵다. 다른 미꾸리과 물고기와 달리 겨울에 알을 낳는다. 물이 비교적 혼탁한 곳에서도 적응하여 산다. 우리나라의 낙동강 수계에만 서식하고 있어 보호가 필요하다. 대한민국 고유종이다.

좀수수치 *Kichulchoia brevifasciata* (Kim et Lee, 1995)

영문명 : Little loach **몸 길이** : 5cm
방언 : 기름쟁이 대한민국 고유종 | 멸종위기 야생생물 I 급

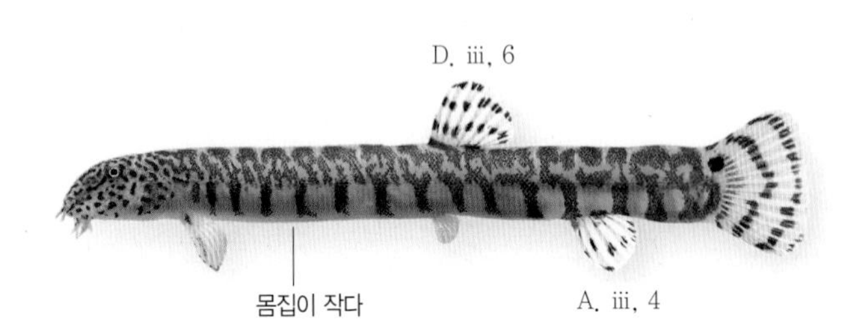

산란시기(월) 1 2 3 4 5 6 7 8 9 10 11 12

형태/색깔 몸집은 작고 몸은 길며 옆으로 납작하다. 머리는 작고, 입은 주둥이 밑에 있다. 입수염은 3쌍으로 짧다. 눈 아래 가시가 있다. 수컷의 가슴지느러미에 골질반이 없다. 꼬리지느러미 앞부분은 위아래로 날처럼 솟은 곳이 있다. 옆줄은 불완전하다. 몸 색깔은 연한 황색이며, 머리 쪽에는 작은 검은색 점이 흩어져 있다. 몸통에는 좁은 수직 무늬가 13~19개 있다. 등 쪽으로는 구름무늬와 커다란 반점이 있다.

생활 수심이 얕고 물이 빠르게 흐르는, 바닥에 자갈이 깔린 소하천에 산다.

먹이 주로 수서곤충을 먹고 산다.

분포 전라남도 고흥반도(풍양), 거금도, 금오도의 소하천에만 분포한다.

수심이 얕고 물이 빠르게 흐르는 소하천에 산다. 몸집이 아주 작다.

머리 앞모습

머리 옆모습

좀수수치 수컷의 가슴지느러미

다른 미꾸리과 물고기의 가슴지느러미에 있는 골질반이 없다.

좀수수치는 수심이 얕고 유속이 빠른 소하천의 자갈과 모래 속에서 산다. 번식기는 6~7월로 번식 행동은 알려지지 않았다. 다른 미꾸리과(科) 물고기 수컷의 가슴지느러미에 있는 골질반이 없다. 소형 종(種)으로 미꾸리과 물고기 중 몸집이 가장 작다. 전라남도 일부의 반도 지역과 인근 섬의 소하천에만 고립되어 서식하는 아주 희귀한 물고기이다. 1995년 이완옥 박사에 의해 신종으로 기록되었다. 1997년 멸종위기종으로 지정되었다가 2005년 해제되었으며 2012년 멸종위기 야생동·식물 Ⅱ급으로 재지정되었고 2017년 12월 29일(환경부령 제737호) '멸종위기 야생생물 Ⅰ급'으로 상향 조정되었다. 대한민국 고유종이다.

대륙종개 *Orthrias nudus* (Bleeker, 1864)

영문명 : Continental stone loach **몸 길이** : 12~20cm
방언 : 종개

산란시기(월) 1 2 3 4 5 6 7 8 9 10 11 12

형태/색깔 몸은 길고 원통형이며 몸 뒷부분은 옆으로 납작하다. 머리는 위아래로 약간 납작하다. 입은 작고 주둥이 아래에 있다. 입수염은 입가에 3쌍이 있다. 눈은 머리 윗부분에 있으며 눈 아래 가시는 없다. 옆줄은 완전하며 비늘은 아주 작다. 몸은 황갈색 또는 회갈색이며 몸통의 무늬는 종개보다 잘다. 등지느러미와 꼬리지느러미에는 짧은 줄무늬가 있다.

생활 바닥에 돌이나 자갈이 깔린 하천 상류나 물살이 센 곳에서 산다.

먹이 수서곤충의 애벌레를 먹고 산다.

분포 강원도 삼척시 오십천과 한강, 임진강, 낙동강 그리고 북한에 분포한다. 몽고 및 중국 대륙에도 널리 분포한다.

하천의 상류에 산다.

머리 앞모습

머리 옆모습

대륙종개의 몸통 무늬

무늬가 작고 촘촘하다.

대륙종개는 바닥에 돌과 자갈이 깔린 하천의 상류나 유속이 빠른 곳에서 산다. 번식기는 4~5월이며 번식 행동이나 생태에 관해서는 알려지지 않았다. 수컷에게 나타나는 번식기 특징인 추성은 뺨과 가슴지느러미 기조에 밀집된다. 같은 속 종개의 추성은 뺨에는 적고 가슴지느러미 기조에 밀집된다. 대륙종개 몸통의 무늬는 종개 몸통의 무늬보다 잘다. 고황하와 연결되었던 서 · 남해 유입 수계에 출현한다.

종개 *Orthrias toni* (Dybowski, 1869)

영문명 : Siberian stone loach **몸 길이** : 10~15cm
방언 : 종개

산란시기(월) 1 2 3 4 5 6 7 8 9 10 11 12

형태/색깔 몸은 길고 원통형이며 몸 뒷부분은 옆으로 납작하다. 머리는 위아래로 납작하다. 입은 작고 주둥이 아래에 있다. 입수염은 입가에 3쌍이 있다. 눈은 머리 윗부분에 있으며 눈 아래 가시는 없다. 옆줄은 완전하며 비늘은 아주 작다. 몸 색깔은 황갈색이며 진한 갈색의 네모꼴 얼룩무늬가 있다. 등지느러미와 꼬리지느러미에는 짧은 줄무늬가 있다.

생활 물이 맑고 바닥에 돌이나 자갈이 깔린 하천 상류의 여울에 산다.

먹이 수서곤충의 애벌레를 주로 먹고 산다.

분포 강원도 강릉시 남대천 이북의 하천에 산다. 일본 북해도와 러시아 사할린, 시베리아 등에도 분포한다.

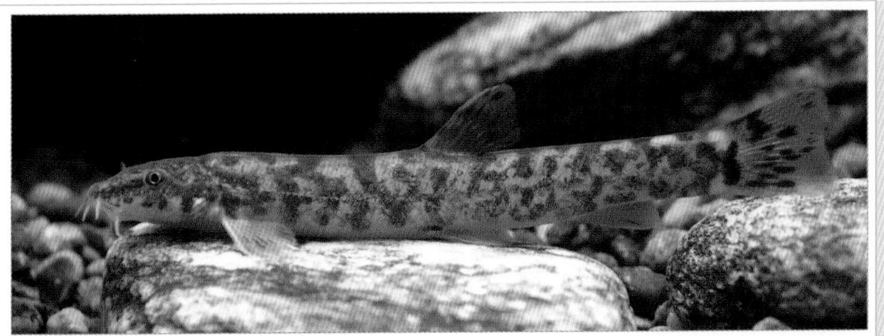

물이 차고 깨끗한 여울의 계류에 산다.

머리 앞모습

머리 옆모습

종개의 몸통 무늬

무늬가 크고 모양은 사각에 가깝다.

종개는 물이 깨끗한 하천 상류 여울의 돌 틈에 산다. 번식기는 5~7월로 돌이나 자갈에 알을 붙인다고 알려졌으나 자세한 습성은 알려지지 않았다. 번식기에는 수컷의 가슴지느러미 기조에 추성이 밀집되고 뺨에는 드문데, 뺨에 추성이 밀집되는 대륙종개와 구분된다. 몸통에 있는 무늬는 대륙종개 몸통의 무늬보다 크다. 종개와 대륙종개는 안하극(眼下棘:눈 밑에 가시)이 없다. 태백산맥을 기준으로 동해로 흐르는 하천에 서식한다. 미꾸리과(科)에서 종개과로 변경되었다.

쌀미꾸리 *Lefua costata* (Kessler, 1876)

영문명 : Eight barbel loach
몸 길이 : 5~6cm
방언 : 용지리

산란시기(월) 1 2 3 4 5 6 7 8 9 10 11 12

형태/색깔 몸은 길고 원통형이며 몸 뒷부분은 옆으로 납작하다. 머리는 위아래로 납작하며 입은 주둥이 아래에 있다. 입수염은 4쌍으로 맨 위의 것은 콧구멍 앞에 있다. 눈은 머리 가운데에 있으며 눈 아래 가시는 없다. 옆줄은 없다. 몸 색깔은 연한 갈색이고 몸에는 색깔이 진한 반점이 흩어져 있다. 수컷의 몸통 가운데에는 진한 갈색 줄무늬가 있는데 암컷의 몸에는 없다.

생활 소하천이나 늪지대, 농수로 등 수초가 많은 곳에 산다.

먹이 수서곤충을 먹고 산다.

분포 우리나라의 전역에 분포하며 중국과 시베리아에도 분포한다.

주로 늪지대에 산다.

머리 앞모습

머리 옆모습

암컷

쌀미꾸리는 바닥에 진흙이나 펄이 깔려 있고 수초가 우거진 얕은 늪지대에 주로 산다. 유속이 느린 농수로나 작은 개울에 살기도 한다. 번식기는 4~6월로 수초에 알을 붙인다. 암컷과 수컷의 생김새가 다른데, 암컷은 수컷보다 몸집이 크며 줄무늬가 없거나 희미하고 작은 반점이 흩어져 있다. 수컷의 가슴지느러미에는 골질반이 없다. 우리나라의 전역에 분포하지만 그 수는 많지 않다.

메기목

Siluriformes

메기 *Silurus asotus* Linnaeus, 1758

영문명 : Far eastern catfish **몸 길이** : 30~50cm
방언 : 미여기, 논메기

산란시기(월) 1 2 3 4 5 6 7 8 9 10 11 12

형태/색깔 몸은 길며 몸 앞부분은 둥글고 뒷부분은 옆으로 납작하다. 머리는 위아래로 납작하다. 입은 크고 아래턱이 위턱보다 길다. 입수염은 2쌍이다. 등지느러미는 폭이 좁고 뒷지느러미는 배지느러미 끝부분에서 시작하여 꼬리지느러미와 만난다. 옆줄은 뚜렷하며 비늘은 없다. 몸 색깔은 암갈색 또는 황갈색이며 몸에는 구름무늬 반점이 흩어져 있다. 반점이 없는 것들도 있다.

생활 물이 천천히 흐르고 모래와 진흙이 깔린 하천과 호수, 늪에서 산다.

먹이 물고기와 작은 동물, 수서곤충 등을 먹고 산다.

분포 우리나라 하천 대부분과 중국, 대만, 일본에도 분포한다.

야행성으로 밤에 주로 활동한다. 등지느러미가 작고 뾰족하다.

머리 앞모습

머리 옆모습

백화현상을 보이는 메기

메기는 유속이 느리고 바닥에 모래와 진흙이 깔린 곳에 주로 산다. 야행성으로 낮에는 수초 밑동이나 돌 틈에 있다가 밤에 활동하며 물고기나 작은 동물을 먹는다. 번식기는 5~7월로 수컷은 암컷의 배를 휘감아 알을 낳도록 돕는다. 몸길이가 30㎝를 넘는 암컷은 1만 개가 넘는 알을 낳는다. 어릴 때 입수염은 모두 3쌍인데, 알에서 깨어난 지 3~4개월이 지날 무렵이면 아래턱에 있는 입수염 1쌍은 없어진다. 몸에는 비늘이 없는 대신 미끌미끌한 점액질이 많으며 가죽이 질기다. 식용과 약용으로 많이 쓰이며, 양식을 통해 많이 생산된다. 북한의 두만강 하류에도 분포하는 것으로 알려졌다.

미유기 *Silurus microdorsalis* (Mori, 1936)

영문명 : Slender catfish
방언 : 산메기, 눗메기

몸 길이 : 25cm
대한민국 고유종

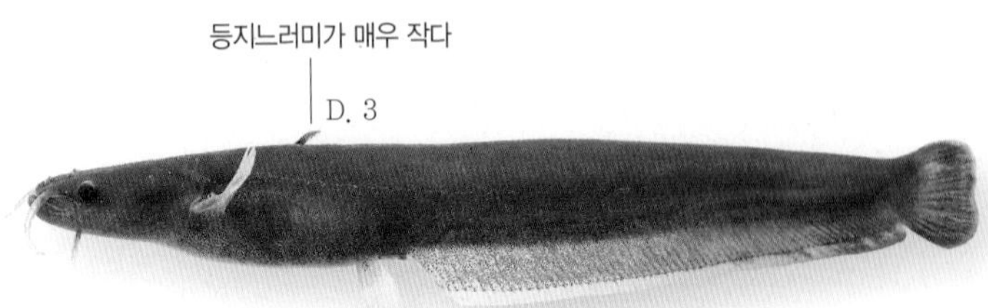

산란시기(월) 1 2 3 4 5 6 7 8 9 10 11 12

형태/색깔 몸은 길며 몸 앞부분은 둥글고 뒷부분은 옆으로 납작하다. 머리와 주둥이는 위아래로 납작하다. 아래턱이 위턱보다 길다. 입의 각도는 수평이다. 입수염은 2쌍이다. 등지느러미는 폭이 좁고 길이가 아주 짧다. 뒷지느러미는 배지느러미 끝부분에서 시작하여 꼬리지느러미와 만난다. 옆줄은 뚜렷하며 비늘은 없다. 몸 색깔은 암갈색이고, 몸에는 구름 모양의 반점이 있다.

생활 물이 깨끗하고 바위와 돌이 있는 하천 상류의 흐르는 물에 산다.

먹이 수서곤충이나 작은 물고기를 먹고 산다.

분포 우리나라 하천 대부분에 산다.

물이 깨끗하고 바위와 돌이 많은 상류에 산다.

머리 앞모습

머리 옆모습

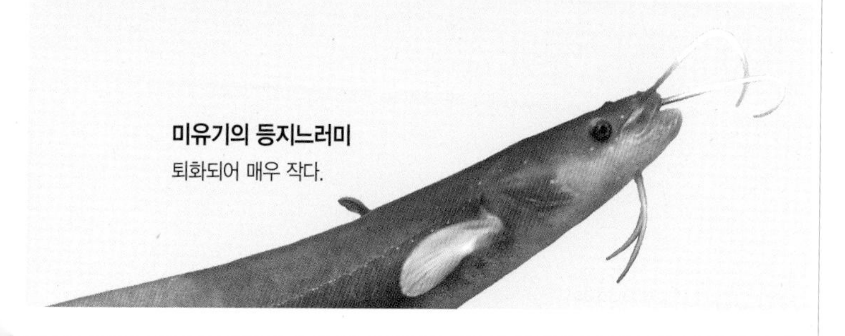
미유기의 등지느러미
퇴화되어 매우 작다.

미유기는 메기와 같이 살기도 하지만 바위와 돌이 많고 물이 깨끗한 상류 쪽에 주로 산다. 번식기는 4~6월로 수컷은 암컷의 배를 휘감아 알을 낳도록 돕고 수정한다. 메기와 생김새가 아주 비슷하지만 메기보다 몸이 가늘며, 등지느러미는 연조 수(3개)가 적어 폭이 아주 좁고 길이는 짧다. 다 자란 미유기는 몸 길이가 25㎝ 정도인데 비해 메기는 몸 길이가 50㎝에 달한다. 우리나라 전역에 분포하지만 그 수가 빠르게 줄어들고 있다. 대한민국 고유종이다.

동자개 *Pseudobagrus fulvidraco* (Richardson, 1846)

영문명 : Korean bullhead **몸 길이 :** 20cm
방언 : 자개, 빠가, 빠가사리

산란시기(월) 1 2 3 4 5 6 7 8 9 10 11 12

형태/색깔 머리는 위아래로, 몸은 옆으로 납작하다. 등은 높은 편이다. 입은 주둥이 밑에 있고, 위턱이 아래턱보다 길다. 입수염은 4쌍으로 위턱에 있는 것이 가장 길다. 가슴지느러미 가시(극조) 안팎으로 톱니 모양의 거치가 있다. 꼬리지느러미 끝은 깊게 파였다. 옆줄은 뚜렷하며, 비늘은 없다. 몸 색깔은 황갈색이고 몸에는 커다란 직사각형 무늬가 있다.

생활 물이 느리게 흐르고 바닥에 모래와 진흙이 있는 하천의 중 · 하류, 댐호, 연못 등에 산다.

먹이 수서곤충, 물고기의 알, 새우류, 작은 동물 등을 먹고 산다.

분포 서해와 남해로 흐르는 하천에 분포한다. 대만과 중국에도 분포한다.

바닥에 모래와 진흙이 깔린 곳에 산다. 야행성으로 주로 밤에 활동한다.

머리 앞모습

머리 옆모습

가슴지느러미 거치(톱니 모양)

치어

동자개는 물이 천천히 흐르거나 정체되고, 바닥에 모래와 진흙이 있는 곳에 산다. 야행성으로 밤에 활동한다. 번식기는 5~7월로 수컷이 가슴지느러미로 알자리를 파면 암컷이 알을 낳는다. 수컷은 수정된 알과 깨어난 새끼가 유영할 능력을 갖출 때까지 알자리를 지킨다. 가슴지느러미와 아가미 뒤의 관절을 마찰시켜 '꾸기 꾸기' 또는 '빠가 빠가' 하는 소리를 낸다. 몸에 비늘이 없는 대신 두터운 점액질 층이 있다. '빠가사리'라는 이름으로 많이 부른다. 양식 어종으로 잘 알려졌고 식용과 약용으로 쓰인다. 원래 살지 않았던 낙동강과 동해안 일부 소하천에는 이입된 것들이 살고 있다.

눈동자개 *Pseudobagrus koreanus* (Uchida, 1990)

영문명 : Black bullhead **몸 길이 :** 30cm
대한민국 고유종

산란시기(월) 1 2 3 4 5 6 7 8 9 10 11 12

형태/색깔 몸은 길며 원통형이다. 등은 높지 않고 머리는 위아래로 납작하다. 입은 주둥이 밑에 있고 위턱이 아래턱보다 길다. 입수염은 4쌍으로 위턱에 있는 것이 가장 길다. 가슴지느러미 가시 안팎으로 톱니 모양의 거치가 있다. 꼬리지느러미 끝은 약간만 파였다. 옆줄은 뚜렷하며 비늘은 없다. 몸 색깔은 진한 갈색이고 군데군데 색깔이 연하다.

생활 물이 천천히 흐르고 바위와 돌이 많이 깔린 하천의 중 · 하류에 산다.

먹이 수서곤충과 작은 물고기를 먹고 산다.

분포 서해와 남해로 흐르는 하천에 분포한다(낙동강에는 살지 않았으나, 최근 이입되어 살고 있다).

바닥에 돌이 깔린 곳에 산다. 야행성으로 주로 밤에 활동한다.

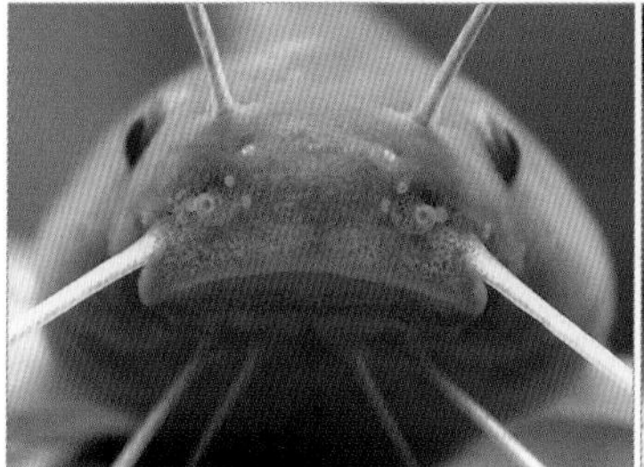
머리 앞모습

머리 옆모습

눈동자개의 가슴지느러미 거치

톱니 모양의 거치가 가슴지느러미 가시 안팎으로 있다.

눈동자개는 바위가 있고 바닥에 돌이 많이 깔린 하천에 산다. 낮에는 주로 돌 밑에 있다가 어두워지면 활동한다. 번식기는 5~7월로 바닥에 웅덩이를 파고 알을 낳는다. 대농갱이와 생김새가 비슷하지만 가슴지느러미 가시 바깥쪽에 톱니의 유무와 몸 색깔, 몸의 무늬로 구분한다. 원래 낙동강에는 살지 않았으나 불분명한 경로로 이입되어 살고 있다. 대한민국 고유종이다.

꼬치동자개 *Pseudobagrus brevicorpus* (Mori, 1936)

영문명 : Korean stumpy bullhead **몸 길이** : 8~10cm
방언 : 빠개 대한민국 고유종 | 멸종위기 야생생물 I 급 | 천연기념물 제455호

산란시기(월) 1 2 3 4 5 6 7 8 9 10 11 12

형태/색깔 몸은 길지 않고 머리는 위아래로, 몸통은 옆으로 납작하다. 입은 작고 주둥이 밑에 있다. 위턱이 아래턱보다 길다. 입수염은 4쌍이며 위턱에 있는 것이 가장 길다. 가슴지느러미 가시 안팎으로 톱니 모양의 거치가 있다. 꼬리지느러미 끝은 약간만 파였다. 옆줄은 뚜렷하며 비늘은 없다. 몸 색깔은 연한 갈색이고 몸에는 커다란 진한 갈색 무늬가 있다.

생활 물이 깨끗하며 자갈이나 큰 돌이 깔린 하천 중 · 상류의 소(沼)에 산다.

먹이 수서곤충이나 물고기의 알, 작은 물고기를 먹고 산다.

분포 낙동강 수계에만 분포한다.

바닥에 자갈이나 큰 돌이 깔린 곳에 산다. 낮에는 돌 틈에서 지낸다.

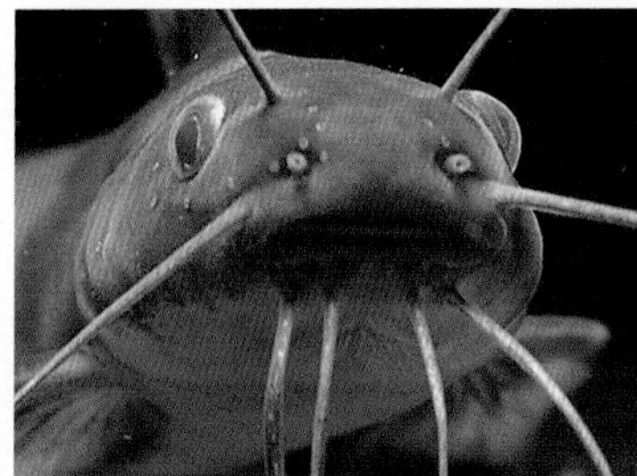

머리 앞모습

머리 옆모습

가슴지느러미 거치(톱니 모양)

치어

꼬치동자개는 물이 맑고 바닥에 자갈이나 큰 돌이 깔린 하천의 상류에 산다. 낮에는 돌 틈에 있다가 해가 지면 먹이 활동을 한다. 번식기는 6~7월이다. 동자개속(屬) 물고기 중에 몸집이 가장 작다. 낙동강 일부 수계에만 희귀하게 분포한다. 서식지가 자연재해와 오염 등으로 훼손되어 그 수가 줄고 있다. 종(種) 복원 사업으로 인공 증식한 개체들을 2008년 이후 원 서식지에 지속적으로 방류하고 있다. 대한민국 고유종이며 '멸종위기 야생생물 I 급'으로 지정하여 보호하고 있다. 천연기념물 제455호로 지정되어 있다.

대농갱이 *Leiocassis ussuriensis* (Dybowski, 1872)

영문명 : Ussurian bullhead **몸 길이 :** 40~50cm
방언 : 그렁치, 우쓰리종어

산란시기(월) 1 2 3 4 5 6 7 8 9 10 11 12 (추정)

형태/색깔 몸은 길며 원통형이다. 등은 높지 않고, 머리는 위아래로 납작하다. 입은 주둥이 밑에 있으며 입수염은 4쌍으로 짧다. 옆줄은 뚜렷하고 비늘은 없다. 가슴지느러미 가시 안쪽으로 톱니 모양의 거치가 12~18개 있다. 꼬리지느러미 끝은 약간만 파였다. 몸 색깔은 진한 갈색이며 몸에는 불규칙한 반점이나 군데군데 얽은 듯한 부분이 있다.

생활 모래와 진흙, 자갈이 깔린 하천의 중 · 하류에 주로 산다.

먹이 수서곤충과 물고기의 알, 새우류, 작은 물고기 등을 먹고 산다.

분포 임진강, 한강, 금강, 대동강, 압록강에 분포한다. 낙동강에는 이입되어 살고 있으며, 중국에도 분포한다.

바닥에 모래와 진흙이 깔린 곳에 산다.

머리 앞모습

머리 옆모습

대농갱이의 가슴지느러미 거치

톱니 모양의 거치가 가슴지느러미 가시 안쪽에만 있다.

대농갱이는 물이 천천히 흐르고 바닥에 모래와 진흙, 자갈이 깔린 곳에 산다. 번식기는 5~6월로 추정된다. 눈동자개와 생김새가 비슷하지만 입수염은 눈동자개보다 짧고 몸통에는 연한 갈색의 반점이 흩어져 있어 구분된다. 식용으로 이용된다. 원래 서해로 흐르는 강과 하천에만 살고 있었으나 낙동강에 이입되어 살고 있으며, 그 경로는 확실치 않다.

밀자개 *Leiocassis nitidus* (Sauvage et Dabry de Thiersant, 1874)

영문명 : Light bullhead **몸 길이 :** 10~15cm
방언 : 밀빠가

산란시기(월) 1 2 3 4 5 6 7 8 9 10 11 12 (추정)

형태/색깔 머리는 위아래로, 몸 뒷부분은 옆으로 납작하다. 등은 높은 편이다. 주둥이는 둥글고 주둥이 아래에 입이 있다. 입은 작다. 입수염은 4쌍이며 짧다. 가슴지느러미 가시 안쪽으로 톱니 모양의 거치가 12~18개 있다. 꼬리지느러미 끝은 깊게 파였다. 옆줄은 뚜렷하고 비늘은 없다. 몸 색깔은 황갈색이며 무늬는 동자개와 비슷하다.

생활 바닥에 진흙이 많이 깔린 하천의 중 · 하류에 주로 산다.

먹이 수서곤충과 새우류, 작은 물고기 등을 먹고 산다.

분포 임진강과 금강, 영산강에 분포하며 중국에도 분포한다.

바닥에 진흙이 깔린 곳에 산다. 몸통이 황갈색이다.

머리 앞모습

머리 옆모습

밀자개의 가슴지느러미 거치

톱니 모양의 거치가 가슴지느러미 가시 안쪽에만 있다.

밀자개는 강이나 하천 하류의 진흙이 많이 깔린 곳에 산다. 번식기는 5~6월로 추정되며, 번식기나 번식 행동은 정확히 알려지지 않았다. 동자개와 생김새나 몸통 무늬는 비슷하지만 입수염이 더 짧고, 몸통은 노란빛을 많이 띤다. 또한 가슴지느러미 가시 안쪽으로만 톱니 모양의 거치가 있어 안팎으로 거치가 있는 동자개와 구분된다. 동자개는 '빠가사리'로, 밀자개는 '밀빠가'라는 이름으로 불리기도 한다.

종어 *Leiocassis longirostris* Günther, 1864

영문명 : Long snouted bullhead **몸 길이 :** 50cm 이상

산란시기(월) 1 2 3 4 5 6 7 8 9 10 11 12 (추정, 중국)

형태/색깔 머리는 위아래로 납작하고 몸통은 원통형이며 몸 뒷부분은 옆으로 납작하다. 주둥이는 길고 입은 주둥이 아래 가슴 쪽으로 들어와 있다. 입수염은 4쌍으로 짧다. 가슴지느러미 가시 안쪽으로 톱니 모양의 거치가 있다. 꼬리지느러미 끝은 깊게 파였다. 옆줄은 뚜렷하며 비늘은 없다. 몸 색깔은 진한 갈색이고 몸에는 군데군데 커다란 무늬가 있다.

생활 바닥에 모래와 진흙이 깔린 큰 강 하류에 산다.

먹이 수서곤충과 실지렁이, 새우류, 작은 물고기 등을 먹고 산다.

분포 한강과 금강, 대동강에 살았으나 절멸된 후, 현재 종 복원 사업이 진행 중이다. 중국에도 분포한다.

오염과 남획으로 절멸되었으나 복원을 위한 연구가 진행되고 있다.

머리 앞모습

머리 옆모습

가슴지느러미 거치(톱니 모양)

치어

종어는 강이나 하천 하류 지역의 모래와 진흙이 있는 곳에 산다. 번식기는 4~6월로 추정된다. 한강, 금강, 대동강 등 서해로 흐르는 우리나라의 강과 양쯔강, 황허강, 랴오허강 등 중국 대륙의 동쪽으로 흐르는 강에 분포했으나, 1970년대 이후로 한강과 금강에서 채집된 기록이 없어 남한에서는 이미 절멸된 것으로 간주되었다. 맛이 물고기 중에서 으뜸간다는 뜻에서 종어(宗魚)라 불렸고, 임금에게도 진상하였다고 한다. 국립수산과학원에서는 1999년부터 사라진 종어를 복원하기 위해 중국에서 종어를 도입해 연구해 오던 중 인공 생산한 어린 종어를 2008년 9월 5,000마리, 2016년 10월 2,000마리, 그리고 20~25cm급의 어미 후보군 종어 200마리를 2017년 10월 금강에 방류하였다.

자가사리 *Liobagrus mediadiposalis* Mori, 1936

영문명 : South torrent catfish
방언 : 남방쏠자개

몸 길이 : 6~10cm
대한민국 고유종

산란시기(월) 1 2 3 4 5 6 7 8 9 10 11 12

형태/색깔 몸은 약간 길고 몸통은 둥글며 몸 뒷부분은 옆으로 납작하다. 주둥이와 머리는 위아래로 납작하다. 위턱이 아래턱보다 길다. 입수염은 4쌍이다. 눈은 아주 작고 머리 가운데는 약간 골이 졌다. 가슴지느러미 가시는 뾰족하고 단단하며 안쪽으로 거치가 4~6개 있다. 옆줄은 희미하며 비늘은 없다. 몸 색깔은 황갈색이며 각 지느러미 가장자리에 노란색 테두리가 있다.

생활 물이 깨끗하고 바위와 돌이 많이 깔린 하천의 상류에 산다.

먹이 수서곤충을 먹고 산다.

분포 동해 남부 수계와 금강, 섬진강, 낙동강, 탐진강, 남해도, 거제도 등에 분포한다.

바위와 돌이 있는 상류의 여울에 산다. 각 지느러미의 가장자리가 노랗다.

머리 앞모습

머리 옆모습

섬진자가사리

자가사리는 물이 맑고 바닥에 바위와 돌이 있는 하천 상류의 여울에 산다. 야행성으로 밤에 활동하며 주로 수서곤충을 먹고 산다. 번식기는 4~6월로 암컷은 100개가 넘는 알을 돌 밑에 붙이고 알자리에 머문다. 섬진강 수계에 사는 섬진자가사리는 꼬리지느러미에 노란색 초승달 혹은 반달무늬가 있어 구분된다. 생김새가 퉁가리와 비슷하지만, 가슴지느러미 가시 안쪽에 있는 거치가 자라면서 없어지는 퉁가리와는 달리 거치가 없어지지 않는다. 퉁가리는 한강, 임진강, 안성천, 삽교천 등 중부 서해로 흐르는 강과 하천에 분포하는 반면 자가사리는 금강, 섬진강, 낙동강 등 남부 서해 및 남해로 흐르는 강과 하천에 분포한다. 대한민국 고유종이다.

섬진자가사리 *Liobagrus somjinensis* Kim et Park, 2010

영문명 : Seomjin torrent catfish

몸 길이 : 10cm

대한민국 고유종

산란시기(월) 1 2 3 4 5 6 7 8 9 10 11 12

형태/색깔 몸은 약간 길고 몸통은 둥글며 몸 뒷부분은 옆으로 납작하다. 주둥이와 머리는 위아래로 납작하다. 위턱이 아래턱보다 길다. 입수염은 4쌍이다. 눈은 매우 작고, 머리 가운데는 약간 파였다. 가슴지느러미 가시는 뾰족하고 단단하며 안쪽에 톱니가 4~6개 있다. 비늘은 없고, 옆줄은 희미하다. 몸 색깔은 황갈색이다. 꼬리지느러미에 황색의 커다란 초승달 무늬가 있다.

생활 물이 깨끗하고 돌이 많이 깔린 하천의 상류에 산다.

먹이 수서곤충을 먹고 산다.

분포 섬진강, 탐진강, 영산강, 동진강, 거제도, 남해도 등지에 분포한다.

섬진강과 거제도 등에 분포한다.

머리 앞모습

머리 옆모습

섬진자가사리의 꼬리 지느러미

꼬리지느러미에 황색의 초승달 무늬가 있다.

섬진자가사리는 물이 맑고 크고 작은 돌이 깔린 하천 상류에 산다. 야행성으로 주로 얕은 곳의 돌 틈에 살며 날도래류의 수서곤충을 먹고 산다. 늦가을인 11월에 먹이 활동이 가장 활발하다. 꼬리지느러미에 황색의 초승달 무늬가 뚜렷해 다른 퉁가리과(科) 어류와 구분된다. 우리나라의 서남해로 흐르는 강과 하천 및 섬에 분포하며 섬진강에서 처음 발견하였다고 하여 '섬진자가사리'로 이름 지어졌다. 2010년 신종으로 기록되었다. 대한민국 고유종이다.

동방자가사리 *Liobagrus hyeongsanensis* Kim, Kim et Park, 2015

영문명 : Eastern torrent catfish

몸 길이 : 8~10cm

대한민국 고유종

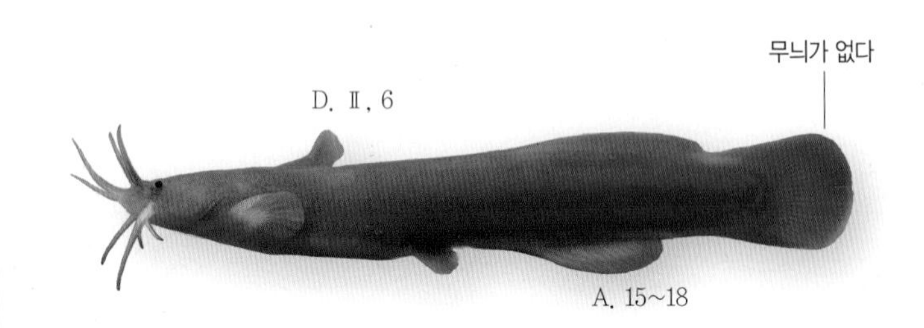

산란시기(월) 1 2 3 4 5 6 7 8 9 10 11 12

형태/색깔 몸은 가늘고 길며 몸통은 둥글고 몸 뒷부분은 옆으로 납작하다. 주둥이와 머리는 위아래로 납작하다. 위턱이 아래턱보다 길다. 입수염은 4쌍이다. 눈은 매우 작고, 머리 가운데는 약간 파였다. 등지느러미와 가슴지느러미 가시의 길이는 짧다. 가슴지느러미 가시 안쪽에 3~4개의 톱니가 있다. 비늘은 없고, 옆줄은 희미하다. 몸 색깔은 황갈색이다. 꼬리지느러미 테두리는 옅은 황색이다.

생활 물이 깨끗하고 돌이 많이 깔린 하천의 최상류에 산다.

먹이 수서곤충을 먹고 산다.

분포 형산강, 대종천, 태화강, 상류역에 드물게 분포한다.

동 · 남해안으로 흐르는 일부 하천에 산다.

머리 앞모습

머리 옆모습

동방자가사리는 물이 맑고 크고 작은 돌이 깔린 하천의 최상류에서 상류에 걸쳐 산다. 겹겹이 쌓인 돌 틈에 살며 밤에 주로 활동하면서 수서곤충을 먹고 산다. 산란기는 4~6월이며 돌 밑에 알을 낳는다. 퉁가리과(科) 어류 중 크기가 가장 작다. 우리나라의 동남해로 흐르는 하천에만 분포한다고 하여 '동방자가사리'로 이름 지어졌다. 하천 정비 공사로 서식지가 빠르게 훼손되고, 지속되는 동절기 가뭄으로 건천화가 반복되어 급격한 개체 수 감소가 우려되므로 보호 대책이 시급한 종이다. 2015년 신종으로 기록되었다. 대한민국 고유종이다.

퉁가리 *Liobagrus andersoni* Regan, 1908

영문명 : Korean torrent catfish
방언 : 탱가리, 퉁쉐

몸 길이 : 10cm
대한민국 고유종

산란시기(월) 1 2 3 4 5 6 7 8 9 10 11 12

형태/색깔 몸은 약간 길고 몸통은 둥글며 몸 뒷부분은 옆으로 납작하다. 주둥이와 머리는 위아래로 납작하다. 위턱과 아래턱의 길이는 거의 같다. 입수염은 4쌍이다. 눈은 아주 작고, 머리 가운데는 약간 골이 졌다. 가슴지느러미 가시는 뾰족하고 단단하며 안쪽으로 거치가 1~3개 있다. 옆줄은 희미하며 비늘은 없다. 몸 색깔은 황갈색이며 배 쪽은 연한 갈색이다. 등지느러미와 가슴지느러미, 꼬리지느러미 가장자리에 연한 갈색 테두리가 있다.

생활 물이 깨끗하고 자갈이 많이 깔린 하천의 중 · 상류에 산다.

먹이 수서곤충을 먹고 산다.

분포 한강과 임진강, 안성천, 무한천, 삽교천 등에 분포한다.

하천 중 · 상류 여울의 돌 틈에 산다. 가슴지느러미 가시에 찔리면 통증을 느낀다.

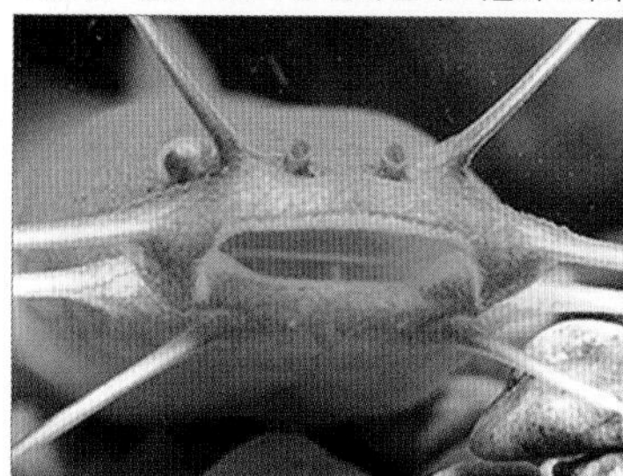

머리 앞모습

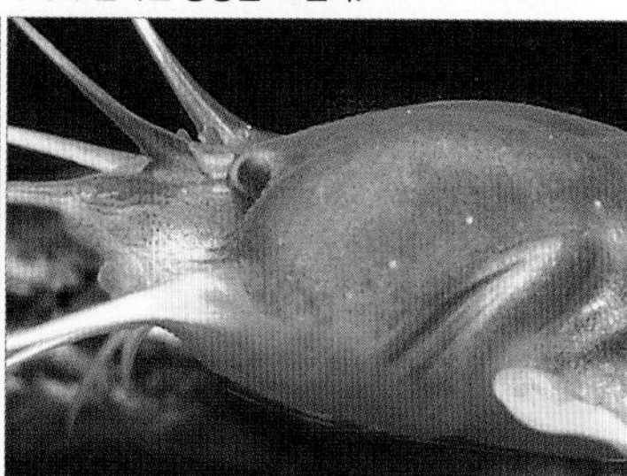

머리 옆모습

퉁가리는 물이 맑고 자갈이 많이 깔린 하천의 중 · 상류 여울에 산다. 야행성으로 낮에는 돌 밑에 숨어 있다가 밤에 활동한다. 번식기는 5~6월로 돌 밑에 산란하고 암수가 함께 알자리를 지킨다. 자가사리보다 몸은 약간 가늘고, 가슴지느러미 가시 안쪽에 있는 거치는 자라면서 없어진다. 퉁가리과(科) 물고기의 가슴지느러미 가시는 단단하고 끝이 매우 뾰족해서 쏘이면 아프다. 상류에 사는 자가사리와 달리 중류까지 분포한다. 금강 이남의 서해와 남해로 흐르는 강과 하천에만 산다. 대한민국 고유종이다.

퉁사리 *Liobagrus obesus* Son, Kim et Choo, 1987

영문명 : Bullhead torrent catfish **몸 길이 :** 8~10cm
방언 : 자가사리 대한민국 고유종 | 멸종위기 야생생물 I 급

산란시기(월) 1 2 3 4 5 6 7 8 9 10 11 12

형태/색깔 몸은 약간 길며 몸통은 둥글고 통통하다. 몸 뒷부분은 옆으로 납작하다. 주둥이와 머리는 위아래로 납작하다. 위턱과 아래턱의 길이가 거의 같다. 입수염은 4쌍이다. 눈은 아주 작고 머리 가운데는 골이 졌다. 가슴지느러미 가시는 뾰족하고 단단하며 안쪽으로 거치가 3~5개 있다. 옆줄은 희미하며 비늘은 없다. 몸 색깔은 진한 황갈색이고 배 쪽은 연한 갈색이다. 배지느러미는 황색이고 그 외 지느러미 가장자리에 연한 갈색 테두리가 있다.

생활 물이 천천히 흐르고 자갈이 많이 깔린 하천의 중류에 산다.

먹이 수서곤충을 먹고 산다.

분포 금강의 중류와 웅천천, 만경강, 영산강 상류에 드물게 분포한다.

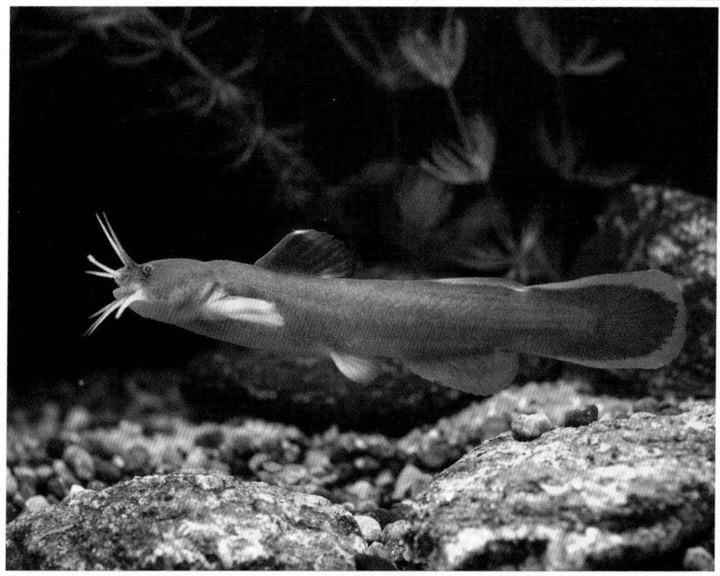

하천 중류의 물이 느리게 흐르는 곳에 산다. 낮에는 돌 틈에서 지내고 밤에 활동한다.

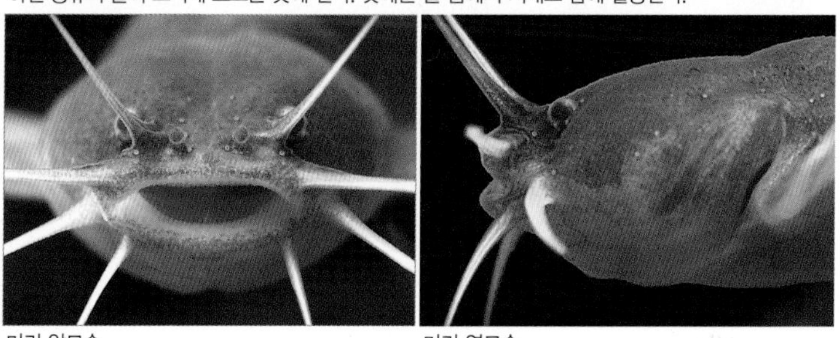

머리 앞모습

머리 옆모습

퉁사리는 물이 빠르게 흐르는 하천 상류 여울 지역에 사는 자가사리나 퉁가리와 달리, 중류의 물이 느리게 흐르는 곳이나 웅덩이에 주로 산다. 야행성으로 밤에 활동한다. 번식기는 5~6월로 돌 밑에 알을 붙이고 암컷은 알자리를 지킨다. 자가사리나 퉁가리보다 몸이 통통하다. 가슴지느러미 가시 안쪽의 거치는 3~5개로 자라면서 수가 늘어난다. 금강과 만경강, 웅천천, 영산강 등에 드물게 분포하는데, 서식지인 하천 중류 수역에 도시 하수가 흘러들어 그 수가 빠르게 줄어들고 있다. '멸종위기 야생생물 I 급'으로 지정하여 보호하고 있다. 대한민국 고유종이다.

연어목

Salmoniformes

열목어 *Brachymystax lenok tsinlingensis* Li, 1966

영문명 : Manchurian trout **몸 길이 :** 70cm

멸종위기 야생생물 Ⅱ급 | 천연기념물 제73호(서식지) · 제74호(서식지)

산란시기(월)	1	2	3	4	5	6	7	8	9	10	11	12

형태/색깔 몸은 길고 유선형이다. 주둥이는 둥글고 입은 크며 위턱이 아래턱보다 약간 길다. 눈은 크며 머리 앞쪽에 있다. 뒷지느러미 끝부분에 기름지느러미가 있다. 옆줄은 뚜렷하며 거의 직선이다. 몸 색깔은 황갈색이며 등 쪽은 푸른색을 띠고 배쪽은 은백색이다. 몸 색깔은 갈색이며 배 쪽은 옅다. 몸통에 눈동자 모양의 작은 반점이 흩어져 있다.

생활 물이 맑고 찬 산간 계류에서 산다.

먹이 어리거나 작은 물고기와 곤충, 작은 동물 등을 먹고 산다.

분포 강원도와 경상북도 일부 하천에 분포하며 중국의 만주와 러시아의 시베리아에도 분포한다.

20℃를 넘지 않는 찬물에 산다.

상류의 산란지로 향하는 열목어

열목어는 하절기에도 수온이 20℃를 넘지 않는 찬물이 흐르는 산간 계류에 산다. 어린 열목어는 유속이 느린 물가에서 무리 지어 생활한다. 성장 후 단독 생활을 하며 산란기가 되면 상류의 산란지를 향해 일제히 소상한다. 어릴 때에는 연어과(科) 어류의 특징인 파마크(parr mark)가 뚜렷하게 나타나며 성장하면서 점차 없어진다. 서식지인 강원도 정선군 정암사, 홍천군 명개리, 경상북도 봉화군 대현리 일대의 하천은 천연기념물로 지정되어 있다. 2014년부터 원주 지방환경청 및 관련 기관은 열목어가 사라진 오대산 국립공원 내 개자니골에 증식한 열목어를 방류하는 사업을 벌이고 있다. '멸종위기 야생생물Ⅱ급'으로 지정하여 보호하고 있다.

연어 *Oncorhynchus keta* (Walbaum, 1792)

영문명 : Chum salmon **몸 길이** : 60~80cm

산란시기(월) 1 2 3 4 5 6 7 8 9 10 11 12

형태/색깔 몸은 길며 옆으로 납작하다. 주둥이는 뾰족하다. 기름지느러미는 아주 작다. 바다에서 몸 색깔은 암청색에 가깝고, 하천으로 올라올 때는 거무스름해지며 몸에는 빨간색, 검은색의 줄무늬가 생긴다.

생활 새끼는 바다로 가서 성장하며, 알을 낳기 위해 태어난 강이나 하천으로 돌아온다.

먹이 강에 머물 때는 깔따구와 하루살이 애벌레 등을 먹으며, 바다에서는 요각류와 각종 유생, 물고기의 알, 작은 물고기 등을 먹는다.

분포 강원도 동해안 북부 하천으로 회귀한다. 북태평양과 인접 수계에도 분포한다.

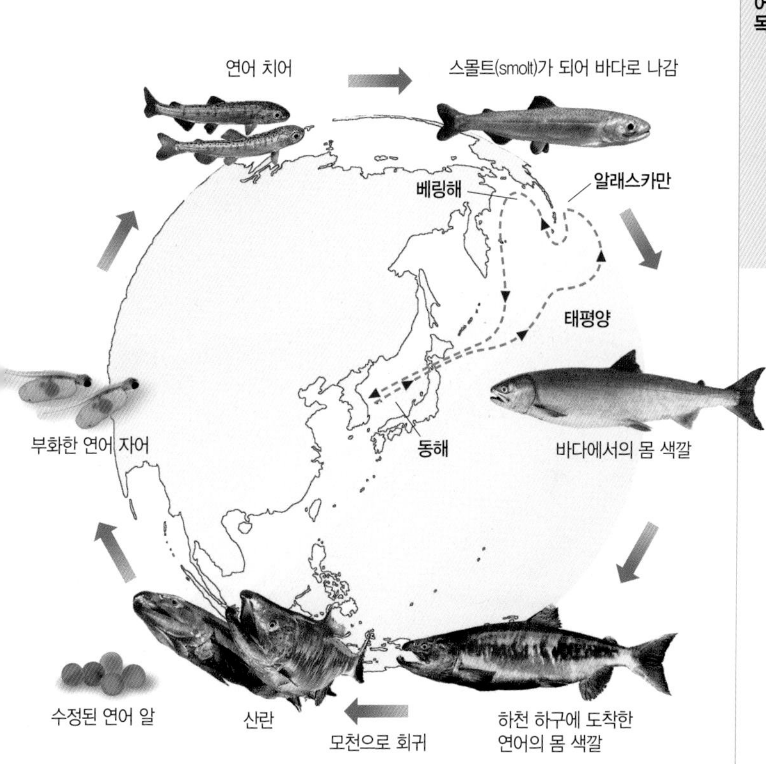

연어의 일생과 회귀도

겨울에 알에서 깨어난 어린 연어는 30~50일간 하천에 머물다 몸 길이가 3.5㎝ 정도로 자라는 3~5월에 무리 지어 연안으로 내려가 생활한다. 몸 길이가 7㎝ 정도로 자라면 더 깊은 바다로 나가 해류를 따라 북태평양으로 이동하여 2~5년 성장한 뒤, 해류를 따라 다시 남쪽으로 회유해 9~11월 태어난 강이나 하천으로 돌아온다. 이때 태양 위치와 지구 자기장을 파악하거나 태어난 하천의 냄새를 기억하여 회귀한다는 두 가지 학설이 있다. 회귀 후 수컷의 턱은 안쪽으로 심하게 휘며, 아무것도 먹지 않고 얕은 곳의 자갈 틈에 알을 낳은 후 암컷은 바로 죽고 수컷도 수일 내에 죽는다. 국가 연구 기관을 중심으로 매년 인공 부화한 어린 연어를 방류하고 있다.

산천어(육봉형) · 송어(강해형) *Oncorhynchus masou masou* (Brevoort, 1856)

영문명 : River salmon, Trout **몸 길이 :** 산천어 20cm, 송어 60cm
방언 : 바다송어

산란시기(월) 1 2 3 4 5 6 7 8 9 10 11 12

형태/색깔 몸은 길며 옆으로 납작하다. 주둥이는 둥글고 입은 크며 위턱이 아래턱보다 약간 길다. 눈은 크며 머리 앞부분에 있다. 기름지느러미는 아주 작고 뒷지느러미가 끝나는 지점에 있다. 육봉형의 등 쪽은 연두색이 섞인 황갈색이고 배 쪽은 은백색이며 몸에는 진한 색깔의 무늬가 있다. 강해형 암컷의 등 쪽은 파란색이고 배 쪽은 은백색이다.

생활 육봉형인 산천어는 물이 차고 맑으며 산소가 풍부한 상류에 산다.

먹이 갑각류와 요각류, 물고기의 알 등을 먹고 산다.

분포 강원도 동해 북부의 일부 하천에 분포하며 일본과 러시아, 알래스카 등에도 분포한다.

송어의 육봉형인 산천어

머리 앞모습

머리 옆모습

치어

어린 송어(강해형, '시마연어'라 부르기도 함)는 1년간 하천에서 살고, 대부분의 암컷은 이듬해 4~5월 몸 색깔이 은빛으로 변해 스몰트(smolt)가 되어 바다로 내려가며, 다음 해 4~6월 태어난 하천으로 올라온다. 번식기인 9~10월에 맞춰 올라오기도 한다. 수컷 대부분은 하천 상류로 올라가 산천어(육봉형)로 살다가 회귀하는 암컷과 만나며, 최상류의 자갈 바닥을 파고 암컷이 알을 낳으면 수정한다. 3년생으로, 육봉형인 산천어는 강해형인 송어에 비해 크기가 작고 어릴 적 몸의 무늬(파마크)를 그대로 유지하고 산다. 고급 식용으로 양식도 활발히 이루어지고 있다.

무지개송어 *Onchorhynchus mykiss* (Walbaum, 1792)

영문명 : Rainbow trout **몸 길이** : 자연산 80~100cm, 양식종 30~50cm

외래종

산란시기(월) 1 2 3 4 5 6 7 8 9 10 11 12

형태/색깔 몸은 길고 유선형이다. 주둥이는 둥글고 입은 크며 위턱과 아래턱의 길이는 거의 같다. 눈은 머리 앞쪽에 있다. 뒷지느러미 끝부분에 기름지느러미가 있다. 옆줄은 뚜렷하다. 몸 색깔은 녹갈색이며 머리 뒤에서 꼬리지느러미 앞까지 주홍색 띠가 있다. 몸통과 가슴지느러미, 배지느러미를 제외한 모든 지느러미에 검은색의 작은 반점이 흩어져 있다.

생활 물이 맑고 찬 하천의 상류에서 산다.

먹이 어리거나 작은 물고기와 수서곤충 등을 먹고 산다.

분포 강원도 평창군 수계에 위치한 양식장에서 이탈한 개체들이 자연 서식하고 있다. 북아메리카와 러시아에 분포한다.

양식장에서 빠져나온 개체들이 자연에 적응하여 산다.

어린 무지개송어. 몸통의 파마크는 다 자라면 없어진다.

무지개송어의 원산지는 북아메리카 서부 태평양 연안과 연안으로 흘러드는 수계다. 우리나라에는 1965년 식용으로 쓰기 위해 수정된 알을 처음 들여왔다. 강원도 평창군 수계에 위치한 한 양어장에서 양식이 시작되었으며 식용으로 인기가 있어 이후 지속적으로 양식이 증가하였다. 이들 양어장에서 이탈한 개체들이 자연환경에 적응하여 서식하고 있다. 육식성으로 작은 물고기나 수서곤충 등을 먹고 사는데 같은 수계에 서식하는 황어아과(科) 어류인 연준모치, 버들치, 금강모치 등을 먹이로 하고 있어 이들 어종의 피해가 큰 것으로 알려져 있다.

홍송어 *Salvelinus leucomaenis leucomaenis* (Pallas, 1814)

영문명 : White spotted char
몸 길이 : 30~70cm
방언 : 바다산천어
북한명 : 산이면수

산란시기(월) 1 2 3 4 5 6 7 8 9 10 11 12 (추정)

형태/색깔 몸은 길고 유선형이다. 주둥이는 둥글고 입은 크며 위턱과 아래턱의 길이는 거의 같다. 눈은 머리 앞쪽에 있다. 뒷지느러미 끝부분에 기름지느러미가 있다. 옆줄은 뚜렷하다. 몸 색깔은 푸른빛이 도는 회색이며 몸통에 흰색의 작은 반점이 흩어져 있다. 등지느러미에 검은색 반점이 있다.

생활 물이 맑고 찬 산간 계류에서 살다가 바다로 가며 산란하러 강을 오른다.

먹이 작은 물고기와 갑각류 등을 먹고 산다.

분포 북한 함경남 · 북도의 동해로 흐르는 강에 분포한다. 일본의 북부, 러시아 사할린 섬을 포함한 러시아 동부, 알래스카를 포함한 북아메리카에 분포한다.

냉수성 북방계 어류로 한반도의 북동부 지역에 분포한다.

머리 앞모습

머리 옆모습

홍송어는 북방계의 냉수성 어종으로 북태평양 최북단과 오츠크해, 베링해 연안과 연안으로 연결된 강이나 하천에 서식한다. 성장한 개체들은 연안에서 생활하며 매년 8월경에 알을 낳으러 강을 오른다. 강 하구보다 더 소상한 지점에서 산란하며, 부화한 새끼가 바다로 진출하는 시기는 4~6월로 이때 새끼들은 작은 물고기와 게류, 작은 갑각류 등을 많이 먹는 것으로 알려졌다. 곤들매기와 혼동하기도 한다. 북한에서는 '산이면수'라 부른다.

바다빙어목

Osmeriformes

빙어 *Hypomesus nipponensis* McAllister, 1963

영문명 : Pond smelt **몸 길이** : 15cm
방언 : 공어

산란시기(월) 1 2 3 4 5 6 7 8 9 10 11 12

형태/색깔 몸은 길며 옆으로 아주 납작하다. 입은 크고 위로 향해 있다. 아래턱이 위턱보다 약간 튀어나왔으며, 입수염은 없다. 눈은 비교적 크다. 뒷지느러미가 끝나는 지점에 기름지느러미가 있다. 옆줄은 배지느러미 앞부분까지만 있다. 비늘은 약해서 벗겨지기 쉽다. 몸 색깔은 녹갈색이고 배 쪽은 은백색이다. 각 지느러미는 투명하다.

생활 연안에 살다가 알을 낳기 위해 봄에 하천으로 올라온다.

먹이 수서곤충, 작은 새우, 요각류 등을 먹는다.

분포 동해 북부에 자연적으로 분포하였으나 전국의 댐호와 저수지 등에 방류되어 살고 있다. 일본과 알래스카에도 분포한다.

여름에 깊은 곳에서 지내다가 겨울에 수면 가까이로 이동한다. 1년생이다.

머리 앞모습

머리 옆모습

얼음 위의 빙어 낚시

빙어는 연안에 살다가 번식기인 2~3월에 알을 낳기 위해 하천이나 강의 얕은 곳으로 올라온다. 저수지나 댐호에 사는 육봉형 빙어는 여름철에는 깊은 곳에서 지내다가 가을이면 수면 가까이로 이동해 살며, 하천이나 강의 얕은 가장자리의 모래나 수초에 알을 낳는다. 1년생으로 알을 낳고 죽는다. 어릴 때는 동물성 플랑크톤 중 물벼룩을 먹으며, 자라면서 깔따구 애벌레, 작은 새우, 요각류 등을 먹는 육식성이다. 1926년 당시 수산진흥원이 함경남도 용흥강에서 빙어 알을 채집하면서부터 주요 저수지에 이식되었다. 지금은 전국의 저수지나 댐호에 살고 있다. 겨울철 얼음낚시 대상 물고기로 잘 알려져 있다.

은어 *Plecoglossus altivelis* (Temminck et Schlegel, 1846)

영문명 : Sweetfish, Sweet smelt **몸 길이 :** 20~30cm
방언 : 은구어

산란시기(월) 1 2 3 4 5 6 7 8 9 10 11 12

형태/색깔 몸은 길며 옆으로 납작하다. 주둥이는 뾰족하고 입은 매우 크다. 위턱 앞부분에는 돌기가 있다. 이빨은 빗살 모양으로 나 있다. 기름지느러미 가운데 지점에서 뒷지느러미가 끝난다. 옆줄은 뚜렷하다. 등 쪽은 회갈색 또는 청갈색이고 배 쪽은 은백색이다.

생활 강과 가까운 연안에서 살다가 봄철에 하천으로 올라와 생활하며, 가을에 알을 낳기 위해 하구로 내려온다.

먹이 연안에서는 동물성 플랑크톤, 하천에서는 부착 조류를 주로 먹는다.

분포 전국의 연안으로 흐르는 하천에 분포한다. 일본과 대만, 중국 일부 지역에 분포한다.

암컷. 어릴 때 바다로 내려가 겨울을 나고 이듬해 봄에 하천의 상류로 올라온다.

머리 앞모습

머리 옆모습

은어의 번식기는 9~10월로, 늦가을에 알에서 깨어난 어린 은어는 바다로 내려가 연안에서 겨울을 난다. 이듬해 3~4월 하천의 상류 쪽으로 올라가 생활하다가 9~10월에 알을 낳기 위해 하천의 하구로 내려온다. 산란을 마치면 암수 모두 죽는다. 보통 $1m^2$ 정도 되는 세력권을 형성하고 텃세를 부린다. 강태공들의 은어 놀림낚시는 이러한 습성을 이용한 것이다. 하천에서는 바위에 붙은 조류를 주로 먹는다. 수박이나 오이 향이 난다 하여 고급 식용으로 많이 쓰인다. 대형 댐호에서는 방류한 은어가 정착해 산다. 최근 수질 오염과 보 등이 설치되어 이동 경로가 막힌 탓에 강과 바다를 오가는 은어 수가 많이 줄었다.

망둑어목

Gobiiformes

동사리 *Odontobutis platycephala* Iwata et Jeon, 1985

영문명 : Korean dark sleeper **몸 길이** : 15~18cm

방언 : 뚝지, 뚜구리 대한민국 고유종

산란시기(월) 1 2 3 4 5 6 7 8 9 10 11 12

형태/색깔 몸은 타원형이며 몸 앞부분은 둥글고 뒷부분은 옆으로 약간 납작하다. 머리는 위아래로 납작하다. 입은 크며 아래턱이 위턱보다 길다. 눈은 작고 머리 윗부분에 있다. 몸 색깔은 황갈색 또는 회갈색이며 배 쪽은 연한 갈색이다. 제1등지느러미 가운데와 제2등지느러미 끝부분, 꼬리지느러미 시작 부분에는 크고 진한 갈색 반점이 있다.

생활 하천 중 · 상류의 돌 밑에 산다.

먹이 수서곤충, 새우류, 작은 물고기를 먹고 산다.

분포 강원도 북부의 동해로 흐르는 하천을 제외한 전국의 하천에 분포한다.

물이 천천히 흐르는 곳의 돌 틈에 산다.

머리 앞모습

머리 옆모습

동사리의 이빨

이빨이 안쪽으로 휘어져 있어 한번 물린 먹이는 절대로 빠져나올 수 없다.

동사리는 물이 천천히 흐르는 하천 중·상류의 돌이나 자갈 밑에 살며, 강과 호수, 연안의 수초 지대에도 산다. 낮에 주로 돌 밑에서 지내다가 어두워지면 먹이 활동을 한다. 번식기는 4~7월로 암컷은 큰 돌 밑의 평평한 부분에 몸을 뒤집은 자세로 알을 낳고 수컷이 방정한다. 수컷은 알자리에서 새끼가 깨어날 때까지 침입하는 다른 물고기로부터 알을 보호한다. 이빨은 입 안쪽을 향해 2줄로 나 있고 날카로워서 먹잇감이 물리면 빠져나올 수 없다. 얼룩동사리와는 몸통 무늬로 구분한다. 대한민국 고유종이다.

얼룩동사리 *Odontobutis interrupta* Iwata et Jeon, 1985

영문명 : Dark sleeper **몸 길이** : 15~20cm

방언 : 뚝지, 뿌구리 대한민국 고유종

산란시기(월) 1 2 3 4 5 6 7 8 9 10 11 12

형태/색깔 몸은 크고 타원형이며 몸 앞부분은 둥글고 뒷부분은 옆으로 약간 납작하다. 머리는 위아래로 납작하다. 입은 크며 입술은 두껍고, 아래턱이 위턱보다 길다. 눈은 작고 머리 윗부분에 있다. 몸 색깔은 흑갈색 또는 회갈색이며 몸 전체에는 크고 작은 반점이 있다.

생활 유속이 느리고 모래와 자갈, 펄이 깔린 하천의 중 · 하류에 산다.

먹이 수서곤충과 새우류, 작은 물고기를 먹고 산다.

분포 영산강 이북의 서해로 흐르는 강과 하천에 분포한다.

돌 밑이나 수초 사이에 은신하고 산다.

머리 앞모습

머리 옆모습

얼룩동사리는 유속이 느리고 모래와 자갈, 펄이 깔린 하천의 중 · 하류와 댐호, 호수의 돌 밑, 연안의 수초 지대에 몸을 숨기고 산다. 번식기는 5~7월로 번식 행동은 동사리와 같으며 수컷은 알자리를 떠나지 않고 수정된 알을 지킨다. 육식성으로 새우류 및 입 크기에 맞는 모든 물고기를 먹는다. 강원도 동해 북부 수계를 제외한 전국의 하천에 사는 동사리와는 달리, 영산강 이북의 서해로 흐르는 강과 하천에만 산다. 몸에 크고 작은 반점이 흩어져 있어 동사리와 구분된다. 대한민국 고유종이다.

남방동사리 *Odontobutis obscura* (Temminck et Schlegel, 1845)

영문명 : Southern dark sleeper
몸 길이 : 10~14cm
방언 : 뚝지
멸종위기 야생생물 I 급

산란시기(월) 1 2 3 4 5 6 7 8 9 10 11 12

형태/색깔 몸통 단면은 둥글고 몸 뒷부분은 옆으로 약간 납작하다. 머리는 위아래로 납작하다. 입은 크며 입술은 두껍고, 아래턱이 위턱보다 길다. 눈은 작고 머리 윗부분에 있다. 몸 색깔은 진한 갈색이다. 제1등지느러미와 제2등지느러미, 꼬리지느러미에 크고 진한 반점이 있다.

생활 물이 천천히 흐르고 모래와 자갈이 깔린 하천의 중 · 상류에 산다.

먹이 수서곤충과 새우류, 작은 물고기를 먹고 산다.

분포 남해의 거제도에 적은 수가 분포한다. 일본의 남서부, 중국 남부에도 분포한다.

남해의 거제도에만 분포한다. 위에서 본 몸통의 무늬는 리본 모양이다.

머리 앞모습

머리 옆모습

남방동사리는 유속이 느리고 모래와 자갈이 있는 하천의 중·상류에 산다. 번식기는 4~7월로 큰 돌 밑의 평평한 부분에 암컷이 몸을 뒤집어 알을 붙이고 수컷이 수정한다. 수컷은 알자리에서 떠나지 않고 새끼가 깨어날 때까지 알을 지킨다. 동사리과(科)의 동사리, 얼룩동사리, 남방동사리 3종은 일반적으로 몸통 무늬로 구분한다. 머리의 감각돌기와 감각관으로 구분하는 방법도 있다. 몸통의 반점은 위에서 보면 리본 모양처럼 보인다. 우리나라에는 분포 지역이 거제도에 국한되어 생태·지리학적으로 매우 중요한 종(種)이다. 1999년 채병수 박사에 의해 거제도에 분포함이 처음 알려졌다. '멸종위기 야생생물 I 급'으로 지정하여 보호하고 있다.

발기 *Perccottus glenii* Dybowski, 1877

영문명 : Chinese sleeper　　**몸 길이** : 25cm

산란시기(월) 1 2 3 4 5 6 7 8 9 10 11 12

형태/색깔 몸은 유선형이다. 머리는 크며 위아래로 약간 납작하고 몸통은 옆으로 약간 납작하다. 아래턱이 위턱보다 길다. 입수염은 없다. 입은 크며 위를 향하고 있다. 눈은 머리 위쪽에 있고 두 눈 사이의 간격은 멀다. 옆줄은 없다. 눈 뒤에 방사형 줄무늬가 2개 있다. 각 지느러미의 둘레는 둥글다. 몸 색깔은 회갈색이고 몸통에 진한 갈색 반점이 흩어져 있다.

생활 유속이 느린 강이나 하천, 습지 등에 산다.

먹이 육식성으로 무척추동물, 작은 물고기, 양서류, 수서곤충 등을 먹고 산다.

분포 북한의 청천강, 두만강 유역에 분포한다. 중국, 러시아, 몽골, 동유럽에도 분포한다.

북한의 청천강, 두만강 유역에 분포한다.

머리 앞모습

머리 옆모습

발기는 북한의 청천강과 두만강 유역에 서식한다. 정수역이나 호수, 연못, 기수역, 습지 등에 서식하며, 수중에 산소가 부족한 환경에서도 잘 적응한다. 물이 얼면 진흙을 파내 구멍을 만들어 그 속에서 생존하는 습성이 있다. 육식성으로 다양한 무척추동물과 양서류, 작은 물고기, 수서곤충 등을 왕성하게 섭식하여 수중 생태계에 위협을 주는 것으로 알려졌다. 산란 후 수컷은 산란장을 지키며 알과 치어를 보호하는 것으로 알려졌다.

좀구굴치 *Micropercops swinhonis* (Günther, 1873)

영문명 : Dwarf sleeper **몸 길이** : 4~5cm

산란시기(월) 1 2 3 4 5 6 7 8 9 10 11 12

형태/색깔 크기가 작고 몸은 옆으로 납작하다. 아래턱이 크고 입은 위로 향해 있다. 눈은 작고 머리 윗부분에 있다. 꼬리지느러미 끝은 둥글다. 몸 색깔은 황갈색이고 등에서 배 아래쪽으로 진한 갈색 무늬가 9~10개 있다.

생활 물이 느리게 흐르거나 정체된 수초가 많은 하천이나 저수지의 가장자리에 산다.

먹이 물벼룩과 요각류, 깔따구 애벌레, 실지렁이 등을 먹고 산다.

분포 경기도, 충청도, 전라도 등 서해로 흐르는 소하천과 하천, 저수지에 산다. 중국에도 분포한다.

물이 느리게 흐르는 소하천이나 웅덩이에 산다. 몸집이 매우 작다.

머리 앞모습

머리 옆모습

알을 밴 좀구굴치 암컷

좀구굴치는 수초가 많고 물이 아주 천천히 흐르는 소하천의 얕은 곳이나 저수지의 가장자리에 산다. 번식기는 4~6월로 수컷은 돌이나 수초 밑을 청소하여 알자리를 만든 후, 암컷을 유인해 알을 낳게 한다. 같은 알자리에 여러 마리의 암컷이 알을 낳으며, 수컷은 알자리에서 수정된 알을 지킨다. 번식기에 수컷의 제1등지느러미가 커지며 몸 색깔은 검은색을 띠고, 뒷지느러미와 꼬리지느러미에 주황색 반점이 나타난다. 몸 길이가 5㎝ 미만인 소형 종(種)으로 물속의 작은 곤충이나 실지렁이를 주로 먹고 산다.

날망둑 *Gymnogobius breunigii* (Steindachner, 1879)

영문명 : Chestnut goby **몸 길이** : 8~9cm

방언 : 날살망둑어, 뚜구리

산란시기(월) 1 2 3 4 5 6 7 8 9 10 11 12

형태/색깔 몸은 길며 몸 앞부분은 둥글고 뒷부분은 옆으로 납작하다. 위턱과 아래턱은 길이가 거의 비슷하다. 눈은 작고 머리 윗부분으로 튀어나왔다. 몸 색깔은 황갈색이고 배 쪽은 노란색이다. 등에서 배 아래쪽으로 노란색의 줄무늬가 있다. 가슴지느러미와 뒷지느러미는 흰색이다.

생활 강 하구와 연안의 모랫바닥에서 산다.

먹이 동물성 플랑크톤과 바닥에 사는 작은 동물을 먹고 산다.

분포 동해로 흐르는 하천, 남해 및 서해로 흐르는 강의 하구에 분포한다. 내륙인 철원의 저수지에서도 산다. 일본과 중국에 분포한다.

강 하구나 기수역에 산다. 주로 물의 중층을 유영한다.

머리 앞모습

머리 옆모습

암컷

날망둑은 연안으로 유입되는 하천 하류의 모래와 작은 자갈, 수초가 있는 곳에 많이 살며 민물과 바다를 오간다. 번식기는 1~4월로 암컷은 작은 돌 밑에 알을 낳고 수컷은 수정된 알을 지킨다. 번식기에 암컷의 등지느러미와 배지느러미, 뒷지느러미는 검은색이 된다. 생김새가 꾹저구와 비슷하지만 머리가 둥글고 등은 굽었으며 제2등지느러미가 길고, 제2등지느러미와 뒷지느러미, 꼬리지느러미 끝에 흰색 띠가 없는 것이 꾹저구와 구분된다. 주로 물의 중층을 유영한다.

꾹저구 *Gymnogobius urotaenia* (Hilgendorf, 1879)

영문명 : Floating goby **몸 길이** : 10cm

방언 : 뚜구리

산란시기(월) 1 2 3 4 5 6 7 8 9 10 11 12

형태/색깔 몸은 길며 몸 앞부분은 둥글고 뒷부분은 옆으로 납작하다. 머리는 위아래로 납작하며 이마는 편평하다. 위턱과 아래턱의 길이는 비슷하다. 눈은 작고 머리 윗부분에 있으며 두 눈의 간격은 멀다. 몸 색깔은 황갈색이고 배 쪽은 노란색이다. 몸에는 갈색 줄무늬가 7~8개 있다. 제2등지느러미와 뒷지느러미, 꼬리지느러미 끝부분은 흰색이다.

생활 강 하구나 중류의 자갈이 깔린 곳에 주로 산다.

먹이 물벼룩과 수서곤충, 실지렁이 등을 먹고 산다.

분포 우리나라 전 연안의 기수역과 연결된 하천의 중 · 하류에 분포한다. 일본과 시베리아에도 분포한다.

하천 하구의 자갈이 많이 깔린 곳에 산다. 이마가 넓고 편평하다.

머리 앞모습

머리 옆모습

치어

꾹저구는 바다와 만나는 강 하구의 자갈이 깔린 곳에 주로 살지만, 강의 중류에서도 살며 대형 호수에서도 발견된다. 번식기는 5~7월로 암컷은 돌 밑에 알을 낳고 수컷은 알자리에서 수정된 알을 지킨다. 같은 속(屬)에 속하는 물고기인 날망둑보다 이마가 넓적하고 눈 사이가 먼 것이 날망둑과 다르다. *Gymnogobius*속에는 꾹저구 외에 검정꾹저구, 무늬꾹저구, 왜꾹저구가 있다. 전국 연안의 기수역에 많이 분포하며 특히 동해로 흐르는 하천에 많이 분포한다.

왜꾹저구 *Gymnogobius macrognathos* (Bleeker, 1860)

영문명 : Bigjaw goby **몸 길이** : 4~5cm

방언 : 밀기망둥어

산란시기(월) 1 2 3 4 5 6 7 8 9 10 11 12 (추정)

형태/색깔 몸은 가늘고 길다. 머리는 위아래로, 몸통은 옆으로 납작하다. 아 래턱은 위턱보다 길고 아래 면은 주름져 있다. 입은 크며 위로 향해 있다. 두 눈 사이의 간격은 멀다. 배지느러미는 서로 붙어 원형이다. 각 지느러미의 바깥 면은 둥글다. 눈은 주홍색이다. 몸 색깔은 연한 갈색이며 배 쪽은 희다. 제1등지 느러미와 제2등지느러미, 꼬리지느러미에 백색의 띠무늬가 있다.

생활 연안 주변의 기수역이나 강 하구에 산다.

먹이 무척추동물이나 수중 식물을 먹고 산다.

분포 금강, 만경강, 동진강의 하구와 섬진강의 하구에 분포한다. 일본과 중 국에도 분포한다.

몸이 작고 눈동자가 빨갛다.

머리 앞모습

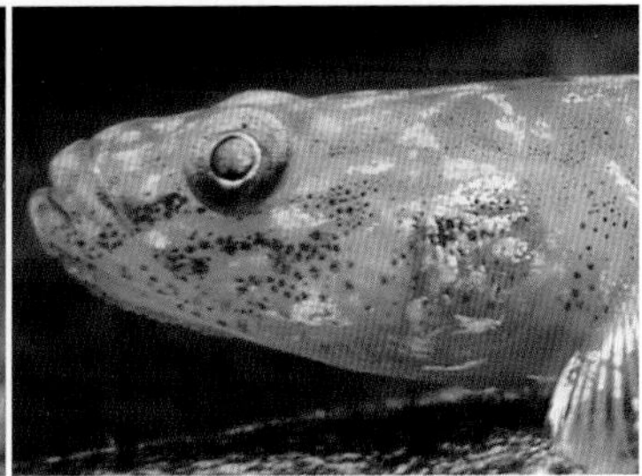
머리 옆모습

왜꾹저구는 성어가 되어도 몸 길이가 5cm를 넘지 않는 소형 종(種)으로 강하구의 진흙이나 펄 바닥에서 살면서 바닥에 사는 무척추동물이나 식물을 먹고 산다. 군산이나 부안 해안으로 흘러드는 강의 하구나 섬진강 하구에 분포한다. 눈동자가 주홍색인 것이 특징이다.

흰발망둑 *Acanthogobius lactipes* (Hilgendorf, 1879)

영문명 : White limbed goby **몸 길이** : 10cm
방언 : 흰발망둥어

산란시기(월) 1 2 3 4 5 6 7 8 9 10 11 12

형태/색깔 몸은 길고 원통형이며 뒤쪽은 옆으로 약간 납작하다. 위턱과 아래턱의 길이는 거의 같다. 입은 크고 위로 향해 있다. 눈은 머리 위쪽에 있다. 산란기에 수컷의 제1등지느러미 가시는 길어지고, 등지느러미와 뒷지느러미는 확장된다. 몸 색깔은 황색이고 몸통에는 작은 반점과 11~13개의 옅은 노란색 줄무늬가 있다. 꼬리지느러미 아래에 빗살 형태의 무늬가 있다.

생활 하천의 중 · 하류와 강 하구의 모래나 갯벌의 웅덩이에 산다.

먹이 작은 갑각류나 갯지렁이 등의 다모류를 먹고 산다.

분포 전국 연안의 기수역, 연안과 연결된 하천의 중 · 하류에 분포한다. 일본과 중국, 러시아의 연해주에도 분포한다.

바닷물이나 민물 양쪽에 산다.

머리 앞모습

머리 옆모습

흰발망둑은 다른 망둑어과(科) 어류에 비해 제2등지느러미와 뒷지느러미의 폭이 넓은 편에 속한다. 특히 산란기에 수컷의 제2등지느러미와 뒷지느러미는 더욱 확장되어 꼬리지느러미 기부를 넘어서고 제1등지느러미의 가시는 나뭇가지처럼 뾰족하게 길어진다. 염분의 농도 변화에 잘 적응하는 탓에 바닷물이나 민물 양쪽에서 서식한다. 산란은 민물에서 하며 새끼는 부화 후 바다로 간다.

풀망둑 *Synechogobius hasta* (Temminck et Schlegel, 1845)

영문명 : Javelin goby **몸 길이** : 50cm
방언 : 큰망둥어

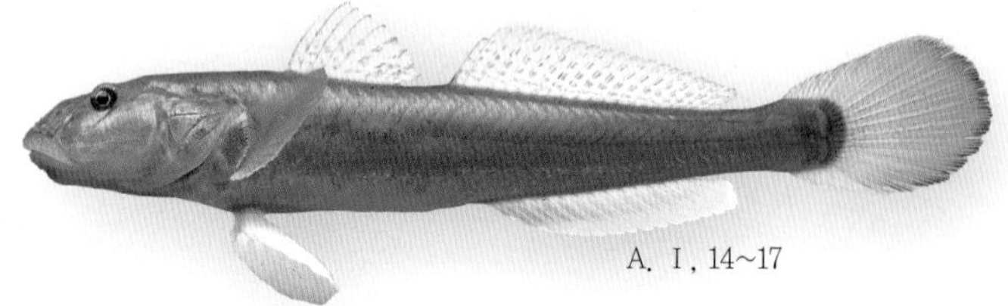

산란시기(월) 1 2 3 4 5 6 7 8 9 10 11 12

형태/색깔 몸은 길고 원통형이며 뒤쪽은 옆으로 납작하다. 위턱이 아래턱보다 길다. 입은 크고 아래쪽으로 열린다. 눈은 머리 위쪽에 있고 두 눈 사이의 간격은 벌어져 있다. 입의 양쪽 끝에 입수염 같은 돌기가 있다. 제1등지느러미는 삼각형이다. 몸 색깔은 옅은 황갈색이고 어린 개체는 몸통에 짙은 갈색의 반점이 10~12개 있다.

생활 강 하구나 연안의 기수역 바닥에서 산다.

먹이 작은 물고기와 갑각류, 갯지렁이 등을 먹고 산다.

분포 우리나라 서해와 남해, 동해 남부에 분포한다. 일본, 중국, 대만, 인도네시아 등지에도 분포한다.

망둑어과 어류 중 크기가 가장 크다.

머리 앞모습

머리 옆모습

풀망둑은 몸 길이가 최대 50cm에 달해 망둑어과(科) 어류 중 가장 큰 종류로 꼽힌다. 연안의 기수역이나 강 하구의 바닥에서 생활하면서 먹이 활동이 활발하고 탐식성이 강한 까닭에 미끼를 잘 무는 낚시 대상 어종으로 잘 알려져 있으며 산지 주변에서는 탕, 구이 등의 식재료로 이용하기도 한다. 성장하면서 몸이 길어지고 어릴 때 발생했던 몸통의 짙은 갈색 반점은 점차 희미해진다. 산란기는 4~5월이며 산란을 마치면 대부분 죽는다.

갈문망둑 *Rhinogobius giurinus* (Rutter, 1897)

영문명 : Paradise goby **몸 길이 :** 7~9cm
방언 : 경기매지

산란시기(월) 1 2 3 4 5 6 7 8 9 10 11 12

형태/색깔 몸 앞부분은 둥글고 뒷부분은 옆으로 납작하다. 머리는 위아래로 납작하다. 입술은 두껍다. 눈은 머리 윗부분에 있다. 몸 색깔은 연한 갈색이고 몸에는 진한 갈색 반점이 있다. 뺨에는 사선으로 된 줄무늬가 4~5개 있다. 아가미 뒤의 위쪽으로 눈동자 크기의 검은색 반점이 있다.

생활 물이 천천히 흐르고 바닥에 자갈이 깔린 하천 하류나 기수역, 또는 호수나 저수지에서 산다.

먹이 수서곤충이나 부착 조류, 작은 동물을 먹고 산다.

분포 우리나라 전역의 하천 하류와 저수지, 제주도의 천지연 폭포에 분포한다. 중국과 일본에도 분포한다.

염분 농도가 낮은 기수역에서 유속이 약한 곳이나 저수지 등의 얕은 곳에 산다.

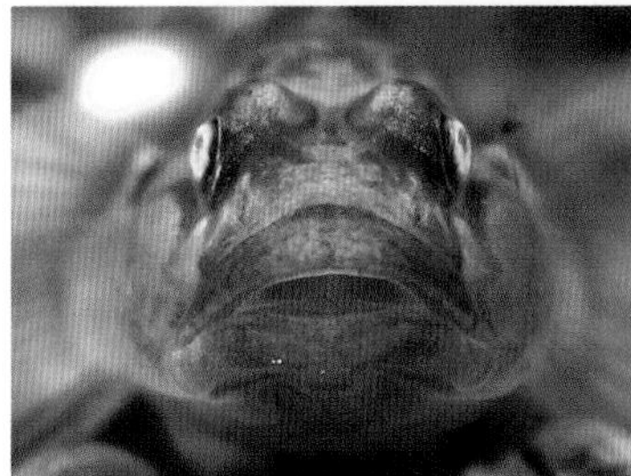

머리 앞모습

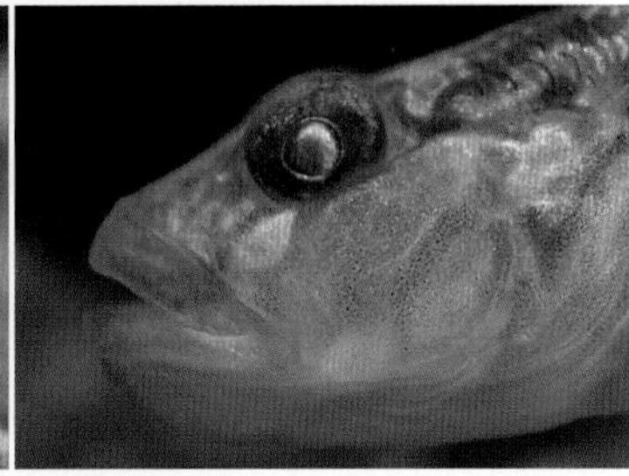

머리 옆모습

치어

갈문망둑은 바닥에 자갈이 깔린 하천 하류나 염분 농도가 비교적 낮은 기수역, 호수, 저수지에서 살며, 물이 탁한 곳에서도 산다. 번식기는 7~9월로 암컷은 돌 밑에 알을 낳으며 수컷은 수정된 알을 지킨다. 번식기에 수컷의 몸은 화려한 색깔을 띤다. 생김새가 밀어와 많이 비슷하지만 뺨에 사선으로 된 줄무늬가 4~5개 있어 밀어와 구분된다. 밀어는 유속이 빠른 여울에서 이동할 때 빨판을 이용해 돌에 몸을 고정하였다가 도약한다. 상대적으로 빨판의 흡착력이 약한 갈문망둑은 물살이 약한 곳이나 정체된 곳에서 생활한다. 우리나라 전역에 살며 제주도 천지연 폭포 아래에도 산다.

밀어 *Rhinogobius brunneus* (Temminck et Schlegel, 1845)

영문명 : Common freshwater goby **몸 길이** : 6~8cm

방언 : 통거니

산란시기(월) 1 2 3 4 5 6 7 8 9 10 11 12

형태/색깔 몸은 원통형이고 몸 뒷부분은 옆으로 납작하다. 머리는 위아래로 납작하다. 눈은 머리 윗부분에 있다. 배지느러미 빨판은 원형이다. 몸 색깔은 푸른빛이 나는 연한 갈색이고 몸에는 진한 갈색 반점이 6~7개 있다. 주둥이와 눈 사이에 V자 모양의 줄무늬가 있다.

생활 하천의 중 · 하류에 고르게 퍼져 살며 여울에서도 산다.

먹이 수서곤충과 부착 조류, 물벼룩, 작은 동물을 먹고 산다.

분포 울릉도와 제주도를 포함한 전국 모든 수역에 분포한다. 중국과 일본, 러시아 등에도 분포한다.

하천 중류 여울의 돌 틈을 옮겨 다니며 산다. 머리 앞쪽에 V자 모양 무늬가 있다.

머리 앞모습

머리 옆모습

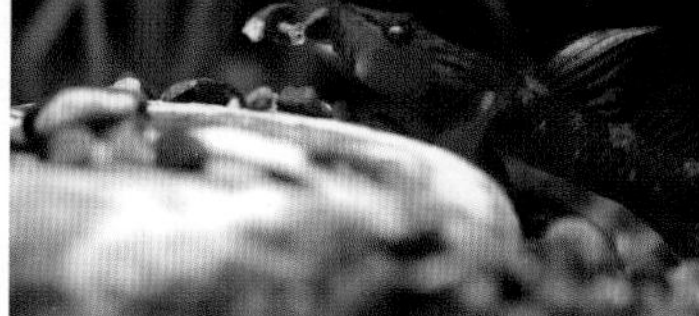

모래를 파내는 모습

배지느러미 빨판

밀어는 하천의 중류와 중류의 여울, 하류까지 고루 퍼져서 산다. 번식기는 5~7월로 번식기에 수컷들은 작은 돌을 두고 다툼을 벌인다. 돌을 차지한 수컷이 돌 밑에 있는 모래를 입으로 물어 내서 공간을 만들면 암컷이 다가와 돌 밑에 알을 낳는다. 알을 밴 암컷의 복부는 노랗다. 수컷은 새끼가 깨어날 때까지 알자리를 지킨다. 우리나라의 밀어는 몸 색깔과 무늬에 따라 3가지 타입으로 구분한다. 뺨에 무늬가 없는 것은 A타입(밀어), 뺨에 구불구불한 줄무늬가 있는 것은 B타입(줄밀어), 그리고 몸통과 뺨에 파란 형광색 무늬가 있는 것이 C타입(점밀어)이다. 일본에서는 8가지, 대만에서는 3가지 타입으로 구분한다.

민물두줄망둑 *Tridentiger bifasciatus* Steindachner, 1881

영문명 : Shimofuri goby **몸 길이** : 10cm

방언 : 줄무늬매지

산란시기(월) 1 2 3 4 5 6 7 8 9 10 11 12

형태/색깔 몸통은 둥글고 머리는 위아래로, 몸 뒷부분은 옆으로 약간 납작하다. 주둥이는 뭉툭하며 위턱이 아래턱보다 약간 길다. 눈은 작고 머리 윗부분에 있다. 몸 색깔은 연한 갈색이고 등과 몸 가운데에 진한 갈색 줄무늬가 나란히 있다. 제2등지느러미와 뒷지느러미 가장자리에 노란색 띠가 있다.

생활 조간대 바위틈, 개펄 웅덩이, 강 하구의 기수역과 담수역에 고루 산다.

먹이 소형 갑각류와 갯지렁이 등을 먹고 산다.

분포 전국 강 하구의 기수역과 담수역에 분포한다. 중국과 일본 전역에도 분포한다.

조간대와 강 하구의 기수역과 담수역을 오가며 산다.

머리 앞모습

머리 옆모습

2개의 줄무늬가 나타났다가 없어지기도 하고, 희미한 것들도 있다.

민물두줄망둑은 조간대와 강 하구의 기수역, 담수역을 오가며 산다. 번식기는 4~8월로 암컷이 돌 밑에 알을 낳으면 수컷은 알을 돌본다. 번식기에 수컷의 몸 색깔은 검은색으로 변하며, 주둥이와 아가미 덮개가 불룩해진다. 다른 수컷이 다가오면 입을 벌리고 공격해 쫓아내지만 암컷이 나타나면 꼬리지느러미를 좌우로 흔들면서 맞아들인다. 몸에 긴 줄무늬가 2개 있어 '민물두줄망둑'이라고 한다. 줄무늬는 나타났다가 없어지기도 하고 줄무늬가 희미한 것들도 있다. 아가미 덮개 위에는 파란색 점이 있다. 바닷물에서만 사는 두줄망둑과 다르게 민물에 잘 적응하는 종(種)이다.

검정망둑 *Tridentiger obscurus* (Temminck et Schlegel, 1845)

영문명 : Dusky tripletooth goby **몸 길이** : 8~10cm
방언 : 매지, 뚝지

산란시기(월) 1 2 3 4 5 6 7 8 9 10 11 12

형태/색깔 몸은 길며 머리는 크고 꼬리 쪽은 옆으로 약간 납작하다. 주둥이는 뭉툭하며 입술은 두껍다. 위턱과 아래턱은 길이가 같다. 제1등지느러미 2, 3번 기조가 길어서 뒤로 접힐 때는 제2등지느러미 중간에 닿는다. 몸 색깔은 암갈색이며 머리에는 푸른색 반점이 있다. 가슴지느러미 시작 부분에는 황색 띠가 있다.

생활 하천이나 강 하구의 바위와 돌, 방파제 등에 산다.

먹이 조류나 작은 물고기, 무척추동물 등을 먹고 산다.

분포 전국의 강 하구나 해안에 분포한다. 중국과 일본에도 분포한다.

강 하구의 돌이나 바위, 구조물 틈에 은신하고 산다.

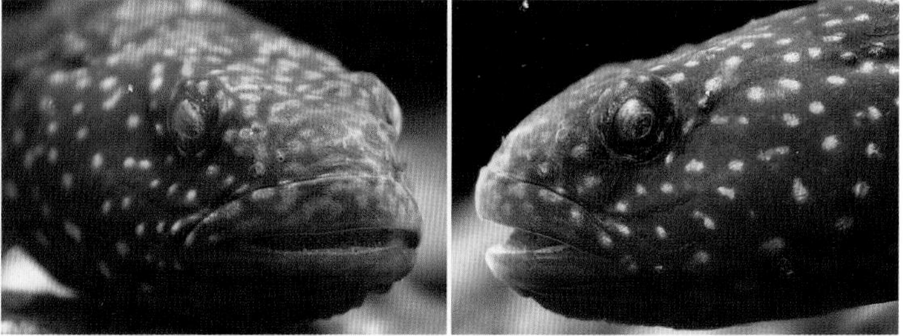

머리 앞모습

머리 옆모습(뺨의 반점이 고르다)

제1등지느러미의 3번 기조는 뒤로 접힐 경우 제2등지느러미 중간에 닿는다.

검정망둑은 강 하구나 하구에 연결된 하천 하류의 돌, 바위, 구조물 틈에 은신하고 산다. 자기 영역 주변을 텃세하기도 한다. 번식기는 5~9월로 수컷이 돌 밑을 차지하고 몸을 흔들어 구애하면 암컷이 다가와 알을 낳는다. 수컷은 구애할 때 소리를 내기도 하며 몸 색깔은 검은색으로 변한다. 염분의 영향을 받는 하구 쪽에 살며, 그렇지 않은 위쪽에는 민물검정망둑이 산다. 제1등지느러미 길이는 민물검정망둑보다 긴데, 특히 2, 3번 기조가 길며, 번식기에 수컷의 등지느러미 기조가 더 길어진다. 세력권에 침입하는 다른 물고기들을 쫓아내는 습성이 있다. 수조 안에서는 쉬지 않고 다른 물고기들을 공격한다.

민물검정망둑 *Tridentiger brevispinis* Katsuyama, Arai et Nakamura, 1972

영문명 : Trident goby **몸 길이** : 10~15cm

방언 : 먹뚜구리

산란시기(월) 1 2 3 4 5 6 7 8 9 10 11 12

형태/색깔 몸 앞부분은 둥글며 뒷부분은 옆으로 약간 납작하다. 주둥이는 뭉툭하고 머리는 검정망둑보다 약간 작다. 뺨은 불룩하며 위턱과 아래턱은 길이가 같다. 제1등지느러미가 뒤로 접힐 때는 제2등지느러미 시작 부분에 닿는다. 몸 색깔은 자줏빛을 띤 암갈색이다. 머리에는 푸른색 반점이 있다. 가슴지느러미 시작 부분에는 황색 띠가 있다.

생활 하천이나 강 중·하류의 자갈이나 돌이 깔린 곳과 저수지, 대형 댐호에 산다.

먹이 부착 조류나 수서곤충, 작은 물고기 등을 먹고 산다.

분포 전국의 하천 중·하류에 널리 분포한다. 일본에도 분포한다.

하천 중 · 하류의 자갈이나 돌이 깔린 곳에 산다. 내륙의 하천이나 저수지에도 산다.

머리 앞모습 머리 옆모습

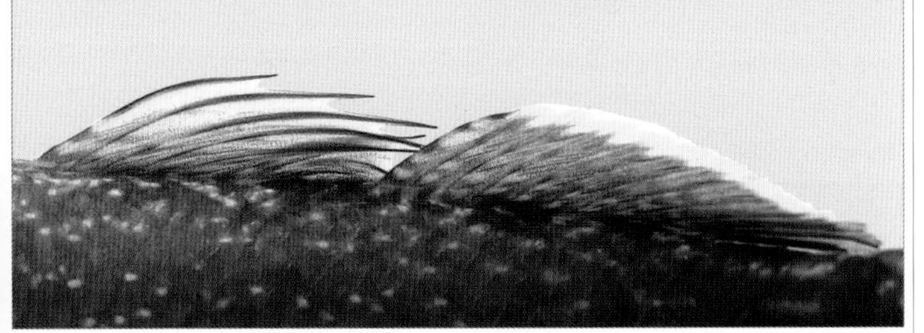

제1등지느러미는 뒤로 접힐 경우 제2등지느러미 시작 부분에 닿는다.

민물검정망둑은 염분의 영향이 미치지 않는 하천 중 · 하류의 자갈과 돌이 많이 깔린 곳에 산다. 번식기는 5~7월로 돌 밑에 알을 붙인다. 번식기에 수컷의 몸 색깔은 검은색으로 변하며 새끼가 깨어날 때까지 알자리를 지킨다. 검정망둑과 달리 염분이 없는 순 담수에서만 살며, 하천 중 · 하류는 물론 내륙의 큰 하천이나 댐호(소양호, 대천호, 팔당호 등), 저수지에 산다. 제1등지느러미는 검정망둑과 형태적 차이를 보이는데, 몸 길이가 검정망둑에 비해 짧다.

모치망둑 *Mugilogobius abei* (Jordan et Snyder, 1901)

영문명 : Estuarine goby **몸 길이** : 5cm

산란시기(월) 1 2 3 4 5 6 7 8 9 10 11 12

형태/색깔 몸은 길지 않고 앞쪽은 원통형이며 뒤쪽은 옆으로 납작하다. 위턱과 아래턱의 길이는 거의 같다. 머리는 크고 주둥이는 둥글다. 콧구멍은 원통형이다. 눈은 머리 위쪽에 있고 두 눈 사이의 간격은 벌어져 있다. 제1등지느러미의 가시는 위로 길게 솟아 있다. 몸 색깔은 옅은 갈색이다. 몸통의 앞쪽과 등에는 줄무늬가 엇갈리게 있고 뒤쪽은 수평을 이루는 줄무늬가 2개 있다.

생활 강 하구 연안, 기수역의 모래나 개펄 바닥에서 산다.

먹이 작은 저서생물을 먹고 산다.

분포 우리나라 서해와 남해 연안과 기수역에 분포한다. 일본, 중국, 대만에도 분포한다.

산란기에 제1등지느러미 가시가 길어진다.

머리 앞모습

머리 옆모습

모치망둑은 망둑어과(科) 어류 중 왜꾹저구, 제주모치망둑 등과 함께 크기가 가장 작은 어류로 꼽히며 최대 길이는 5cm를 넘지 않는다. 산란기에 제1등지느러미 가시는 길어진다. 제1등지느러미와 제2등지느러미 둘레에 형광 빛의 녹색 띠가 있다. 개펄의 게 구멍이나 돌 밑에 서식한다. 산란기에는 산란장을 중심으로 세력권을 형성하고 수컷은 암컷에게 구애 행동을 하며 산란 후 수컷은 산란장 주변에 남아 알을 보호하는 것으로 알려졌다.

짱뚱어 *Boleophthalmus pectinirostris* (Linnaeus, 1758)

영문명 : Blue spotted mud hopper **몸 길이 :** 15~20cm
방언 : 짱뚱이

산란시기(월) 1 2 3 4 5 6 7 8 9 10 11 12

형태/색깔 몸은 길며 몸 뒷부분은 옆으로 납작하다. 머리는 높다. 눈은 머리 위로 돌출되어 있다. 위턱과 아래턱은 길이가 거의 같다. 가슴지느러미는 육질과 단단한 기조막으로 형성되어 있다. 제1등지느러미는 크고 부채 모양이다. 몸 색깔은 회청색이며 배 쪽은 색깔이 연하다. 몸과 등지느러미, 뒷지느러미, 꼬리지느러미에 파란색 점이 흩어져 있다.

생활 강 하구나 연안의 개펄에 구멍을 파고 산다.

먹이 개펄 표면의 동물성 플랑크톤과 부착 조류 등을 먹고 산다.

분포 서해와 남해로 흐르는 하천 하구와 연안, 연안 일대의 섬에 분포한다. 일본과 중국, 대만, 미얀마 등에 분포한다.

개펄에 구멍을 파고 산다. 지느러미를 활짝 펴 다른 짱뚱어를 위협하고 있다.

머리 앞모습

머리 옆모습

개펄의 짱뚱어 무리

짱뚱어는 강 하구나 연안의 개펄에서 산다. 밀물 때는 개펄의 구멍 안에 있다가 썰물 때는 구멍에서 나와 활동한다. 입 앞부분의 날카로운 송곳니로 개펄을 좌우로 훑어 조류를 뜯어 먹거나 동물성 플랑크톤을 걸러 먹는다. 아가미가 진흙으로 막히면 물을 들이켜서 씻어 낸다. 번식기는 5~8월로 개펄 구멍 안에 알을 낳고 수컷은 수정된 알을 지킨다. 수컷은 암컷에게 구애하려고 높이 점프를 한다. 활동 중에 몸이 마르면 고인 물에 몸을 굴려 고루 적시고, 다른 놈을 만나면 입을 크게 벌려 물어뜯거나 모든 지느러미를 활짝 펴서 위협한다. 우리나라 서해 남부와 남해 서부 연안, 섬 지방에 분포한다. 전라북도 해안의 대규모 간척 사업으로 이 일대의 짱뚱어가 사라졌다.

남방짱뚱어 *Scartelaos gigas* Chu et Wu, 1963

영문명 : Gigas goby **몸 길이** : 20cm

산란시기(월) 1 2 3 4 5 6 7 8 9 10 11 12

형태/색깔 몸은 길고 원통형이며 뒤쪽은 옆으로 납작하다. 위턱이 아래턱보다 약간 길다. 입은 크고 아래쪽으로 열린다. 눈은 머리 위쪽에 있고 두 눈 사이의 간격은 좁다. 콧구멍은 원통형이다. 제1등지느러미는 좁고 길다. 몸 색깔은 회청색이고 검은색의 매우 작은 반점이 흩어져 있다. 뺨과 아가미, 가슴지느러미 시작 부분에 흰색 줄무늬가 있다. 제1등지느러미 좌우는 검은색이다.

생활 연안의 개펄 바닥에서 산다.

먹이 개펄 표면의 동물성 플랑크톤과 부착 조류 등을 먹고 산다.

분포 서해와 남해로 흐르는 강 하구와 연안, 연안 일대의 섬에 분포한다. 중국에도 분포한다.

짱뚱어와 같이 산다.

머리 앞모습

머리 옆모습

남방짱뚱어는 강 하구나 연안의 개펄 바닥에서 살며 짱뚱어와 공존한다. 짱뚱어에 비해 서식 밀도는 그리 높지 않다. 썰물 기간에 개펄에서 활발히 활동하며 밀물 때에는 개펄의 구멍 안으로 은신한다. 입은 짱뚱어처럼 개펄을 용이하게 훑을 수 있는 구조로 되어 있으며 이들이 개펄을 훑고 지나간 자리에는 빗살 모양의 이빨 자국이 남는다. 기온이 10℃ 이하로 하강하는 가을부터 기온이 상승하는 이듬해 초여름까지 개펄의 구멍 안에서 생활한다. 뒷지느러미는 개펄을 잘 기어 다닐 수 있도록 길이가 매우 짧게 형성되었다. 짱뚱어와 매우 비슷하지만 제1등지느러미의 모양과 뺨과 아가미 등에 있는 흰색 줄무늬로 구분할 수 있다.

말뚝망둥어 *Periophthalmus modestus* Cantor, 1842

영문명 : Dusky mudskipper, Shuttles hoppfish **몸 길이 :** 10cm
방언 : 짱둥이, 갯망둑

산란시기(월) 1 2 3 4 5 6 7 8 9 10 11 12

형태/색깔 몸은 길며 몸 뒷부분은 옆으로 약간 납작하다. 눈은 머리 위쪽에 있다. 위턱이 아래턱보다 길다. 가슴지느러미 앞부분은 육질로, 바깥 부분은 기조막으로 형성되어 있다. 몸은 진한 갈색이며 배 쪽은 색깔이 연하다. 뺨에는 흰색, 몸에는 검은색 반점이 흩어져 있다. 등에는 커다란 반점이 5~6개 있다.

생활 강 하구나 연안의 개펄에 구멍을 파고 살며, 썰물 때는 개펄 위를 기어 다니며 활동한다.

먹이 소형 갑각류나 개펄 표면의 규조류, 곤충 등을 먹고 산다.

분포 서해와 남해로 흐르는 하천 하구와 연안에 분포한다. 일본과 중국, 오스트레일리아, 인도, 홍해에 분포한다.

개펄에 구멍을 파고 산다. 높은 곳에 올라가기도 한다.

머리 앞모습

머리 옆모습

말뚝망둥어의 개펄 활동

말뚝망둥어는 강의 하구나 내만(內灣), 연안 개펄에 구멍을 파고 산다. 가슴지느러미와 꼬리지느러미를 이용해 이동하고 높은 곳을 오르기도 한다. 번식기는 6~7월로 개펄 구멍에 알을 낳으며 수컷은 수정된 알을 지킨다. 개펄에 물이 차오르거나 기온이 낮은 동절기에는 구멍 안에서 지낸다. 활동 중에 피부가 건조해지면 고인 물에 몸을 굴려 적신다. 짱뚱어가 돌말 등의 조류를 뜯어 먹는 반면, 말뚝망둥어는 소형 갑각류나 곤충을 주로 먹는다. 짱뚱어나 큰볏말뚝망둥어보다 몸집이 작고, 제1등지느러미도 작다. 주로 서해로 흐르는 강의 하구와 연안에 많이 산다.

큰볏말뚝망둥어 *Periophthalmus magnuspinnatus* Lee, Choi et Ryu, 1995

영문명 : Large fin mudskipper
몸 길이 : 8~10cm
방언 : 짱뚱이
대한민국 고유종

산란시기(월) 1 2 3 4 5 6 7 8 9 10 11 12

형태/색깔 몸은 길며 몸 뒷부분은 옆으로 약간 납작하다. 머리는 높고 눈은 머리 위로 돌출되어 있다. 위턱이 아래턱보다 길다. 가슴지느러미 앞부분은 육질로, 바깥 부분은 기조막으로 형성되어 있다. 제1등지느러미가 말뚝망둥어보다 크다. 몸 색깔은 흑갈색이고 배 쪽은 색깔이 연하다. 뺨에는 흰색 작은 반점이, 몸에는 검은색 작은 반점이 흩어져 있다.

생활 강 하구나 연안의 개펄에 구멍을 파고 살며, 개펄 위를 기어 다니며 활동한다.

먹이 갑각류나 곤충, 다모류 등의 동물성 먹이를 먹고 산다.

분포 서해와 남해로 흐르는 하천 하구와 연안에 분포한다.

개펄에 구멍을 파고 산다. 말뚝망둥어와 같이 산다.

머리 앞모습

머리 옆모습

가슴지느러미(물 밖)

가슴지느러미(물속)

큰볏말뚝망둥어는 짱뚱어나 말뚝망둥어처럼 개펄에 구멍을 파고 생활한다. 가슴지느러미와 꼬리지느러미를 이용해 이동하며 뛰어오르기도 하고 높은 곳을 오르기도 한다. 만조 때는 물가로 나오기도 한다. 번식기는 5~8월로 개펄 구멍에 알을 낳으며 수컷은 수정된 알을 지킨다. 겨울에는 구멍 안에서 지낸다. 말뚝망둥어에 비해 몸집이 크고 제1등지느러미가 크다. 짱뚱어, 말뚝망둥어와 함께 물 밖에서도 생존하는 수륙양서어(水陸兩棲魚)이다. 말뚝망둥어와 같이 살지만 서식처가 약간 분리된다. 대한민국 고유종이다.

미끈망둑 *Luciogobius guttatus* Gill, 1859

영문명 : Flat head goby **몸 길이** : 8cm
방언 : 미끈망둥어, 막대망둥어

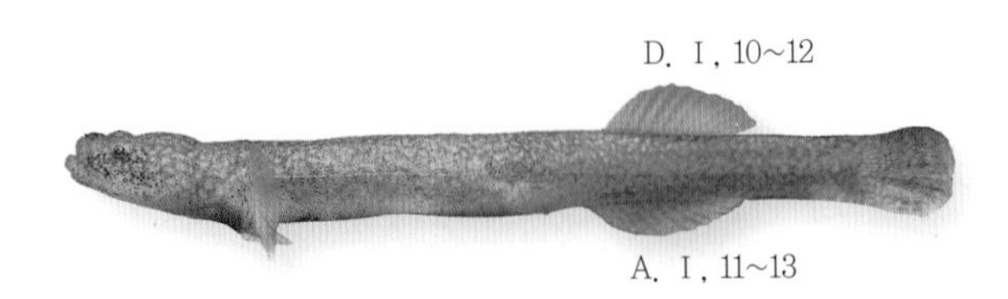

산란시기(월) 1 2 3 4 5 6 7 8 9 10 11 12

형태/색깔 몸은 가늘고 길다. 머리는 위아래로 납작하며 몸통은 원통형이고 뒤로 갈수록 옆으로 납작하다. 머리 위는 평평하다. 주둥이는 둥글고 콧구멍은 원통형이다. 입은 크며 전방을 향해 있다. 눈은 머리의 위쪽에 있으며 두 눈 사이의 간격은 멀다. 등지느러미는 1개이며 뒷지느러미와 함께 몸통의 뒤쪽에 있다. 몸 색깔은 황갈색이며 검은색의 매우 작은 반점이 눈동자 크기의 원형을 남기며 밀집되어 있다.

생활 연안으로 연결되는 하천 하류나 기수역에 산다.

먹이 아주 작은 무척추동물을 먹고 산다.

분포 전국 연안에 분포하며 중국과 일본에도 분포한다.

기수역의 돌과 자갈이 있는 곳에 산다.

머리 앞모습

머리 옆모습

미끈망둑은 연안으로 연결되는 하천 하류와 큰 강 하구, 기수역의 돌과 자갈이 있는 곳에서 산다. 산란기에는 수컷의 뺨이 옆으로 팽창하여 머리는 더욱 납작하게 보인다. 돌이나 자갈 밑면에 산란하고 암컷이 알을 낳고 산란장을 떠나면 수컷이 남아 알을 보호한다. 비늘이 없어 피부가 미끈거린다.

사백어 *Leucopsarion petersi* Hilgendorf, 1880

영문명 : Ice goby **몸 길이 :** 4~5cm

방언 : 뱅아리

산란시기(월) 1 2 3 4 5 6 7 8 9 10 11 12

형태/색깔 몸은 가늘고 길며 머리는 위아래로 납작하고 몸통은 옆으로 납작하다. 아래턱은 위턱보다 길다. 주둥이는 뭉툭하다. 눈은 비교적 크며 머리 위쪽에 있다. 내장 기관이 육안으로 보일 정도로 몸이 투명하다. 등지느러미는 1개이고 뒷지느러미보다 뒤쪽에 위치한다. 꼬리지느러미 뒷면은 안쪽으로 약간 파였다.

생활 연안의 해초 지역에서 살다가 산란기에 하천으로 소상한다.

먹이 동물성 플랑크톤이나 작은 갑각류를 먹는다.

분포 동해 남부 및 남해 연안과 하천 하구에 분포한다. 중국과 일본에도 분포한다.

몸이 투명해 골격과 내장 기관이 보인다.

머리 앞모습

머리 옆모습

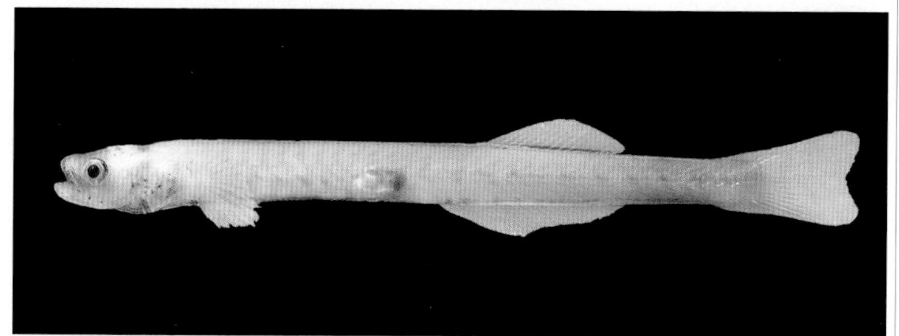

죽은 뒤의 사백어

사백어는 파도의 영향이 적은 연안의 거머리말 등 해초가 무성한 지역에서 산다. 산란기인 3~4월에 깨끗한 물이 흐르는 하천으로 무리 지어 올라와 돌 밑에 알을 낳는다. 산란을 마치면 암컷은 죽고 수컷은 알이 부화할 때까지 지키다 죽는다. 부화한 새끼는 바다로 간다. 살아 있을 땐 골격과 부레 등의 내장 기관이 육안으로 보일 정도로 몸이 투명하나 죽으면 흰색으로 변하여 불투명해진다. '사백어'로 이름 지어진 이유이기도 하다. 산지에서는 산란하러 하천으로 소상하는 사백어를 잡아 식재료로 이용한다.

개소겡 *Odontamblyopus lacepedii* (Temminck et Schlegel, 1845)

영문명 : Green eel goby **몸 길이** : 35cm

방언 : 수수뱀, 대갱이

지느러미가 연결되어 있다

D. Ⅵ, 44~55

A. 36~45

산란시기(월) 1 2 3 4 5 6 7 8 9 10 11 12

형태/색깔 몸은 가늘고 길다. 머리는 원통형이며 가슴지느러미 뒤쪽은 옆으로 납작하다. 아래턱은 위턱보다 돌출되어 있다. 머리는 작고 주둥이는 둥글며 입은 크다. 이빨은 전방으로 돌출되어 있다. 눈은 머리 위쪽에 있으며 크기는 매우 작다. 제1등지느러미와 제2등지느러미, 배지느러미와 뒷지느러미는 서로 융합되어 꼬리지느러미에 연결된다. 몸 색깔은 적갈색이다.

생활 연안의 개펄이나 조수 웅덩이에 구멍을 파고 산다.

먹이 작은 물고기나 조개류, 요각류를 먹는다.

분포 우리나라 서해와 남해의 연안과 강 하구에 분포하며 중국, 일본, 인도 등지에도 분포한다.

개펄에 구멍을 파고 산다.

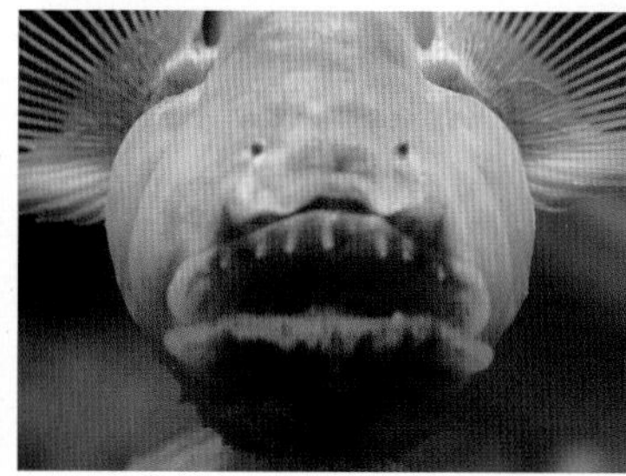
머리 앞모습

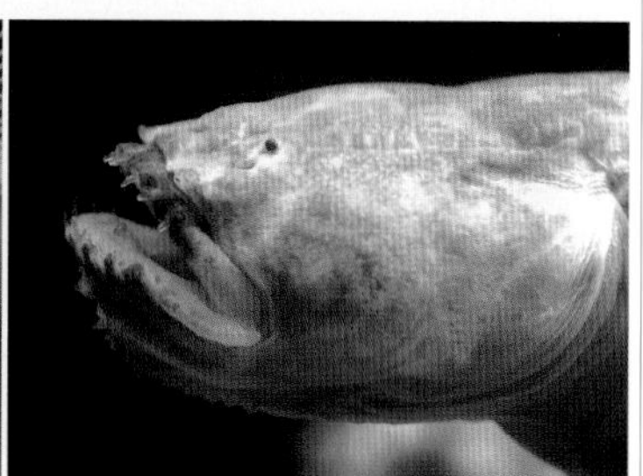
머리 옆모습

개소겡은 몸이 길고 가늘어 뱀이나 뱀장어로 오인하기도 한다. 머리 부분의 형태는 다소 험상궂어 보인다. 연안과 강 하구, 조수 웅덩이에 살며 개펄에 구경이 좁은 입구가 여러 개로 연결된 구멍을 파고 산다. 제1등지느러미와 제2등지느러미 그리고 배지느러미와 뒷지느러미는 서로 하나로 융합되었으며 각각 꼬리지느러미에 연결된다. 가슴지느러미는 시작 부분에만 기조막이 있고 바깥쪽은 기조로만 형성되어 있다. 산지에서는 '대갱이'라고 부르기도 하며 건조시켜 식재료로 이용한다.

숭어목

Mugiliformes

숭어 *Mugil cephalus* Linnaeus, 1758

영문명 : Flathead grey mullet **몸 길이 :** 50~70cm
방언 : 칙숭어, 수어

산란시기(월) 1 2 3 4 5 6 7 8 9 10 11 12

형태/색깔 몸은 길며 몸 앞부분은 원통형이고 뒷부분은 옆으로 납작하다. 머리는 작고 이마는 편평하다. 정면에서 보는 입 모양은 ∧(역 V자) 모양이다. 눈은 크고 기름 눈꺼풀이 있다. 꼬리지느러미 끝은 뾰족하고 안으로 깊이 파여 있다. 몸 색깔은 회청색이며 등 쪽은 색깔이 진하고 배 쪽은 흰색이다. 비늘 가운데 검은색 반점이 있는데 이것이 이어져 가느다란 가로줄이 6~7개 형성된다. 가슴지느러미 앞부분에 파란색 점이 있다.

생활 연안이나 강의 하구에서 무리를 이루며 생활한다.

먹이 식물성 플랑크톤, 각종 조류, 펄 속의 유기물을 먹고 산다.

분포 우리나라 및 전 세계의 온대와 열대 지방에 분포한다.

연안이나 강의 하구에서 무리 지어 산다.

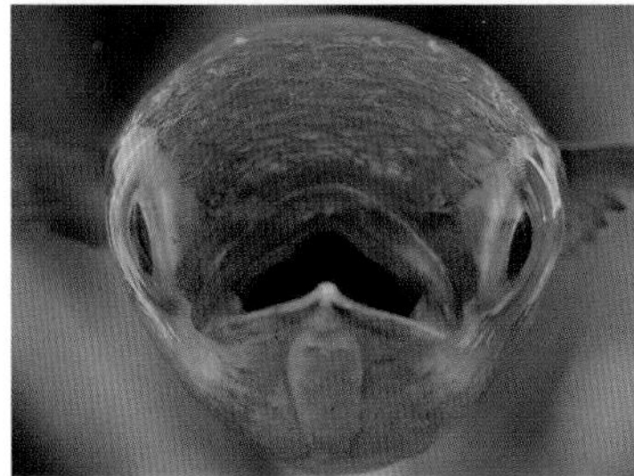

머리 앞모습

머리 옆모습

가숭어

숭어와 모양이 비슷하나 머리가 숭어보다 작고 꼬리지느러미가 완만하게 파였다.

숭어는 연안이나 강 하구의 수면 가까이에서 무리를 이루며 생활한다. 번식기는 10~11월로 쿠로시오 난류가 흐르는 깊은 곳의 바위 지대에 알을 낳는다. 알에서 깨어난 새끼들은 강 하구나 하천의 하류로 이동해 생활하다 그 해 가을 몸 길이가 20~25㎝가 되어 바다로 나간다. 물 위로 높이 뛰어오르는 습성이 있다. 가숭어와 생김새가 비슷하지만 숭어의 가슴지느러미 앞부분에 파란색 점이 있고, 꼬리지느러미 끝이 뾰족하여 끝이 둥근 가숭어와 구분된다. 예로부터 약용과 식용으로 이용되어 왔다. 《동의보감》에 수어(水魚)로 기록되어 있다.

동갈치목

Beloniformes

송사리 *Oryzias latipes* (Temminck et Schlegel, 1846)

영문명 : Asiatic ricefish **몸 길이 :** 4cm
방언 : 눈굼쟁이

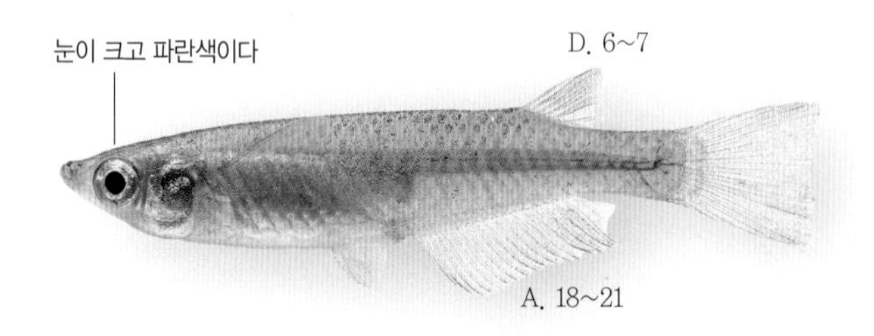

산란시기(월) 1 2 3 4 5 6 7 8 9 10 11 12 (연중 2회)

형태/색깔 몸은 길고 옆으로 납작하며 배는 통통하다. 머리는 위아래로 납작하며 이마는 편평하다. 아래턱이 위턱보다 길며 아래턱만 움직인다. 눈은 아주 크다. 등지느러미는 몸 뒤쪽에 있다. 수컷의 뒷지느러미는 네모꼴이다. 몸 색깔은 전체적으로 밝은 갈색이며 배 아랫부분은 흰색이다. 몸에는 검은색 반점이 많다.

생활 유속이 느리거나 정체된 소하천과 연못, 늪, 농수로에 산다.

먹이 동물성 플랑크톤이나 모기의 애벌레인 장구벌레 등을 먹고 산다.

분포 낙동강 수계와 동해로 유입되는 하천, 탐진강 유역 및 서해와 남해의 섬 지방에 분포하며 일본에도 있다.

물이 천천히 흐르거나 정체된 곳에서 산다.

머리 앞모습

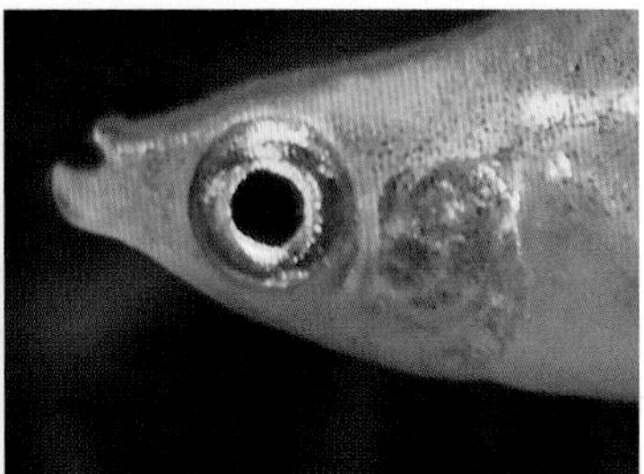
머리 옆모습

암컷

송사리는 물이 천천히 흐르는 소하천이나 연못, 늪, 농수로 등 수초가 많은 곳의 수면 가까이에 산다. 번식기는 5~7월로, 9~10월에 알을 낳기도 한다. 암컷은 수정된 알을 포도송이처럼 배에 매달고 다니다가 수초에 붙인다. 번식기에 수컷의 뒷지느러미는 커지며 검은색을 띤다. 물이 오염되어 산소가 희박한 곳에서도 적응하며 산다. 대륙송사리보다 몸집이 약간 크며 몸에는 검은색 반점이 많다. 동물성 플랑크톤을 주로 먹고 살지만 모기의 애벌레인 장구벌레도 잡아먹는다.

대륙송사리 *Oryzias sinensis* Chen, Uwa et Chu, 1989

영문명 : Ricefish **몸 길이** : 3~4cm
방언 : 송사리

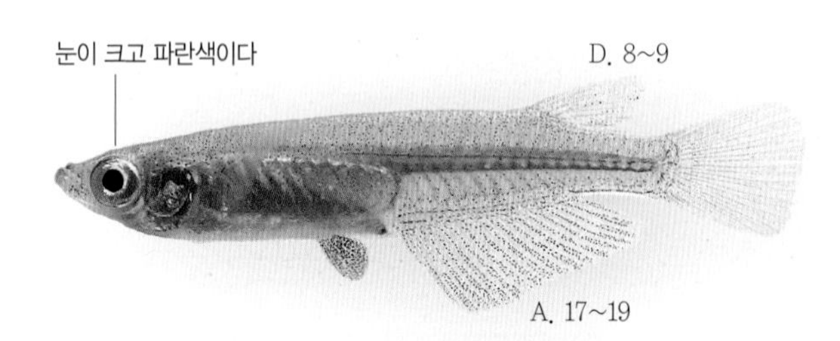

산란시기(월) 1 2 3 4 5 6 7 8 9 10 11 12 (연중 2회)

형태/색깔 몸은 길고 옆으로 납작하며 배는 통통하다. 머리는 위아래로 납작하며 이마는 편평하다. 아래턱이 위턱보다 길며 아래턱만 움직인다. 눈은 아주 크다. 등지느러미는 몸 뒤쪽에 있다. 수컷의 뒷지느러미는 네모꼴이다. 몸 색깔은 전체적으로 밝은 갈색이며 배 아랫부분은 흰색이다.

생활 유속이 느리거나 정체된 소하천과 연못, 늪, 농수로에 산다.

먹이 동물성 플랑크톤이나 모기의 애벌레인 장구벌레 등을 먹고 산다.

분포 서해안으로 흐르는 하천과 서해안의 섬 지방에 분포하며, 중국에도 분포한다.

몸집이 송사리보다 약간 작다.

머리 앞모습

머리 옆모습

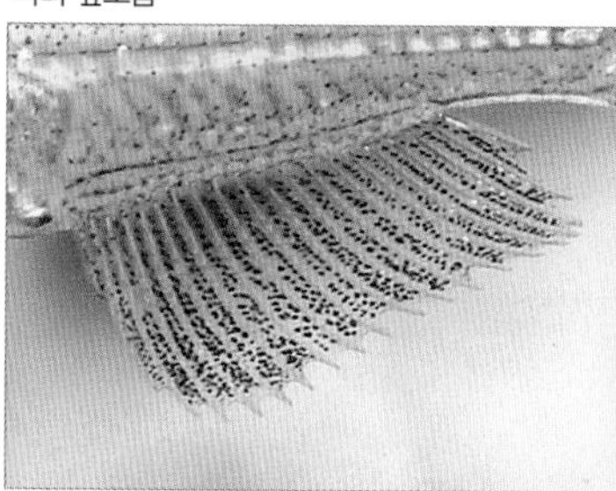

수컷의 뒷지느러미(네모꼴)

암컷의 뒷지느러미

대륙송사리는 송사리와 같이 물이 천천히 흐르는 소하천이나 연못, 늪, 농수로 등 수초가 많은 곳의 수면 가까이에 산다. 번식기는 5~7월로, 9~10월에 알을 낳기도 한다. 수정된 알은 수초에 붙인다. 번식기에 수컷은 뒷지느러미가 커지며 검은색을 띠는데, 그 색깔이 송사리보다 진하다. 수질 오염에 대한 내성이 강하며 우기에 연안으로 떠내려간 것들이 해안가나 큰 강과 가까운 섬에서도 발견된다. 송사리보다 몸집이 약간 작고 몸에는 검은색 반점이 그리 뚜렷하지 않다. 송사리는 서해와 남해로 흐르는 하천과 낙동강 수계, 동해안 수계와 일본에 분포하는 반면, 대륙송사리는 서해안으로 흐르는 하천과 중국에 분포한다.

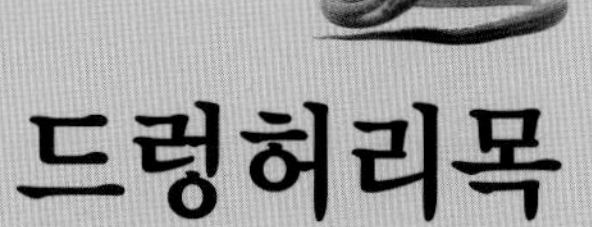

드렁허리목

Synbranchiformes

드렁허리 *Monopterus albus* (Zuiew, 1793)

영문명 : Ricefield swamp eel, Asian swamp eel **몸 길이** : 60cm
방언 : 음지

산란시기(월) 1 2 3 4 5 6 7 8 9 10 11 12

형태/색깔 몸은 길고 가늘며 원통형이다. 머리는 작다. 입은 크며 윗입술 앞부분은 파였다. 위턱이 아래턱보다 길다. 눈은 아주 작고 피막으로 덮여 있다. 몸 가운데에는 깊은 주름이 길게 있다. 지느러미와 비늘은 없다. 몸 색깔은 주황색이며 등 쪽은 황갈색이고 배 쪽은 연한 주황색이다. 몸 전체에는 작은 반점들이 흩어져 있다.

생활 논과 농수로, 연못, 늪지 등에 산다.

먹이 어린 물고기와 곤충, 지렁이 등을 먹고 산다.

분포 서해와 남해로 흐르는 하천 유역에 분포한다. 일본과 중국, 인도네시아 등에도 분포한다.

논이나 연못, 늪지 등에 산다. 자라면서 성전환을 하는 것으로 알려져 있다.

머리 앞모습

머리 옆모습

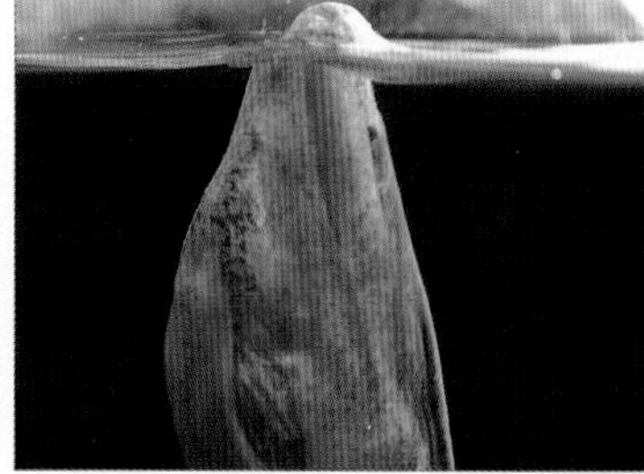
공기 호흡을 하는 모습

꼬리

드렁허리는 논과 농수로, 연못, 늪지 등 진흙과 펄이 있는 곳에 산다. 번식기는 6~7월로 암컷이 진흙 속에 굴을 파고 알을 낳으며 수컷이 알을 지킨다. 암컷에서 수컷으로 성전환을 하는 것으로 알려져 있다. 공기 호흡을 하는데, 주둥이 끝을 물 밖으로 내민 후 턱 밑을 부풀려서 공기를 머금고 물속으로 들어간다. 지느러미가 없고 뱀과 생김새가 흡사한 탓에 뱀으로 착각하기도 한다. 가뭄일 때는 진흙을 파서 굴을 만들고 그 속에서 산다. 예로부터 식용과 약용으로 이용되었다.

버들붕어목

Anabantiformes

버들붕어 *Macropodus ocellatus* Cantor, 1842

영문명 : Round tailed paradise fish **몸 길이** : 7cm
방언 : 꽃붕어, 적투어

산란시기(월) 1 2 3 4 5 **6** **7** 8 9 10 11 12

형태/색깔 몸은 타원형이며 옆으로 아주 납작하다. 주둥이는 뾰족하다. 입은 작고 위로 향해 있다. 아래턱이 위턱보다 약간 길다. 등지느러미와 뒷지느러미 끝은 꼬리지느러미 가운데에 닿거나 넘어간다. 옆줄은 없다. 몸 색깔은 진한 갈색이다. 아가미 덮개 윗부분에는 파란색 점이 있다. 꼬리지느러미 뒤쪽은 적색이고 등지느러미와 뒷지느러미 가장자리는 형광 코발트색이 나타난다.

생활 물이 천천히 흐르거나 정체된 소하천이나 늪, 농수로, 연못에 산다.

먹이 주로 수서곤충을 먹고 산다.

분포 거의 전국에 분포한다. 중국과 일본에도 분포한다.

수컷의 영역 다툼. 소하천이나 농수로 등에 산다. 산소가 부족한 곳에서도 산다.

머리 앞모습

머리 옆모습

암컷

버들붕어는 물이 천천히 흐르거나 정체된 소하천과 늪, 농수로, 연못 등 수초가 많은 곳에서 산다. 번식기는 6~7월로 수컷은 점액을 내어 거품집을 수면에 만든 후, 암컷을 데려와 자신의 몸으로 암컷을 감싸 안고 뒤집으면 암컷이 거품집에 알을 낳는다. 수컷은 거품집을 떠나지 않고 수정된 알을 지킨다. 번식기에 수컷의 등지느러미와 뒷지느러미가 커진다. 강한 세력권을 가지고 있으며 수컷들 간에 심하게 다투는 특성을 이용해 중국에서는 투어(鬪魚)로 이용되기도 한다고 전해진다. 아가미 안쪽에 라비린스(Labyrinth)라는 호흡 기관이 있어 산소가 희박한 환경에서도 잘 산다. 일본에도 분포하는데 1914년 우리나라에서 이식되었다.

가물치 *Channa argus* (Cantor, 1842)

영문명 : Snake head **몸 길이 :** 50~80cm
방언 : 가무치, 가물챙이

산란시기(월) 1 2 3 4 **5 6 7 8** 9 10 11 12

형태/색깔 몸은 길며 몸 앞부분은 원통형이고 뒷부분은 옆으로 납작하다. 주둥이와 머리는 위아래로 납작하다. 입은 크고 아래턱이 위턱보다 길며, 이빨은 날카롭다. 머리는 크고 이마는 편평하다. 등지느러미는 매우 길어서 꼬리지느러미 시작 부분에 닿는다. 몸 색깔은 연한 갈색이고 등과 몸통에는 진한 갈색의 마름모꼴 무늬가 있다. 등지느러미와 가슴지느러미, 꼬리지느러미에는 갈색 줄무늬가 3개 있다.

생활 물이 천천히 흐르거나 정체된 하천, 저수지, 늪, 연못 등에 산다.

먹이 어릴 때는 물벼룩, 다 자라면 수서곤충과 물고기, 양서류를 먹는다.

분포 거의 전국에 분포한다. 중국과 일본은 우리나라에서 이식되었다.

늪지대나 저수지, 연못 등에 산다. 물고기나 양서류 등을 잡아먹는다.

머리 앞모습

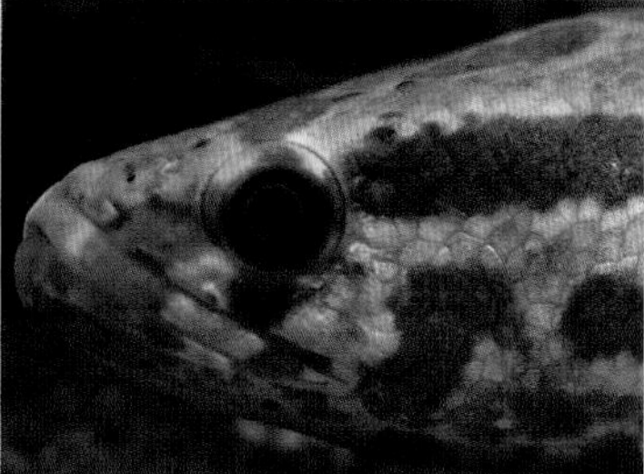

머리 옆모습

가물치는 물 흐름이 거의 없는 하천과 저수지, 늪, 연못, 호수의 진흙이 깔리고 수초가 많은 수심 1m 내외인 곳에 산다. 번식기는 5~8월로 암수가 함께 수초를 이용해 물 위에 지름 1m 정도의 둥지를 만들어 알을 낳고, 수정된 알을 암수가 같이 지킨다. 아가미 호흡과 함께 라비린스 기관으로 공기 호흡을 하며 습기가 많은 새벽이나 비가 오는 날이면 물 밖으로 나와 기어 다니기도 한다. 약용과 식용으로 이용된다. 탐식성이 강해 수서곤충에서부터 물고기, 개구리에 이르기까지 움직이는 것들은 모두 먹는다. 먹이가 없으면 동족 간에 포식한다. 미국에 유입되어 현지 생태계에 피해를 주는 것으로 알려져 있다.

돛양태목

Callionymifomers

강주걱양태 *Repomucenus olidus* (Günther, 1873)

영문명 : Dragonet fish　　**몸 길이** : 7cm

산란시기(월) 1 2 3 4 5 6 7 8 9 10 11 12

형태/색깔 몸은 위아래로 납작하며 몸 뒷부분은 가늘다. 주둥이는 뾰족하고 위턱이 아래턱보다 길다. 눈은 튀어나왔다. 가슴지느러미는 크고 배지느러미와 연결되어 있다. 아가미구멍은 등 쪽으로 2개가 나 있다. 몸 색깔은 연한 갈색이고 배 아랫부분은 흰색이다. 몸에는 흰색과 검은색 반점이 흩어져 있다.

생활 강 하류와 연안의 모랫바닥에 산다.

먹이 갯지렁이, 소형 갑각류 등 저서생물을 먹고 산다.

분포 한강, 임진강, 금강의 중 · 하류, 동진강의 하구 등에 분포한다. 중국 남부에도 분포한다.

강 하구의 모랫바닥에 산다. 등에 아가미구멍이 2개 있다.

머리 앞모습

머리 옆모습

강주걱양태는 고운 모래가 깔린 연안이나 기수역의 강 하구 바닥에 산다. 염분이 없는 강 중류까지도 올라온다. 번식기는 5~6월이며, 암수가 물의 중층으로 올라오며 산란하는 것으로 알려져 있다. 아가미구멍이 등 쪽으로 나 있어 호흡할 때마다 아가미 덮개가 밸브처럼 열리고 닫힌다. 놀라거나 쉴 때 모래 속으로 숨고 주변의 모래 색깔에 맞춰 몸을 위장한다. 생김새가 주걱처럼 생겨 '강주걱양태'로 이름 지어졌다.

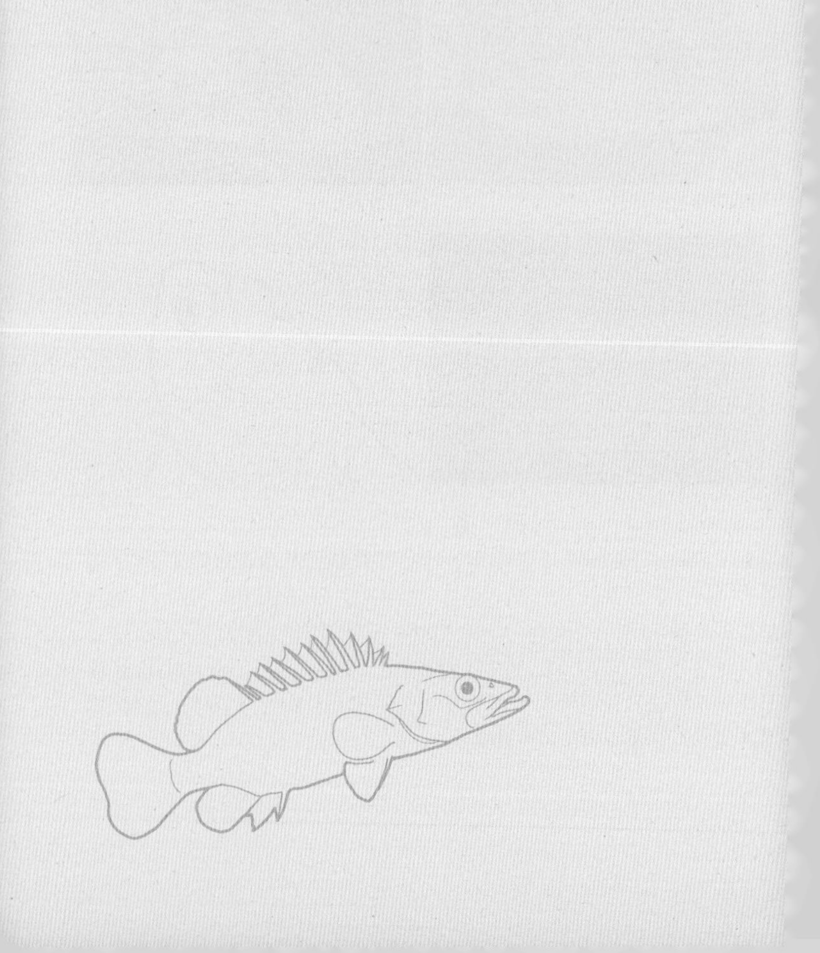

농어목

Perciformes

쏘가리 *Siniperca scherzeri* Steindachner, 1892

영문명 : Mandarin fish **몸 길이** : 60~70cm

방언 : 쏘갈이

산란시기(월) 1 2 3 4 5 6 7 8 9 10 11 12

형태/색깔 몸은 유선형이고 옆으로 납작하다. 주둥이는 뾰족하고 아래턱이 위턱보다 길다. 입은 크며 이빨은 날카롭다. 옆줄은 뚜렷하며 비늘은 없다. 몸 색깔은 황갈색이고 몸에는 표범 무늬 같은 진한 갈색 반점이 흩어져 있다. 가슴지느러미를 제외한 각 지느러미에 작은 반점이 있다.

생활 바위가 있고 바닥에 돌이 깔려 있는 큰 강 중류에 살며, 하류까지 진출한다.

먹이 육식성으로 물고기와 새우류를 먹는다.

분포 아산만 유입 하천, 탐진강을 제외한 서해와 남해로 흐르는 큰 강과 하천, 대형 댐호에 분포한다. 중국에도 분포한다.

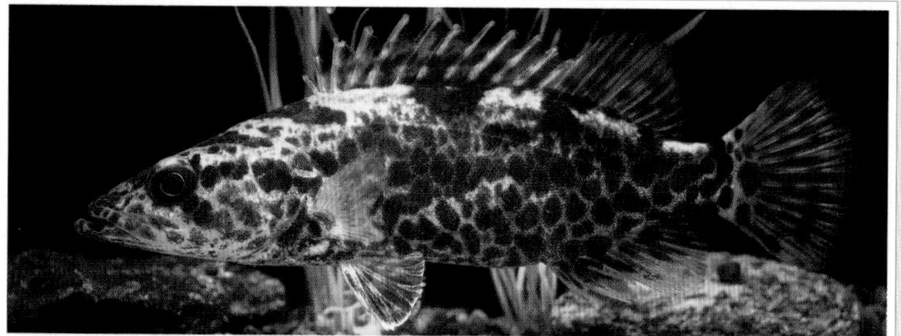
바위와 큰 돌이 있는 중류에 산다. 육식성으로 다른 물고기를 먹고 산다.

머리 앞모습

머리 옆모습

치어

쏘가리는 물이 비교적 맑고 몸을 숨길 수 있는 큰 바위나 돌이 있는 하천 중류에 주로 살며, 대형 댐호에도 산다. 번식기는 5~7월로 밤에 여울의 자갈 위에 무리 지어 알을 낳는다. 대형 댐호에서는 호 안의 돌무더기에 알을 낳는다. 몸통에 표범 무늬가 있는 것이 특징인데, 중국에 분포하는 쏘가리와는 몸통 무늬에서 약간의 차이가 있다. 낮에는 주로 바위틈에서 지내다 어두워지면 활동을 시작한다. 포식성이 강해 표적이 된 물고기는 절대로 놓치지 않는다. 고급 식용으로 이용된다. 요즘은 오염과 포획으로 그 수가 많이 줄었다.

황쏘가리 *Siniperca scherzeri* Steindachner, 1892

영문명 : Yellow mandarin fish **몸 길이 :** 60cm

천연기념물 제190호(한강의 황쏘가리) · 제532호(서식지)

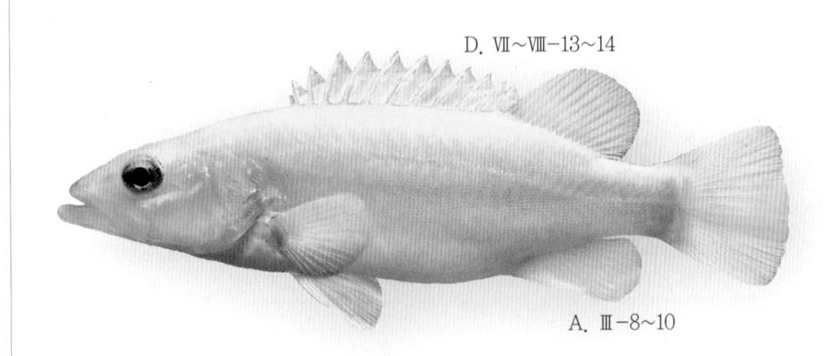

산란시기(월) 1 2 3 4 5 6 7 8 9 10 11 12

형태/색깔 몸은 유선형이고 옆으로 납작하다. 주둥이는 뾰족하며 아래턱이 위턱보다 길다. 입은 크며 이빨은 날카롭다. 옆줄은 뚜렷하며 비늘은 없다. 몸 색깔은 전체적으로 황색이고 배 쪽은 연한 노란색이거나 흰색이다. 몸통에는 무늬가 없거나 조금 있는 개체도 있다.

생활 물이 비교적 맑고 바위와 자갈이 많이 깔려 있는 큰 강과 대형 호수에 산다.

먹이 육식성으로 물고기와 새우류를 먹는다.

분포 한강과 임진강 등에 희귀하게 분포한다.

멜라닌 합성 결핍으로 백화현상을 보이는 황쏘가리. 한강과 임진강에 드물게 산다.

머리 앞모습

머리 옆모습

치어

황색과 흰색이 섞인 황쏘가리

황쏘가리는 쏘가리와 같은 종(種)으로, 멜라닌 합성이 결핍되어 백화현상(알비노, Albino, Albinism)을 보이는 개체를 말한다. 유전자에 의한 색소 발현 현상이라는 견해도 있다. 한강에 사는 쏘가리 집단에만 나타나는 이 백화현상은 황색, 황색과 흰색의 반 무늬, 흰색 등 다양한 패턴으로 나타난다. 서식지 파괴와 포획, 외래 어종의 어린 황쏘가리 포식 등으로 그 수가 많이 줄었다. 국립수산과학원에서는 황쏘가리를 인공 증식하여 한강에 치어를 방류하고 있다. 평화의 댐과 파로호에 가장 많고 이곳에서 멀어질수록 수가 줄어든다. 한강 일원의 황쏘가리는 천연기념물 제190호로 지정하여 보호하고 있다. 2011년 서식지인 강원도 화천군 화천읍 동촌리 일대가 천연기념물 제532호로 지정되었다.

꺽저기 *Coreoperca kawamebari* (Temminck et Schlegel, 1843)

영문명 : Japanese aucha perch
몸 길이 : 15cm
방언 : 남꺽지
멸종위기 야생생물 Ⅱ급

산란시기(월) 1 2 3 4 5 6 7 8 9 10 11 12

형태/색깔 몸은 옆으로 납작하며 체고는 높다. 머리는 크고 주둥이는 뾰족하다. 아래턱이 위턱보다 약간 길며 입은 크다. 눈은 머리 앞쪽 윗부분에 있다. 옆줄은 뚜렷하다. 몸 색깔은 진한 갈색이고 등에서 배 쪽으로 진한 무늬가 8~10개 있다. 아가미 뒤에 눈 크기의 파란색 점이 있다. 머리와 등에는 연한 갈색 줄무늬가 있다.

생활 물이 천천히 흐르고 모래와 자갈이 깔린 하천 중류의 수초가 많은 곳에 산다.

먹이 수서곤충과 육상 곤충을 먹고 산다.

분포 탐진강, 거제도 일부 하천과 일본 일부에도 분포한다.

물이 천천히 흐르는 곳에 산다. 수초의 줄기에 알을 붙인다.

머리 앞모습

머리 옆모습

꺽저기의 등 줄무늬

주둥이 끝에서 등지느러미 앞까지 연한 갈색 줄무늬가 있다.

꺽저기는 물이 천천히 흐르는 하천 중류의 모래와 자갈, 수초가 많은 곳에 산다. 번식기는 5~6월로 암컷이 2~3회에 걸쳐 수초 줄기에 알을 붙인다. 수컷은 새끼가 깨어날 때까지 가슴지느러미를 흔들어 신선한 물을 공급하며, 알에서 깨어난 새끼들이 독립할 때까지 돌본다. 꺽지와 비슷하게 생겼으나 꺽지에 비해 몸집이 작고 주둥이 끝에서 등지느러미 시작 부분까지 연한 갈색 줄무늬가 이어져서 구분된다. 낙동강에서는 아주 희귀해졌고, 거제도에서는 이미 절멸한 것으로 밝혀졌다. '멸종위기 야생생물 II 급'으로 지정하여 보호하고 있다.

꺽지 *Coreoperca herzi* Herzenstein, 1896

영문명 : Korean aucha perch
방언 : 꺽치, 꺽제기
몸 길이 : 15~30cm
대한민국 고유종

산란시기(월) 1 2 3 4 5 6 7 8 9 10 11 12

형태/색깔 몸은 옆으로 납작하고 체고는 높다. 머리는 크고 주둥이는 뾰족하다. 입은 크고 아래턱이 위턱보다 약간 길다. 눈은 머리 앞쪽 윗부분에 있다. 옆줄은 뚜렷하다. 몸 색깔은 진한 갈색이고 등에서 배 쪽으로 검은색 줄무늬가 7~8개 있다. 아가미 뒤에 눈 크기의 파란색 점이 있다.

생활 물이 깨끗하고 바위와 자갈이 많은 하천 중 · 상류에 산다.

먹이 육식성으로 수서곤충과 갑각류, 작은 물고기를 먹고 산다.

분포 아산만 유입 하천과 탐진강, 동해 북부로 흐르는 하천을 제외한 전국의 거의 모든 하천에 분포한다.

하천의 중 · 상류 여울의 돌 틈에 산다. 주변 환경에 맞춰 몸 색깔을 바꾼다.

머리 앞모습

머리 옆모습

꺽지의 자어

알에서 갓 깨어난 어린 꺽지. 난황을 흡수할 때까지 수컷의 보호를 받는다.

꺽지는 물이 맑고 바위와 자갈이 많은 하천 중 · 상류에 살며 낮에 바위나 돌 틈에서 지낸다. 번식기는 4~7월로 큰 돌 밑에 알을 낳고 수컷은 알자리에서 새끼가 깨어날 때까지 알을 지킨다. 돌고기와 감돌고기, 가는돌고기 등 돌고기속(屬)의 물고기들은 꺽지의 알자리에 침입하여 알을 낳기도 하는데, 수컷은 이들의 알도 함께 돌본다. 주변의 색에 맞추어 자신의 몸 색깔을 바꾼다. 생김새가 꺽저기와 비슷하지만 온몸에 밝은 색깔의 작은 반점이 있어 구분된다. 우리나라의 거의 모든 하천에 서식한다. 대한민국 고유종이다.

블루길 *Lepomis macrochirus* Rafinesque, 1819

영문명 : Bluegill
몸 길이 : 15~25cm
방언 : 월남붕어
외래종

산란시기(월) 1 2 3 4 5 6 7 8 9 10 11 12

형태/색깔 몸은 둥글고 옆으로 납작하다. 체고는 높다. 주둥이는 뾰족하고, 아래턱이 위턱보다 약간 길다. 눈은 작고 머리 앞부분에 있다. 옆줄은 뚜렷하다. 몸 색깔은 갈색이고 등 쪽은 푸른색을 띠며 배 쪽은 황색을 띤다. 등에서 배 쪽으로 굵고 긴 줄무늬 8~9개가 이어진다. 아가미 뒤에는 파란색 점이 있다.

생활 호수나 강, 저수지, 하천 하구의 수초 지대에 주로 산다.

먹이 동물성 플랑크톤과 수서곤충, 갑각류, 물고기의 알, 작은 물고기 등을 먹고 산다.

분포 외래종으로 전국의 하천과 댐호에 산다.

왕성한 번식력으로 전국 하천에 정착하여 토종 생태계를 위협하고 있다.

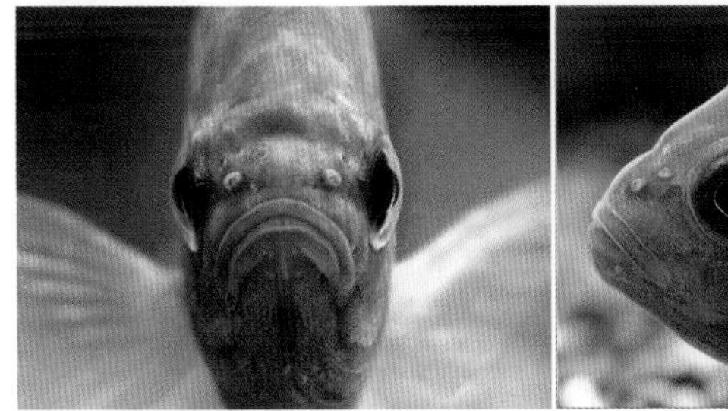

머리 앞모습

머리 옆모습

블루길은 북아메리카 동부 지역이 원산지이다. 1969년 12월 당시 수산청이 일본에서 치어를 들여와 시험 사육하고, 1975년부터 자원 조성용으로 방류하기 시작했다. 이후 왕성한 번식력으로 전국 하천에 정착하였다. 번식기는 4~6월로 수컷이 바닥에 알자리를 만들고 암컷을 유인해 알을 낳게 한다. 번식기에 수컷의 몸은 노란색과 주황색을 많이 띤다. 국내에 처음 도입할 때 '파랑볼우럭'이라고 이름 지어졌으나 후에 '블루길'로 변경되었다. 토종 물고기와 새우 등을 닥치는 대로 먹어 토착 생태계에 심각한 영향을 주고 있다. '생태계교란 야생생물'로 지정되었다.

배스 *Micropterus salmoides* (Lacepède, 1802)

영문명 : Large mouth bass **몸 길이 :** 45~60cm

외래종

산란시기(월) 1 2 3 4 5 6 7 8 9 10 11 12

형태/색깔 몸은 길고 옆으로 납작하다. 머리는 크고 주둥이는 뾰족하다. 입은 매우 크고 아래턱이 위턱보다 길다. 눈은 작고 머리 앞부분에 있다. 옆줄은 완전하다. 등 쪽은 푸른색을 띠고 배 쪽은 노란색을 띤다. 몸 가운데에는 진한 색 줄무늬가 길게 있다.

생활 대형 호수나 댐, 저수지, 유속이 느린 강과 하천에 산다.

먹이 육식성으로 주로 물고기를 먹으며 개구리와 새우, 수서곤충 등 입 크기에 맞는 모든 동물을 먹는다.

분포 원산지는 미국의 남부와 동부 지역이며 전국의 주요 강과 하천, 댐호, 저수지에 정착하여 살고 있다.

토종 물고기를 감소시키는 대표적 외래종으로 생태계교란 야생생물로 지정되었다.

머리 앞모습

머리 옆모습

배스의 입

입 크기에 맞는 모든 것을 포식한다.

배스는 댐이나 저수지, 유속이 느린 강과 하천의 큰 돌이나 나무, 수초 등을 은신처로 삼아 먹이를 사냥한다. 번식기는 5~6월로 수컷은 자갈 바닥에 지름 50~110㎝, 깊이 10㎝ 정도의 구덩이를 파고 암컷을 유인하여 알을 낳게 하고 수정한다. 수컷 한 마리가 여러 마리의 암컷을 유인해 알을 낳게 하는데, 알은 한 자리에 많게는 1만 개가 발견되기도 한다. 1973년 당시 수산청이 자원 조성용으로 미국에서 도입하였으며, 1975년에 조종천, 1976년은 팔당호에 대량 방류하였다. 우리나라 토종 물고기를 감소시키는 대표적인 외래종으로 블루길과 함께 '생태계교란 야생생물'로 지정되었다.

쏨뱅이목

Scorpaeniformes

큰가시고기 *Gasterosteus aculeatus* Linnaeus, 1758

영문명 : Three spine stickleback **몸 길이 :** 13cm
방언 : 침고기

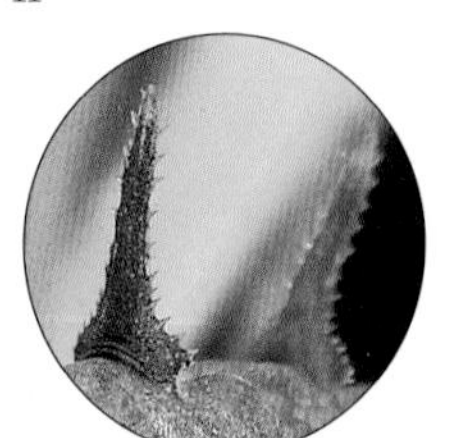
수컷의 등가시 거치

산란시기(월) 1 2 3 4 5 6 7 8 9 10 11 12

형태/색깔 몸은 유선형이며 옆으로 납작하다. 주둥이는 뾰족하고 꼬리자루는 가늘다. 등에는 길고 날카로운 가시가 3개 있다. 수컷의 등가시에는 미세한 거치가 있다. 배와 뒷지느러미 앞부분에도 가시가 1개씩 있다. 옆줄을 따라 초승달 모양의 인판이 있고 꼬리자루에 골질(骨質) 돌기가 있다. 번식기가 아닐 때 몸 색깔은 연한 갈색이며 배 쪽은 황금색을 띤다.

생활 연안에서 생활하다 봄에 알을 낳으러 하천으로 떼 지어 올라온다.

먹이 동물성 플랑크톤, 수서곤충, 물고기의 알, 작은 물고기 등을 먹고 산다.

분포 우리나라 전 연안의 하천에 분포하며 일본과 북미, 유럽 등에도 분포한다.

번식기의 수컷. 하구와 연안에서 살다가 봄에 하천으로 올라와 알을 낳는다.

머리 앞모습

머리 옆모습

암컷

큰가시고기는 바다 연안에서 살다가 알을 낳으러 3~5월에 무리 지어 하천으로 올라온다. 번식기에 수컷은 하천 바닥을 깨끗하게 청소한 뒤, 나뭇가지나 풀뿌리 등을 입으로 물어 와 분비물을 섞어 입구가 2개인 둥지를 만든다. 암컷이 둥지로 들어가 알을 낳고 반대편 출구로 나가면 수컷이 따라 들어가 방정하여 수정한다. 산란 후 암컷은 곧바로 죽고, 수컷은 새끼가 깨어나 둥지 밖으로 헤엄쳐 나올 때까지 둥지를 지키다가 죽는다. 알을 돌보는 동안 수컷의 몸에는 진한 파란색이, 배 아랫부분은 경계색인 빨간색이 나타나며 침입하는 다른 물고기를 공격하여 쫓아낸다.

가시고기 *Pungitius sinensis* (Guichenot, 1869)

영문명 : Chinese ninespine stickleback
방언 : 칼치

몸 길이 : 9cm
멸종위기 야생생물 Ⅱ급

산란시기(월) 1 2 3 4 5 6 7 8 9 10 11 12

형태/색깔 몸은 유선형이며 옆으로 매우 납작하다. 주둥이는 뾰족하고 꼬리자루는 매우 가늘다. 등에는 가시가 8~9개 있다. 배와 뒷지느러미 앞부분에도 가시가 1개씩 있다. 옆줄을 따라 초승달 모양의 인판이 있다. 몸 색깔은 연한 갈색이며 몸에는 진한 갈색 무늬가 있다.

생활 수초가 많은 하천의 중류에 살며 바다로 나가지 않는다.

먹이 물벼룩과 깔따구 애벌레, 실지렁이 등을 주로 먹고 산다.

분포 동해안 하천의 중류에 분포한다. 충청남도 제천시 등 일부 서해로 흐르는 하천의 저수지에는 이식된 것들이 살고 있다. 중국과 일본에도 분포한다.

수초가 많은 하천 중류에 산다. 번식기에 수컷은 알을 돌본다.

머리 앞모습

머리 옆모습

암컷

가시고기는 큰가시고기와 달리 바다로 나가지 않고 물이 맑은 하천 중류의 수초가 많은 곳에서 무리 지어 산다. 번식기는 5~6월로 수컷은 수초 줄기의 아랫부분에 둥지를 지어 암컷을 유인해 알을 낳게 한다. 새끼가 깨어날 때까지 수컷은 둥지와 알을 돌본다. 알을 돌보는 동안 수컷의 몸 색깔은 검은색으로 변한다. 잔가시고기와 생김새가 비슷하지만 잔가시고기는 등가시의 가시막이 검은 반면, 가시고기의 가시막은 투명하다. 최근 강원도 영서 지방의 일부 하천에서도 발견되었다. 하천 오염과 서식지 파괴 등으로 그 수가 날로 줄고 있다. '멸종위기 야생생물 Ⅱ급'으로 지정하여 보호하고 있다.

잔가시고기 *Pungitius kaibarae* (Tanaka, 1915)

영문명 : Short ninespine stickleback **몸 길이 :** 7cm
방언 : 가시고기, 침고기

산란시기(월) 1 2 3 4 5 6 7 8 9 10 11 12

형태/색깔 몸은 유선형이며 옆으로 매우 납작하다. 주둥이는 뾰족하고 꼬리자루는 매우 가늘다. 등에는 날카로운 가시가 7~9개 있다. 배와 뒷지느러미 앞부분에도 가시가 1개씩 있다. 옆줄을 따라 초승달 모양의 인판이 있다. 몸 색깔은 갈색이며 몸에는 진한 갈색 무늬가 있다.

생활 수초가 많은 하천의 중 · 상류와 저수지에서 산다.

먹이 물벼룩, 깔따구 애벌레, 실지렁이 등을 먹고 산다.

분포 동해의 석호와 동해로 흘러드는 하천의 중 · 상류, 형산강, 낙동강 지류인 금호강, 경상북도 영천시에 분포한다. 일본에도 분포했지만 멸종되었다.

수초가 많은 하천 중 · 상류에 산다.

머리 앞모습

머리 옆모습

잔가시고기는 수초가 많은 하천의 중 · 상류와 저수지 등에 떼를 지어 산다. 가시고기와 마찬가지로 바다로 나가지 않고 일생을 민물에서 산다. 번식기는 5~8월로 수컷은 수초 줄기의 중간에 둥지를 지어 암컷을 유인해 알을 낳게 하고, 가슴지느러미를 움직여서 둥지에 신선한 물을 공급하며, 새끼가 깨어날 때까지 돌본다. 알을 돌보는 동안 수컷의 몸 색깔은 암청색으로 변한다. 가시고기보다 몸집이 약간 작고 등가시의 가시막이 검다. 서식지인 동해안 석호와 하천이 오염되어 그 수가 줄어 희귀해졌다. 2005년 멸종위기 야생동 · 식물 Ⅱ급으로 지정되었다가 2012년 지정이 해제되었다.

둑중개 *Cottus koreanus* Fujii, Yabe et Choi, 2005

영문명 : Yellow fin sculpin
방언 : 뚜구리

몸 길이 : 15cm
대한민국 고유종

산란시기(월) 1 2 3 4 5 6 7 8 9 10 11 12

형태/색깔 몸은 유선형이며 머리는 위아래로, 몸 뒷부분은 옆으로 약간 납작하다. 입은 크며 입술은 두툼하다. 위턱과 아래턱의 길이는 거의 같다. 눈은 머리 윗부분에 돌출되어 있다. 몸 색깔은 전체적으로 녹갈색이고 배 쪽은 연회색이다. 몸에는 진한 갈색 반점이 5~6개 있고, 연한 갈색 반점이 흩어져 있다.

생활 물이 빠르게 흐르고 바닥에 돌이 많이 깔린 하천의 상류에 산다.

먹이 수서곤충을 먹고 산다.

분포 한강의 최상류와 금강, 만경강, 섬진강에 분포한다. 북한에도 분포한다.

물이 차고 깨끗한 하천 상류의 돌 틈에서 산다.

머리 앞모습

머리 옆모습

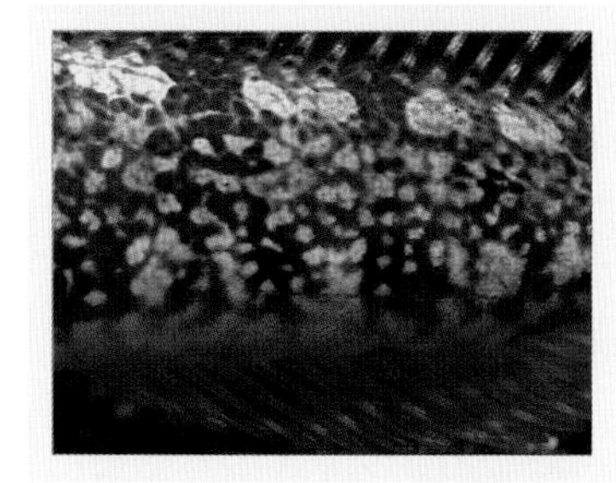

둑중개의 배 부분 무늬

몸통의 무늬가 배 밑면에 미치지 않는다.

둑중개는 물이 깨끗하고 빠르게 흐르는 하천 상류의 돌 틈에 산다. 번식기는 3~4월로 암컷이 큰 돌 밑에 알을 덩어리로 낳고 수컷은 알자리에서 다가오는 다른 물고기를 물리치며 새끼가 깨어날 때까지 보호한다. 알을 돌보는 동안 수컷의 몸은 검은색으로 변한다. 수온이 20℃ 이하인 찬물에서 살며, 주변의 색에 가까운 보호색으로 자신을 보호한다. 생김새가 한둑중개와 닮아 구분하기 어렵지만 한둑중개는 강 중 · 하류에 살고, 둑중개는 상류에 산다. 둑중개와 한둑중개의 서식지가 태백산맥을 중심으로 동과 서로 나뉘는데, 둑중개는 태백산맥 서쪽의 수계 최상류 지역에 산다. 멸종위기 야생동 · 식물Ⅱ급으로 지정되었다가 2012년 지정이 해제되었다. 대한민국 고유종이다.

한둑중개 *Cottus hangiongensis* Mori, 1930

영문명 : Tuman river sculpin　　**몸 길이 :** 15cm
방언 : 함경뚝중개　　멸종위기 야생생물 Ⅱ급

산란시기(월) 1 2 3 4 5 6 7 8 9 10 11 12

형태/색깔 몸은 유선형이며 머리는 위아래로, 몸 뒷부분은 옆으로 약간 납작하다. 입은 크며 입술은 두툼하다. 위턱과 아래턱의 길이는 거의 같다. 눈은 머리 윗부분에 돌출되어 있다. 몸 색깔은 전체적으로 회갈색이고 배 쪽은 연황색이다. 몸에는 진한 갈색 반점이 4~5개 있고, 연한 갈색 반점이 흩어져 있다.

생활 물이 빠르게 흐르고 바닥에 돌이 많이 깔린 하천 하류 쪽의 여울에 산다.

먹이 수서곤충과 작은 물고기를 먹고 산다.

분포 동해로 흐르는 소하천과 일본 및 러시아의 연해주에 분포한다.

동해안의 하천 하류에 산다. 몸통의 무늬가 배 밑으로 이어진다.

머리 앞모습

머리 옆모습

한둑중개의 배 부분 무늬

배 밑면에 국화꽃을 닮은 무늬가 있다.

한둑중개는 물이 빠르게 흐르며 바닥에 돌이 많고 수초가 있는 동해안 소하천의 하류 돌 아래에 산다. 번식기는 3~6월로 암컷이 돌 밑에 알을 낳으면 수컷은 새끼가 알에서 깨어날 때까지 알자리를 지킨다. 알을 돌보는 동안 수컷의 몸은 검은색으로 변한다. 알에서 갓 깨어난 새끼(자어)는 물 흐름을 따라 바다로 내려가 한 달 정도 머문 후 하천으로 다시 올라온다. 한둑중개와 둑중개는 배 쪽에 있는 국화꽃 무늬의 유무로 구분할 수 있다. 주로 태백산맥 동쪽의 중·북부 수계 하류 지역에서 산다. '멸종위기 야생생물Ⅱ급'으로 지정하여 보호하고 있다.

꺽정이 *Trachidermus fasciatus* Heckel, 1837

영문명 : Roughskin sculpin

몸 길이 : 17cm

방언 : 꺽쟁이

산란시기(월) 1 2 3 4 5 6 7 8 9 10 11 12

형태/색깔 몸은 유선형이며 뒷부분은 가늘다. 머리는 크고 위아래로 납작하다. 입은 크며 옆으로 긴 一자 모양이다. 입술은 두껍다. 아래턱이 위턱보다 약간 짧다. 몸 가운데에는 돌기가 이어지고 몸 전체에는 작은 돌기가 돋아 있다. 몸 색깔은 진한 갈색이고 배 쪽은 색깔이 연하다. 몸에는 커다란 흑갈색 반점이 3~4개 있다.

생활 물이 천천히 흐르고 자갈과 모래가 많이 깔린 강 하류에 산다.

먹이 작은 물고기와 갑각류를 먹고 산다.

분포 서해와 남해로 흐르는 강과 하천의 하류에 분포한다. 중국과 일본에 분포한다.

하천의 하류와 중류를 오가며 산다.

머리 앞모습

머리 옆모습

꺽정이의 아가미

번식기에 아가미 안쪽은 주황색을 띤다.

꺽정이는 바닥에 자갈과 모래가 깔린 강이나 하천의 하류와 중류를 오가며 산다. 번식기는 2~4월로 강 하구나 간석지에서 죽은 조개껍질 안쪽에 알을 낳으며 수컷은 알을 지킨다. 번식기에 암수 모두 아가미 안쪽이 주황색을 띤다. 알에서 깨어난 새끼들은 하구에 머물다가 4~5월에 강을 거슬러 하천으로 올라와 살다가 추워지는 11월경 다시 하구로 내려간다. 중국의 고서에 한 벼슬아치가 왕에게 '송강노어'라는 물고기의 맛을 못 잊어 관직에서 물러나겠다고 한 대목이 있는데, 송강노어가 바로 꺽정이를 뜻한다. 가죽이 두껍고 살이 단단하여 맛이 좋은 물고기로 예로부터 우리의 고서인 《난호어목지(蘭湖漁牧志)》, 《전어지(佃漁志)》 등에도 기록되었다. 지금은 그 수가 많이 줄었다.

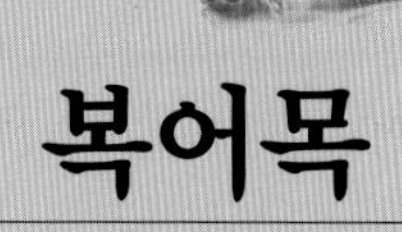

복어목

Tetraodontiformes

복섬 *Takifugu niphobles* (Jordan et Snyder, 1901)

영문명 : Grass puffer **몸 길이 :** 20cm
방언 : 복쟁이, 졸복아지

산란시기(월) 1 2 3 4 5 6 7 8 9 10 11 12

형태/색깔 몸 앞부분은 통통하고 뒷부분은 좁다. 주둥이는 뭉툭하고 위턱과 아래턱에는 강하고 납작한 이빨이 2개씩 있다. 눈은 머리 가운데 윗부분에 있다. 배지느러미는 없다. 등 쪽은 암녹색 바탕에 흰색 반점이 흩어져 있고 배 쪽은 흰색이다. 등지느러미와 뒷지느러미는 흰색이고, 등 쪽에는 검은색 반점이 있다. 꼬리지느러미와 가슴지느러미는 노란색을 띤다.

생활 연안에 주로 살며 강 하구와 하류에도 진출한다.

먹이 어릴 때 동물성 플랑크톤을 먹고, 다 자라면 갑각류, 갯지렁이, 작은 물고기를 먹는다.

분포 전국의 연안과 큰 강 하구에 분포하며, 일본과 중국에도 분포한다.

연안과 강 하구를 오가며 산다.

머리 앞모습

머리 옆모습

복섬은 연안과 강의 하구를 오가며 산다. 번식기는 5~7월이다. 평소 단독 생활을 하는 복섬은 번식기가 되면 하구나 연안의 자갈밭에 집단으로 모여 밀물 때 암수가 뒤섞이며 자갈 위에 알을 낳는다. 모래 속에 몸을 숨기기도 하며 배를 크게 부풀린다. 강한 이빨로 패류의 껍질을 부수어 그 안의 살을 먹는다. 복어류(類) 중에 몸집이 작은 편에 속한다. 내장과 피부에 강한 독이 있어 주의가 필요하며 식용으로는 적합하지 않은 것으로 알려져 있다. 울릉도와 제주도를 비롯한 전국의 연안과 하구에 산다.

황복 *Takifugu obscurus* (Abe, 1949)

영문명 : River puffer **몸 길이** : 45cm

산란시기(월) 1 2 3 4 5 6 7 8 9 10 11 12

형태/색깔 몸은 앞쪽은 굵고 뒤쪽이 가는 곤봉 모양이다. 주둥이는 뭉툭하고 위턱과 아래턱에는 이빨이 2개씩 있다. 눈은 머리의 위쪽에 있고 두 눈 사이의 간격은 멀다. 배지느러미는 없고 등지느러미와 뒷지느러미는 몸의 뒤쪽에 위치한다. 몸 색깔은 황색이고 등 쪽은 검은색 또는 짙은 갈색이다. 가슴지느러미와 등지느러미 시작 부분에 검은색 반점이 있다.

생활 연안의 기수역에 살며 산란기에 강 중류의 여울로 가 산란한다.

먹이 새우나 게 등의 작은 갑각류나 작은 물고기 등을 먹는다.

분포 서해로 흐르는 하천의 하구 기수역이나 연안에 분포한다. 남중국해에도 분포한다.

갑각류를 먹고 산다.

머리 앞모습

머리 옆모습

황복은 연안이나 강의 하구 기수역에서 살다가 산란철인 4~5월에 조수의 영향이 미치지 않는 강의 중류로 소상하여 바닥에 자갈이 깔린 여울에 알을 낳는다. 부화한 새끼는 연안으로 나가 생활한다. 이빨로 무는 힘이 강해 껍질이 단단한 패류나 게, 새우 등의 갑각류를 먹이로 한다. 우리나라의 서해 중부 연안으로 흐르는 강의 하구나 기수역에 분포하였으나 최근에는 한강과 임진강 외 다른 곳에서는 발견되지 않으며 산란을 위한 회귀도 점차 줄고 있다. 고급 식재료로 이용된다. 한강, 임진강 등에 보존 및 어자원 확보의 목적으로 치어를 지속적으로 방류하고 있으며 양식도 활발하게 이루어지고 있다.

부록

민물고기 구분하기

● 잉어아과 물고기

잉어 *Cyprinus carpio*

▶ 72쪽

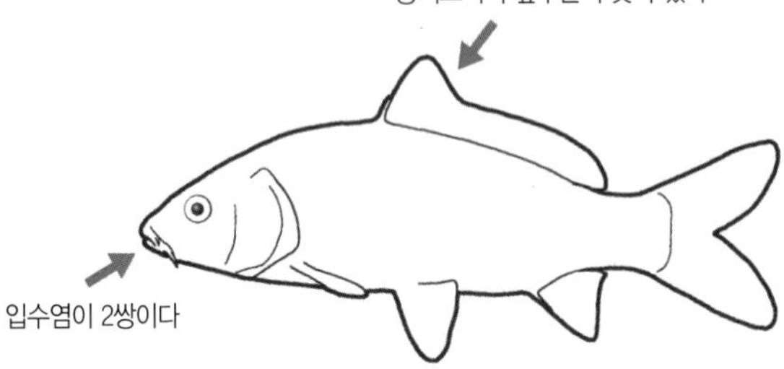

이스라엘잉어 *Cyprinus carpio*

▶ 74쪽

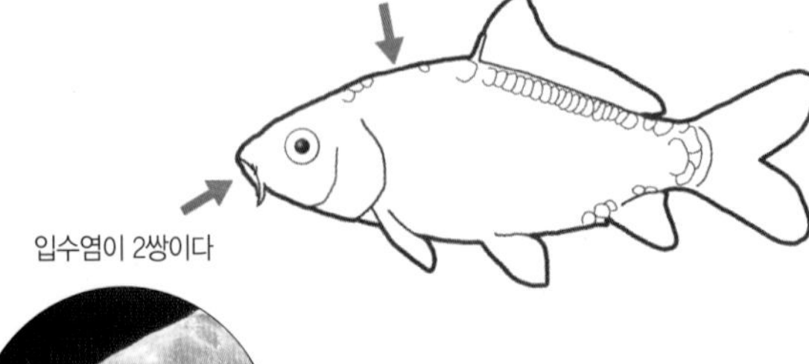

붕어 *Carassius auratus*

▶ 76쪽

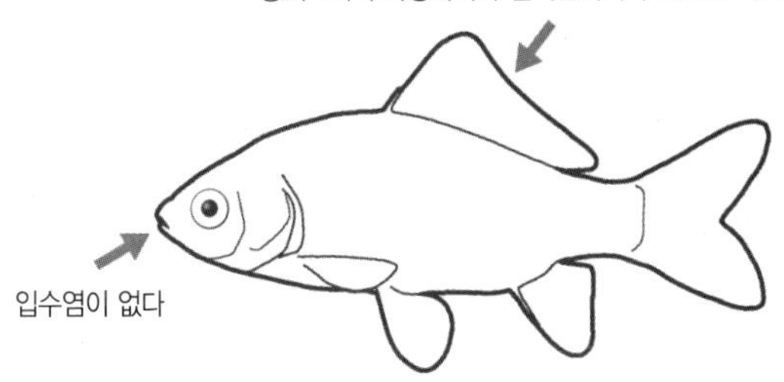
등지느러미 가장자리가 일직선이거나 안으로 약간 휘었다
입수염이 없다

떡붕어 *Carassius cuvieri*

▶ 78쪽

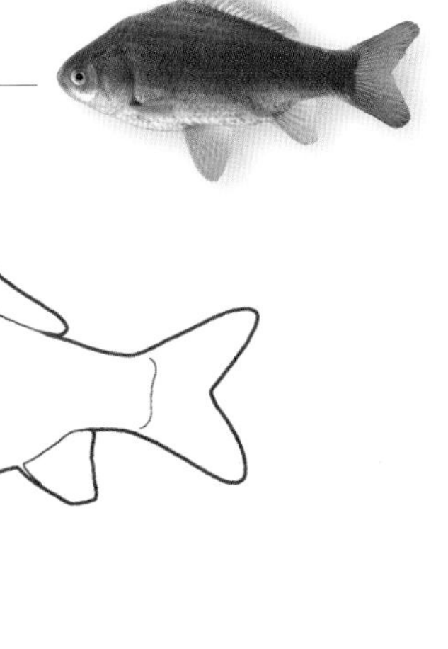
등이 높다
입수염이 없다

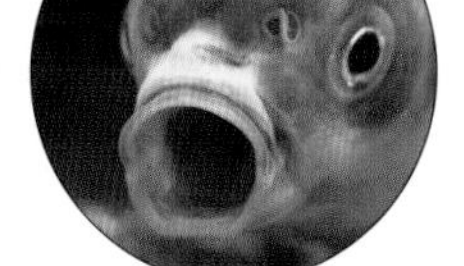

●납줄개속 물고기

흰줄납줄개 *Rhodeus ocellatus*

▶94쪽

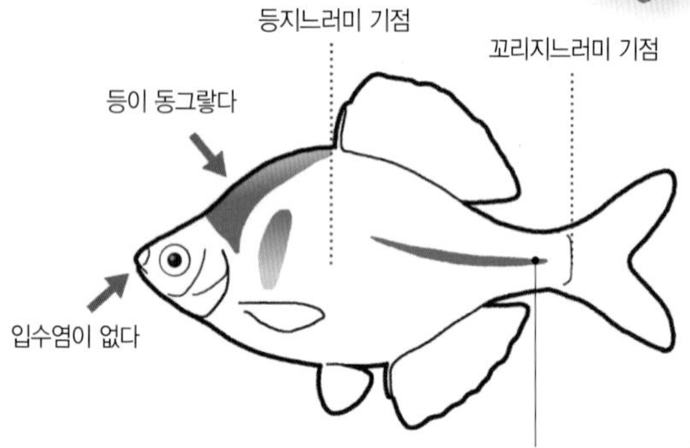
등지느러미 기점
꼬리지느러미 기점
등이 동그랗다
입수염이 없다
가로줄무늬가 등지느러미 기점에 닿지 않고 끝이 뾰족하다

한강납줄개 *Rhodeus pseudosericeus*

▶96쪽

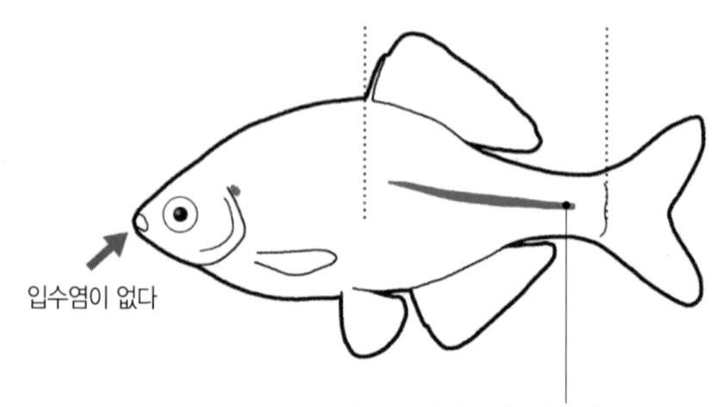
입수염이 없다
가로줄무늬가 등지느러미 기점에 닿지 않고 가늘다

각시붕어 *Rhodeus uyekii*

▶ 98쪽

등지느러미 기점

꼬리지느러미 기점

입수염이 없다

가로줄무늬가 등지느러미 기점에 닿고 끝이 뭉툭하다

떡납줄갱이 *Rhodeus notatus*

▶ 100쪽

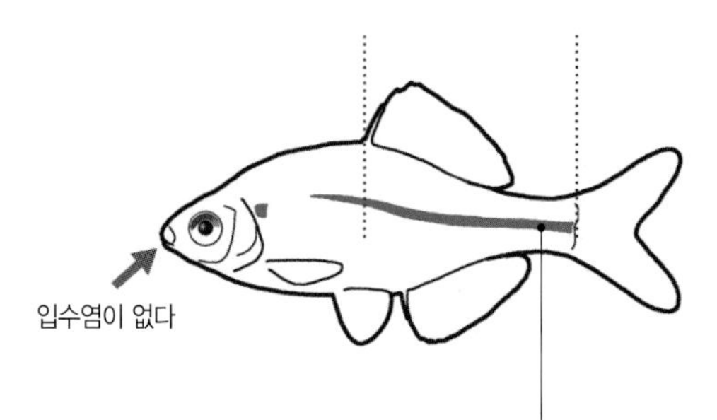

가로줄무늬가 등지느러미 기점을 넘어서며 끝이 뭉툭하다

●납자루속 물고기

납자루 *Acheilognathus lanceolata intermedia*

▶102쪽

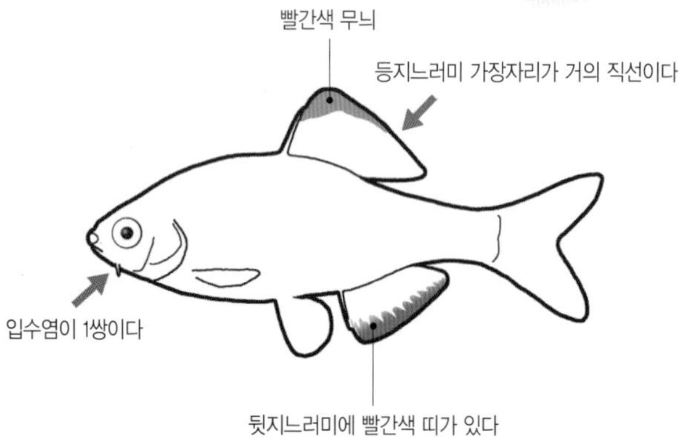
빨간색 무늬
등지느러미 가장자리가 거의 직선이다
입수염이 1쌍이다
뒷지느러미에 빨간색 띠가 있다

묵납자루 *Acheilognathus signifer*

▶104쪽

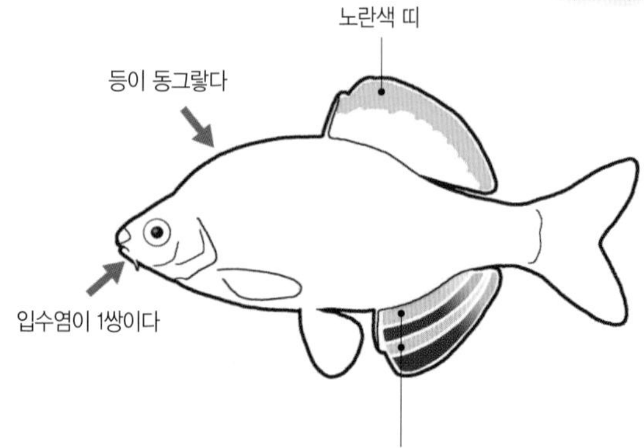
노란색 띠
등이 동그랗다
입수염이 1쌍이다
뒷지느러미에 노란색 띠가 2줄 있다

칼납자루 *Acheilognathus koreensis*

▶106쪽

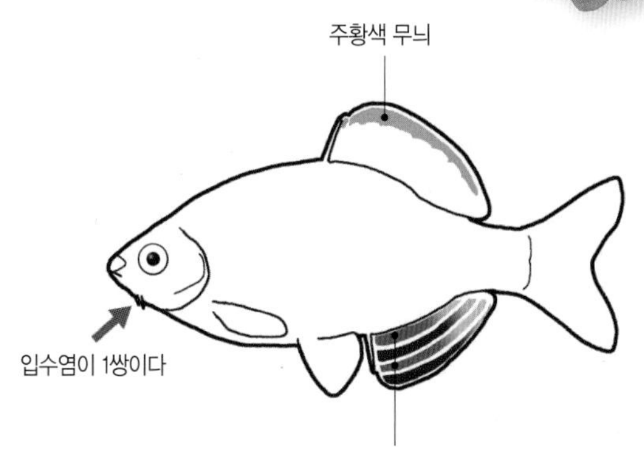
주황색 무늬
입수염이 1쌍이다
뒷지느러미에 빨간색 띠가 2줄 있다

※암컷의 산란관이 꼬리지느러미 기점을 넘어서지 않으며 알 모양은 긴 타원형이다

임실납자루 *Acheilognathus somjinensis*

▶108쪽

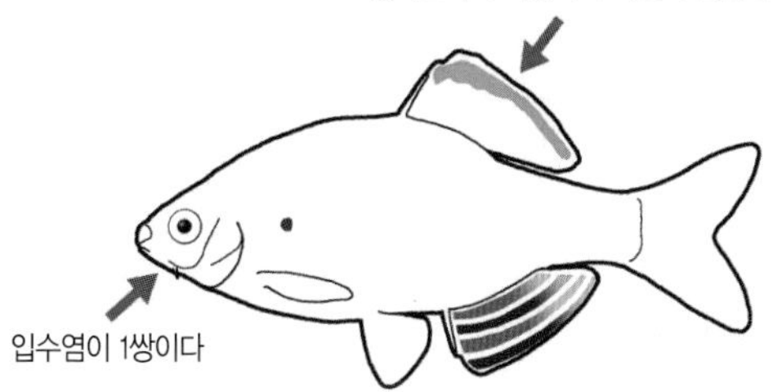
등지느러미 가장자리 곡선이 완만하다
입수염이 1쌍이다

※암컷의 산란관이 꼬리지느러미 기점을 넘어서며 알 모양은 타원형이다

●납자루속 물고기

줄납자루 *Acheilognathus yamatsutae*

▶112쪽

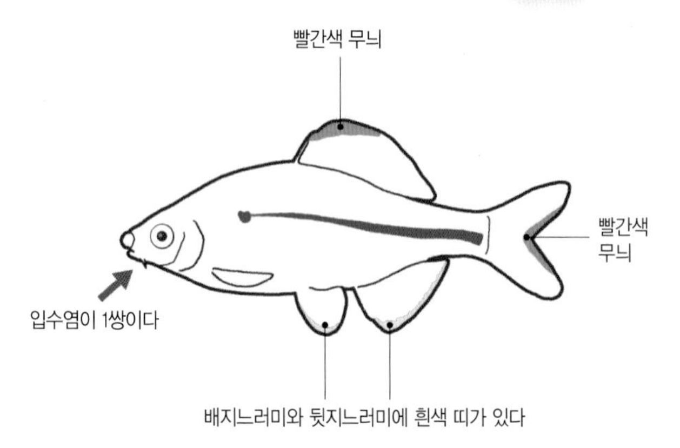
빨간색 무늬
빨간색 무늬
입수염이 1쌍이다
배지느러미와 뒷지느러미에 흰색 띠가 있다

큰줄납자루 *Acheilognathus majusculus*

▶114쪽

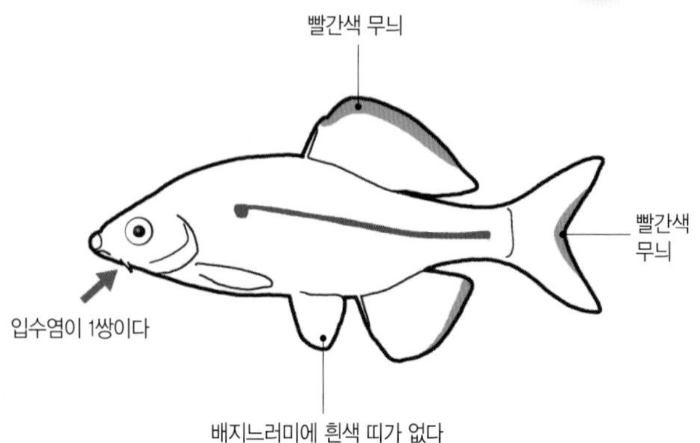
빨간색 무늬
빨간색 무늬
입수염이 1쌍이다
배지느러미에 흰색 띠가 없다

납지리 *Acheilognathus rhombeus*

▶ 116쪽

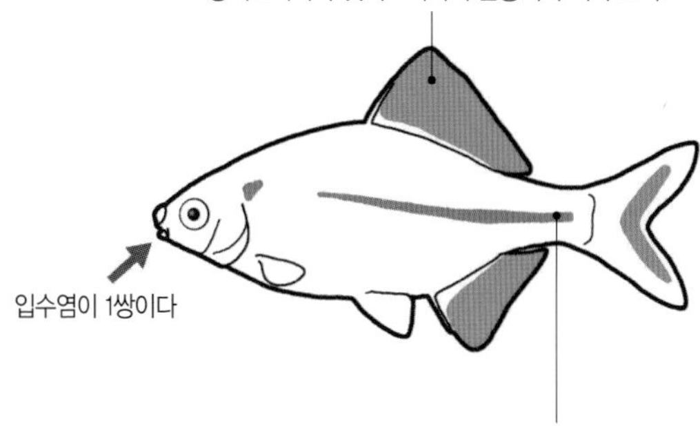
등지느러미와 뒷지느러미의 분홍색 무늬가 크다
입수염이 1쌍이다
초록색 가로줄

큰납지리 *Acheilognathus macropterus*

▶ 118쪽

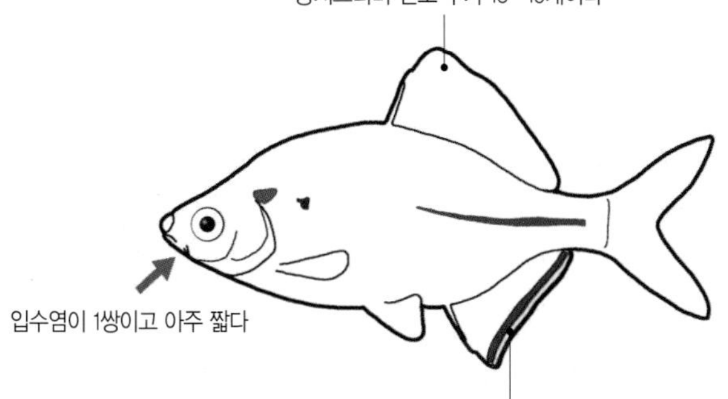
등지느러미 연조 수가 15~19개이다
입수염이 1쌍이고 아주 짧다
뒷지느러미 가장자리에 흰색 줄무늬가 있다

●납자루속 물고기

가시납지리 *Acanthorhodeus chankaensis*

Acheilognathus chankaensis

▶120쪽

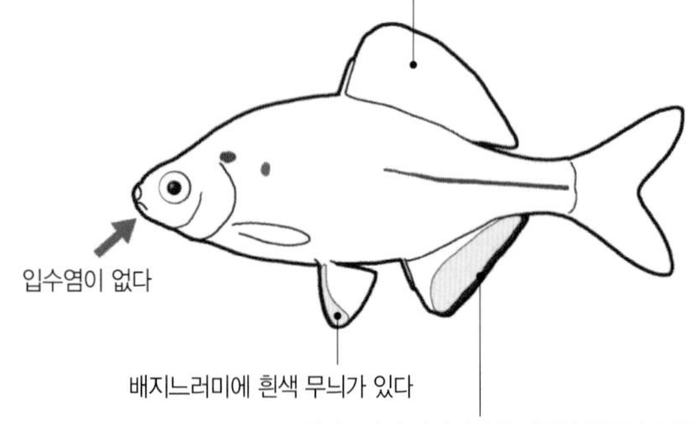
등지느러미 연조 수가 12~14개이다
입수염이 없다
배지느러미에 흰색 무늬가 있다
뒷지느러미 가장자리에 검은색 줄무늬가 있다

가시납지리

●미꾸리속 물고기

미꾸리 *Misgurnus anguillicaudatus*

▶204쪽

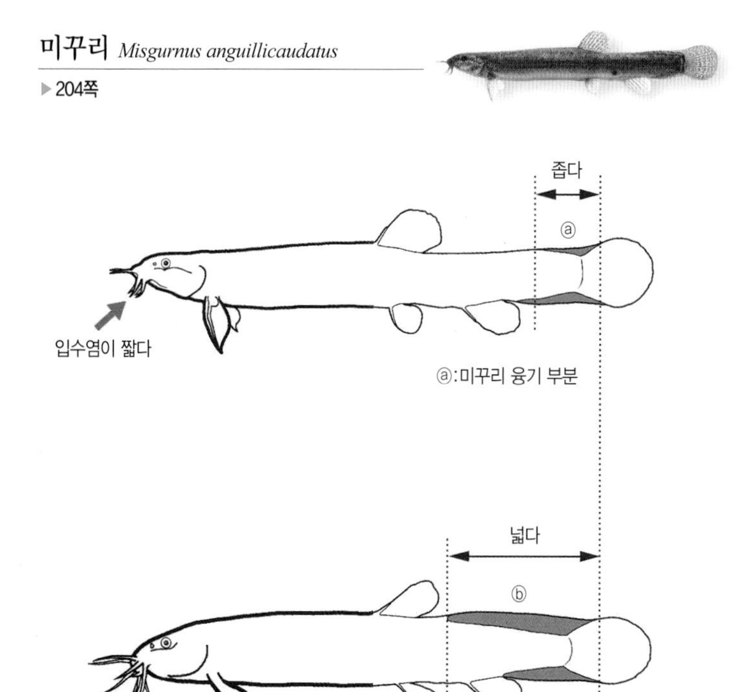

미꾸라지 *Misgurnus mizolepis*

▶206쪽

납자루아과 물고기의 산란

●납자루아과 물고기가 알을 낳는 민물조개의 종류

납자루아과 물고기 수컷은 번식기가 되면 암컷이 알을 낳기 알맞은 민물조개를 선택하느라 바쁘다. 조개가 선택되면 수컷은 암컷을 자신이 고른 조개 가까이로 유인한다. 암컷은 조개를 살핀 후 맘에 들면 조개의 출수공에 산란관을 꽂아 알을 낳으며 수컷이 뒤따라 방정하여 알을 수정시킨다.
납자루아과의 물고기가 알을 낳는 민물조개의 종류는 다음과 같다.

석패과 : 말조개, 작은말조개, 대칭이, 작은대칭이, 펄조개, 귀이빨, 대칭이, 두드럭조개, 곳체두드럭조개, 부채두드럭조개, 민납작조개

재첩과 : 재첩, 엷은재첩

대칭이

※이 밖에도 중고기속의 중고기, 참중고기도 민물조개의 몸 안에 알을 낳는다.

●납자루아과 물고기와 민물조개의 산란 상호 관계

납자루아과의 물고기는 번식기에 민물조개에 알을 낳는 독특한 습성이 있다. 일반적으로 물고기는 최소 수천 개에서 성숙한 잉어의 경우 수십만 개까지 알을 낳는다. 대개 물풀의 잎이나 줄기, 돌 밑, 자갈 틈 같은 곳에 알을 낳는데 다른 물고기나 수중 생물들에게 노출되어 먹이로 먹히더라도 종족을 유지하는 데 별 문제가 없다.
그러나 납자루아과 물고기가 품고 있는 알은 최대 300~400개를 넘지 않는다. 대신 단단한 조개의 몸 안에 알을 낳음으로써 천적과 위협 환경으로부터의 손실을 없앤다. 일단 조개의 몸속에 들어간 알은 2~3일 만에 부화하여 조개 아가미에 붙어 지내며, 유영 능력을 갖출 때까지 25일 정도 더 머물다가 밖으로 나온다.

한편, 민물조개는 번식기가 되면 수컷이 수중으로 정자를 내뿜어 가까이에 있는 암컷에게 수정시킨다. 수정된 알은 유생(글로키디움, glochidium)이 되어 암컷의 몸 밖으로 방출되며 유영 능력이 없는 유생은 바닥으로 떨어지는데, 이 중 일부는 바닥에서 생활하는 수중 생물의 몸에 붙거나 유생의 방출 시기와 일치하여 접근하는 납자루아과 물고기나 지나가는 다른 물고기의 몸에 붙어 다른 곳으로 옮겨진다.

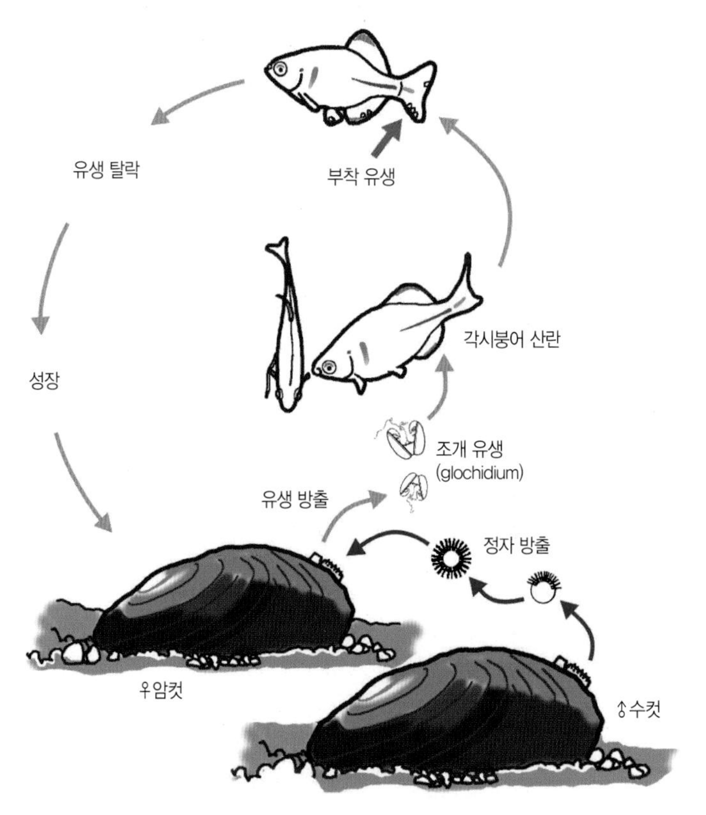

민물조개의 산란과 성장

멸종위기 야생생물(담수어류)

환경부에서는 2017년 12월 29일 멸종위기 야생생물 Ⅰ급 60종과 Ⅱ급 207종, 총 267종을 지정하였다. 이에 포함되는 담수어류(민물고기)는 총 27종이며 Ⅰ급에 11종, Ⅱ급에 16종이 속해 있다.

- **멸종위기 야생생물 Ⅰ급 :** 자연적 또는 인위적 위협 요인으로 개체 수가 현저하게 감소되어 멸종위기에 처한 야생 동·식물.

- **멸종위기 야생생물 Ⅱ급 :** 자연적 또는 인위적 위협 요인으로 개체 수가 현저하게 감소되고 있어 현재의 위협 요인이 제거되거나 완화되지 아니할 경우 가까운 장래에 멸종위기에 처할 우려가 있는 야생 동·식물.

멸종위기 야생생물 I 급(담수어류, 11종)

임실납자루 ▶108쪽

Acheilognathus somjinensis 잉어과 | 납자루아과 멸종위기 I

몸 길이: 5~6cm
생활형: 1차 담수어
사는 곳: 하천의 중 · 상류
분포: 섬진강

감돌고기 ▶126쪽

Pseudopungtungia nigra 잉어과 | 모래무지아과 멸종위기 I

몸 길이: 7~10cm
생활형: 1차 담수어
사는 곳: 하천의 중 · 상류
분포: 금강의 중 · 상류, 만경강

흰수마자 ▶168쪽

Gobiobotia nakdongensis 잉어과 | 모래무지아과 멸종위기 I

몸 길이: 6~10cm
생활형: 1차 담수어
사는 곳: 하천의 중류
분포: 한강, 임진강, 금강, 낙동강

모래주사 ▶172쪽

Microphysogobio koreensis 잉어과 | 모래무지아과 

몸 길이 : 8~10cm
생활형 : 1차 담수어
사는 곳 : 하천의 중 · 상류
분포 : 낙동강, 섬진강

여울마자 ▶176쪽

Microphysogobio rapidus 잉어과 | 모래무지아과 멸종위기 I

몸 길이 : 5~10cm
생활형 : 1차 담수어
사는 곳 : 하천의 중류
분포 : 낙동강

얼룩새코미꾸리 ▶210쪽

Koreocobitis naktongensis 미꾸리과 멸종위기 I

몸 길이 : 12~20cm
생활형 : 1차 담수어
사는 곳 : 하천의 중 · 상류
분포 : 낙동강

미호종개 ▶216쪽

Cobitis choii 미꾸리과 멸종위기 I

몸 길이: 7~12cm
생활형: 1차 담수어
사는 곳: 하천의 중류
분포: 금강

좀수수치 ▶234쪽

Kichulchoia brevifasciata 미꾸리과 멸종위기 I

몸 길이: 5cm
생활형: 1차 담수어
사는 곳: 소하천
분포: 전라남도 고흥반도 (풍양), 거금도, 금오도

꼬치동자개 ▶252쪽

Pseudobagrus brevicorpus 동자개과 멸종위기 I

몸 길이: 8~10cm
생활형: 1차 담수어
사는 곳: 하천의 중 · 상류
분포: 낙동강

퉁사리 ▶ 268쪽

Liobagrus obesus 퉁가리과 멸종위기 I

몸 길이: 8~10cm
생활형: 1차 담수어
사는 곳: 하천의 중류
분포: 금강, 만경강, 영산강

남방동사리 ▶ 294쪽

Odontobutis obscura 동사리과 멸종위기 I

몸 길이: 10~14cm
생활형: 1차 담수어
사는 곳: 하천의 중 · 상류
분포: 경상남도 거제도

멸종위기 야생생물 II 급(담수어류, 16종)

칠성장어 ▶ 56쪽

Lethenteron japonicus 칠성장어과 멸종위기 II

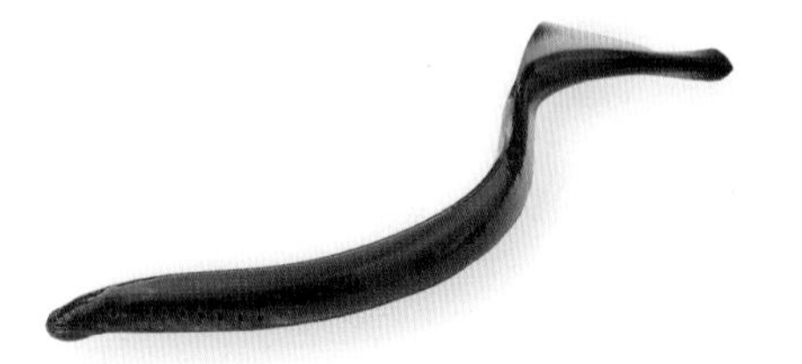

몸 길이: 40~50cm
생활형: 소하성
사는 곳: 바다, 하천의 중류
분포: 강원도 북부 영동 지방

다묵장어 ▶58쪽

Lethenteron reissneri 칠성장어과 멸종위기Ⅱ

몸 길이 : 20cm
생활형 : 육봉형
사는 곳 : 하천의 중류
분포 : 제주도를 제외한 전국 하천

연준모치 ▶82쪽

Phoxinus phoxinus 잉어과 | 황어아과 멸종위기Ⅱ

몸 길이 : 6~8cm
생활형 : 1차 담수어
사는 곳 : 하천의 상류
분포 : 삼척시 오십천, 남한강, 압록강, 두만강

버들가지 ▶92쪽

Rhynchocypris semotilus 잉어과 | 황어아과 멸종위기Ⅱ

몸 길이 : 6~10cm
생활형 : 1차 담수어
사는 곳 : 하천의 상류
분포 : 강원도 고성군 민통선 내 하천

한강납줄개 ▶96쪽

Rhodeus pseudosericeus 잉어과 | 납자루아과 멸종위기Ⅱ

몸 길이: 5~9cm
생활형: 1차 담수어
사는 곳: 하천의 중 · 상류
분포: 강원도 횡성, 경기도 양평과 가평, 충청남도 무한천

묵납자루 ▶104쪽

Acheilognathus signifer 잉어과 | 납자루아과 

몸 길이: 6~10cm
생활형: 1차 담수어
사는 곳: 하천의 중 · 상류
분포: 한강, 임진강, 대동강, 압록강

큰줄납자루 ▶114쪽

Acheilognathus majusculus 잉어과 | 납자루아과 멸종위기Ⅱ

몸 길이: 9~11cm
생활형: 1차 담수어
사는 곳: 하천의 중류
분포: 낙동강, 섬진강

가는돌고기 ▶128쪽

Pseudopungtungia tenuicorpa 잉어과 | 모래무지아과 멸종위기 II

몸 길이 : 8~10cm
생활형 : 1차 담수어
사는 곳 : 하천의 중 · 상류
분포 : 한강, 임진강

꾸구리 ▶164쪽

Gobiobotia macrocephala 잉어과 | 모래무지아과 멸종위기 II

몸 길이 : 7~12cm
생활형 : 1차 담수어
사는 곳 : 하천의 중 · 상류
분포 : 한강, 임진강, 금강

돌상어 ▶166쪽

Gobiobotia brevibarba 잉어과 | 모래무지아과 멸종위기 II

몸 길이 : 7~13cm
생활형 : 1차 담수어
사는 곳 : 하천의 중 · 상류
분포 : 한강, 임진강, 금강

백조어 ▶196쪽

Culter brevicauda 잉어과 | 강준치아과 

몸 길이 : 20~25cm
생활형 : 1차 담수어
사는 곳 : 하천의 중 · 하류, 저수지
분포 : 낙동강, 금강, 영산강

부안종개 ▶214쪽

Iksookimia pumila 미꾸리과 멸종위기Ⅱ

몸 길이 : 6~8cm
생활형 : 1차 담수어
사는 곳 : 하천의 중 · 상류
분포 : 전라북도 부안군 백천

열목어 ▶272쪽

Brachymystax lenok tsinlingensis 연어과 멸종위기Ⅱ

몸 길이 : 70cm
생활형 : 1차 담수어
사는 곳 : 하천의 상류
분포 : 강원도 한강 최상류 지역, 경상북도 봉화군

꺽저기 ▶366쪽

Coreoperca kawamebari 쏘가리과 멸종위기Ⅱ

몸 길이 : 15cm
생활형 : 1차 담수어
사는 곳 : 하천의 중류
분포 : 탐진강

가시고기 ▶378쪽

Pungitius sinensis 큰가시고기과 멸종위기Ⅱ

몸 길이 : 9cm
생활형 : 육봉형
사는 곳 : 하천의 중류
분포 : 동해로 흐르는 하천

한둑중개 ▶384쪽

Cottus hangiongensis 둑중개과 멸종위기Ⅱ

몸 길이 : 15cm
생활형 : 주연성
사는 곳 : 하천의 중 · 하류
분포 : 경상북도 영덕 이북의 동해로 흐르는 하천

한국의 천연기념물(담수어류)

문화재보호법에 따라 동물, 식물, 광물, 동굴, 지질, 생물학적 생성물 및 자연 현상으로서, 역사적, 경관적, 또는 학술적 가치가 큰 것을 천연기념물로 지정하여 보호하고 있다. 동물과 식물의 경우 그 서식지, 번식지, 도래지 및 자생지를 포함한다. 담수어류(민물고기)와 관련하여 총 10가지가 지정되었으며 종 자체로 5종, 서식지로 5군데가 있다.

황쏘가리 *Siniperca scherzeri* ▶364쪽
천연기념물 제190호(1967. 7), 한강 일대

금강의 어름치 *Hemibarbus mylodon* ▶156쪽
천연기념물 제238호(1972. 5), 충북 옥천군 이원면부터 금강 상류

어름치 *Hemibarbus mylodon* ▶156쪽
천연기념물 제259호(1978. 8), 전국

미호종개 *Cobitis choii* ▶216쪽

천연기념물 제454호(2005. 3), 전국

꼬치동자개 *Pseudobagrus brevicorpus* ▶252쪽

천연기념물 제455호(2005. 3), 전국

천지연 무태장어 서식지

천연기념물 제27호(1962. 12), 제주도 서귀포시 천지연 일대

정암사 열목어 서식지

천연기념물 제73호(1962. 12), 강원도 정선군 고한읍 고한리 산 213-1 외

봉화군 석포면 열목어 서식지

천연기념물 제74호(1962. 12), 경북 봉화군 석포면 대현리 266외

화천 황쏘가리 서식지

천연기념물 제532호(2011. 9), 강원도 화천군 화천읍 동촌리 일대

부여 · 청양 지천 미호종개 서식지

천연기념물 제533호(2011. 9), 충남 부여군 규암면 금암리 일대, 청양군 장평면 분향리 일대

한국 담수어 목록(21목 39과 234종)

고유 대한민국 고유종 멸종위기Ⅰ 멸종위기 야생생물 Ⅰ급
멸종위기Ⅱ 멸종위기 야생생물 Ⅱ급 천연 천연기념물 외래 외래종

1. 복수의 학명이 사용되는 일부 어종은 환경부 국립생물자원관 '한반도의 생물다양성' 웹사이트에 수록된 학명을 적용하였다.
2. 잉어과 황어아과 분류군 중 버들치속의 버들개, 버들피리의 학명은 연구자 제시 학명을 반영하였다.
3. 1, 2의 어종에 대한 이명은 파란색 글씨로 표기하였다.

칠성장어목 Petromyzontiformes

칠성장어과 Petromyzontidae

1. 칠성장어 멸종위기Ⅱ
Lethenteron japonicus (Martens, 1868)

2. 칠성말배꼽 고유
Lethenteron morii (Berg, 1931)

3. 다묵장어 멸종위기Ⅱ
Lethenteron reissneri (Dybowski, 1869)

철갑상어목 Acipenseriformes

철갑상어과 Acipenseridae

4. 철갑상어
Acipenser sinensis Gray, 1835

5. 칼상어
Acipenser dabryanus Duméril, 1869

6. 용상어
Acipenser medirostris Ayres, 1854

뱀장어목 Anguilliformes

뱀장어과 Anguillidae

7. 뱀장어
   Anguilla japonica Temminck et Schlegel, 1846

8. 무태장어
   Anguilla marmorata Quoy et Gaimard, 1824

청어목 Clupeiformes

멸치과 Engraulidae

9. 웅어
   Coilia nasus Temminck et Schlegel, 1846

10. 싱어
    Coilia mystus (Linnaeus, 1758)

청어과 Clupeidae

11. 밴댕이
    Sardinella zunasi (Bleeker, 1854)

12. 전어
    Konosirus punctatus (Temminck et Schlegel, 1846)

잉어목 Cypriniformes

잉어과 Cyprinidae

잉어아과 Cyprininae

13. 잉어/이스라엘잉어 외래
    Cyprinus carpio Linnaeus, 1758

14. 붕어
    Carassius auratus (Linnaeus, 1758)

15. 떡붕어 외래

Carassius cuvieri Temminck et Schlegel, 1846

황어아과 Leuciscinae

16. 야레

Leuciscus waleckii (Dybowski, 1869)

17. 황어

Tribolodon hakonensis (Günther, 1877)

18. 대황어

Tribolodon brandtii (Dybowski, 1872)

19. 연준모치 멸종위기Ⅱ

Phoxinus phoxinus (Linnaeus, 1758)

20. 버들치

Rhynchocypris oxycephalus (Sauvage et Dabry de Thiersant, 1874)

21. 버들개 고유

Rhynchocypris oxyrhynchus (Mori, 1930)

Rhynchocypris steindachneri (Sauvage, 1883) (환경부 적용 학명, 이 경우 고유종 제외)

22. 버들피리

Rhynchocypris lagowskii (Dybowski, 1869) (환경부 미기재 종)

23. 동버들개

Rhynchocypris percnurus (Pallas, 1814)

24. 금강모치 고유

Rhynchocypris kumgangensis (Kim, 1980)

Phoxinus kumgangensis Kim, 1980

25. 버들가지 고유 멸종위기Ⅱ

Rhynchocypris semotilus (Jordan et Starks, 1905)

납자루아과 Acheilognathinae

26. 흰줄납줄개

Rhodeus ocellatus (Kner, 1866)

27. 한강납줄개 고유 멸종위기 II

Rhodeus pseudosericeus Arai, Jeon et Ueda, 2001

28. 납줄개

Rhodeus sericeus (Pallas, 1776)

29. 각시붕어 고유

Rhodeus uyekii (Mori, 1935)

30. 떡납줄갱이

Rhodeus notatus Nichols, 1929

31. 서호납줄갱이 고유

Rhodeus hondae (Jordan et Metz, 1913)

32. 납자루

Acheilognathus lanceolata intermedia (Temminck et Schlegel, 1846)

Acheilognathus lanceolatus (Temminck et Schlegel, 1846)

Tanakia lanceolata (Temminck et Schlegel, 1846)

33. 묵납자루 고유 멸종위기 II

Acheilognathus signifer Berg, 1907

Tanakia signifer (Berg, 1907)

34. 칼납자루 고유

Acheilognathus koreensis Kim et Kim, 1990

Tanakia koreensis (Kim et Kim, 1990)

35. 임실납자루 고유 멸종위기 I

Acheilognathus somjinensis Kim et Kim, 1991

Tanakia somjinensis (Kim et Kim, 1991)

36. 낙동납자루 고유

Tanakia latimarginata Kim, Jeon, et Suk, 2014

37. 줄납자루 고유

Acheilognathus yamatsutae Mori, 1928

38. 큰줄납자루 고유 멸종위기 II

Acheilognathus majusculus Kim et Yang, 1998

39. 납지리
Acheilognathus rhombeus (Temminck et Schlegel, 1846)

40. 큰납지리
Acheilognathus macropterus (Bleeker, 1871)

41. 가시납지리 고유
Acanthorhodeus chankaensis (Dybowski, 1872)
Acheilognathus chankaensis (Dybowski, 1872)
Acheilognathus gracilis Regan, 1890

모래무지아과 Gobioninae

42. 참붕어
Pseudorasbora parva (Temminck et Schlegel, 1846)

43. 돌고기
Pungtungia herzi Herzenstein, 1892

44. 감돌고기 고유 멸종위기 I
Pseudopungtungia nigra Mori, 1935

45. 가는돌고기 고유 멸종위기 II
Pseudopungtungia tenuicorpa Jeon et Choi, 1980

46. 쉬리 고유
Coreoleuciscus splendidus Mori, 1935
Coreoleuciscus splendidus splendidus Mori, 1935

47. 참쉬리 고유
Coreoleuciscus aeruginos Song et Bang, 2015
Coreoleuciscus splendidus aeruginos Song et Bang, 2015

48. 새미
Ladislavia taczanowskii Dybowski, 1869

49. 참중고기 고유
Sarcocheilichthys variegatus wakiyae Mori, 1927

50. 중고기 고유
    Sarcocheilichthys nigripinnis morii Jordan et Hubbs, 1925

51. 북방중고기
    Sarcocheilichthys nigripinnis czerskii (Berg, 1914)

52. 줄몰개
    Gnathopogon strigatus (Regan, 1908)

53. 긴몰개 고유
    Squalidus gracilis majimae (Jordan et Hubbs, 1925)

54. 몰개 고유
    Squalidus japonicus coreanus (Berg, 1906)

55. 참몰개 고유
    Squalidus chankaensis tsuchigae (Jordan et Hubbs, 1925)

56. 점몰개 고유
    Squalidus multimaculatus Hosoya et Jeon, 1984

57. 모샘치
    Gobio cynocephalus Dybowski, 1869

58. 케톱치
    Coreius heterodon (Bleeker, 1864)

59. 누치
    Hemibarbus labeo (Pallas, 1776)

60. 참마자
    Hemibarbus longirostris (Regan, 1908)

61. 알락누치
    Hemibarbus maculatus Bleeker, 1871

62. 어름치 고유 천연
    Hemibarbus mylodon (Berg, 1907)

63. 모래무지
    Pseudogobio esocinus (Temminck et Schlegel, 1846)

64. 버들매치
Abbottina rivularis (Basilewsky, 1855)

65. 왜매치 고유
Abbottina springeri Banarescu et Nalbant, 1973

66. 꾸구리 고유 멸종위기 II
Gobiobotia macrocephala Mori, 1935

67. 돌상어 고유 멸종위기 II
Gobiobotia brevibarba Mori, 1935

68. 흰수마자 고유 멸종위기 I
Gobiobotia nakdongensis Mori, 1935

69. 압록자그사니 고유
Mesogobio lachneri Banarescu et Nalbant, 1973

70. 두만강자그사니 고유
Mesogobio tumensis Chang, 1980

71. 모래주사 고유 멸종위기 I
Microphysogobio koreensis Mori, 1935

72. 돌마자 고유
Microphysogobio yaluensis (Mori, 1928)

73. 여울마자 고유 멸종위기 I
Microphysogobio rapidus Chae et Yang, 1999

74. 됭경모치 고유
Microphysogobio jeoni Kim et Yang, 1999

75. 배가사리 고유
Microphysogobio longidorsalis Mori, 1935

76. 두우쟁이
Saurogobio dabryi Bleeker, 1871

끄리아과 Opsariichthynae

77. 왜몰개
    Aphyocypris chinensis Günther, 1868

78. 갈겨니
    Zacco temminckii (Temminck et Schlegel, 1846)

79. 참갈겨니 고유
    Zacco koreanus Kim, Oh et Hosoya, 2005

80. 피라미
    Zacco platypus (Temminck et Schlegel, 1846)

81. 끄리
    Opsariichthys uncirostris amurensis Berg, 1932

강준치아과 Cultrinae

82. 강준치
    Erythroculter erythropterus (Basilewsky, 1855)

83. 백조어 멸종위기Ⅱ
    Culter brevicauda Günther, 1868

84. 치리 고유
    Hemiculter eigenmanni (Jordan et Metz, 1913)
    Hemiculter leucisculus (Basilewsky, 1855)

85. 살치
    Hemiculter leucisculus (Basilewsky, 1855)
    Hemiculter Bleekeri Warpachowski, 1887

눈불개아과 Squaliobarbinae

86. 눈불개
    Squaliobarbus curriculus (Richardson, 1846)

87. 초어 외래
    Ctenopharyngodon idellus (Valenciennes, 1844)

대두어아과 Xenocyprinae

88. 백연(련)어 외래
    Hypophthalmichthys molitrix (Valenciennes, 1844)

89. 대두어 외래
    Hypophthalmichthys nobilis (Richardson, 1845)

미꾸리과 Cobitidae

90. 미꾸리
    Misgurnus anguillicaudatus (Cantor, 1842)

91. 미꾸라지
    Misgurnus mizolepis Günther, 1888

92. 부포미꾸라지 고유
    Misgurnus buphoensis kim et Park, 1995

93. 새코미꾸리 고유
    Koreocobitis rotundicaudata (Wakiya et Mori, 1929)

94. 얼룩새코미꾸리 고유 멸종위기 I
    Koreocobitis naktongensis Kim, Park et Nalbant, 2000

95. 참종개 고유
    Iksookimia koreensis (Kim, 1975)

96. 부안종개 고유 멸종위기 II
    Iksookimia pumila (Kim et Lee, 1987)

97. 왕종개 고유
    Iksookimia longicorpa (Kim, Choi et Nalbant, 1976)

98. 남방종개 고유
    Iksookimia hugowolfeldi Nalbant, 1993

99. 북방종개 고유
    Iksookimia pacifica Kim, Park et Nalbant, 1999

100. 동방종개 고유
Iksookimia yongdokensis Kim et Park, 1997

101. 기름종개 고유
Cobitis hankugensis Kim, Park, Son et Nalbant, 2003

102. 미호종개 고유 멸종위기 I 천연
Cobitis choii Kim et Son, 1984

103. 점줄종개 고유
Cobitis nalbanti Vasil'eva et Kim, 2016

104. 줄종개 고유
Cobitis tetralineata Kim, Park et Nalbant, 1999

105. 수수미꾸리 고유
Kichulchoia multifasciata (Wakiya et Mori, 1929)

106. 좀수수치 고유 멸종위기 I
Kichulchoia brevifasciata (Kim et Lee, 1995)

종개과 Nemacheilidae

107. 종개
Orthrias toni (Dybowski, 1869)

108. 대륙종개
Orthrias nudus (Bleeker, 1864)

109. 쌀미꾸리
Lefua costata (Kessler, 1876)

메기목 Siluriformes

메기과 Siluridae

110. 메기
Silurus asotus Linnaeus, 1758

111. 미유기 고유

Silurus microdorsalis (Mori, 1936)

동자개과 Bagridae

112. 동자개

Pseudobagrus fulvidraco (Richardson, 1846)

113. 눈동자개 고유

Pseudobagrus koreanus (Uchida, 1990)

114. 꼬치동자개 고유 멸종위기 I 천연

Pseudobagrus brevicorpus (Mori, 1936)

115. 대농갱이

Leiocassis ussuriensis (Dybowski, 1872)

116. 밀자개

Leiocassis nitidus (Sauvage et Dabry de Thiersant, 1874)

117. 종어

Leiocassis longirostris Günther, 1864

퉁가리과 Amblycipitidae

118. 퉁가리 고유

Liobagrus andersoni Regan, 1908

119. 퉁사리 고유 멸종위기 I

Liobagrus obesus Son, Kim et Choo, 1987

120. 자가사리 고유

Liobagrus mediadiposalis Mori, 1936

121. 섬진자가사리 고유

Liobagrus somjinensis Kim et Park, 2010

122. 동방자가사리 고유

Liobagrus hyeongsanensis Kim, Kim et Park, 2015

찬넬동자개과 Lctaruridae

123. 찬넬동자개 외래
    Ictalurus punctatus (Rafinesque, 1818)

연어목 Salmoniformes

연어과 Salmonidae

124. 우레기
    Coregonus ussuriensis Berg, 1906

125. 사루기 고유
    Thymallus articus jaluensis Mori, 1928

126. 열목어 멸종위기Ⅱ 천연(서식지)
    Brachymystax lenok tsinlingensis Li, 1966

127. 연어
    Oncorhynchus keta (Walbaum, 1792)

128. 곱사연어
    Oncorhynchus gorbuscha (Walbaum, 1792)

129. 산천어(송어)
    Oncorhynchus masou masou (Brevoort, 1856)

130. 은연어 외래
    Onchorhynchus kisutch (Walbaum, 1792)

131. 무지개송어 외래
    Onchorhynchus mykiss (Walbaum, 1792)

132. 자치 고유
    Hucho ishikawaae Mori, 1928

133. 홍송어
    Salvelinus leucomaenis leucomaenis (Pallas, 1814)

134. 곤들매기
Salvelinus malmus (Walbaum, 1792)

바다빙어목 Osmeriformes

바다빙어과 Osmeridae

135. 빙어
Hypomesus nipponensis McAllister, 1963

136. 은어
Plecoglossus altivelis (Temminck et Schlegel, 1846)

뱅어과 Salangidae

137. 국수뱅어
Salanx ariakensis Kishinouye, 1902

138. 벚꽃뱅어
Hemisalanx prognathus Regan, 1908

139. 도화뱅어
Neosalanx andersoni (Rendahl, 1923)

140. 젓뱅어 고유
Neosalanx jordani Wakiya et Takahashi, 1937

141. 실뱅어
Neosalanx hubbsi Wakiya et Takahashi, 1937

142. 붕퉁뱅어
Protosalanx chinensis (Basilewsky, 1855)

143. 뱅어
Salangichthys microdon (Bleeker, 1860)

대구목 Gardiformes

대구과 Gadidae

144. 모오캐
Lota lota (Linnaeus, 1758)

망둑어목 Gobiiformes

동사리과 Odontobutidae

145. 동사리 고유
Odontobutis platycephala Iwata et Jeon, 1985

146. 얼룩동사리 고유
Odontobutis interrupta Iwata et Jeon, 1985

147. 남방동사리 멸종위기 I
Odontobutis obscura (Temminck et Schlegel, 1845)

148. 껄동사리
Odontobutis yaluensis (Wu, Wu et Xie, 1993)

149. 발기
Perccottus glenii Dybowski, 1877

150. 좀구굴치
Micropercops swinhonis (Günther, 1873)

구굴무치과 Eleotridae

151. 구굴무치
Eleotris oxycephala Temminck et Schlegel, 1845

152. 검은구굴무치
Eleotris acanthopoma Bleeker, 1853

망둑어과 Gobiidae

153. 날망둑
Gymnogobius breunigii (Steindachner, 1879)

154. 동해날망둑
Gymnogobius taranetzi (Pinchuk, 1978)

155. 꾹저구
Gymnogobius urotaenia (Hilgendorf, 1879)

156. 검정꾹저구
Gymnogobius petschiliensis (Rendahl, 1924)

157. 무늬꾹저구
Gymnogobius opperiens Stevenson, 2002

158. 왜꾹저구
Gymnogobius macrognathos (Bleeker, 1860)

159. 문절망둑
Acanthogobius flavimanus (Temminck et Schlegel, 1845)

160. 왜풀망둑
Acanthogobius elongata (Fang, 1985)

161. 흰발망둑
Acanthogobius lactipes (Hilgendorf, 1879)

162. 비늘흰발망둑
Acanthogobius luridus NI et WU, 1985

163. 풀망둑
Synechogobius hasta (Temminck et Schlegel, 1845)

164. 열동갈문절
Sicyopterus japonicus (Tanaka, 1909)

165. 애기망둑
Pseudogobius masago (Tomiyama, 1936)

166. 무늬망둑
Bathygobius fuscus (Rüppel, 1830)

167. 갈문망둑
Rhinogobius giurinus (Rutter, 1897)

168. 밀어
Rhinogobius brunneus (Temminck et Schlegel, 1845)

169. 줄밀어
Rhinogobius nagoyae Jordan et Seale, 1906

170. 점밀어
Rhinogobius mizunoi Suzuki, Shibukawa et Aizawa, 2017

171. 민물두줄망둑
Tridentiger bifasciatus Steindachner, 1881

172. 황줄망둑
Tridentiger nudicervicus Tomiyama, 1934

173. 검정망둑
Tridentiger obscurus (Temminck et Schlegel, 1845)

174. 민물검정망둑
Tridentiger brevispinis Katsuyama, Arai et Nakamura, 1972

175. 줄망둑
Acentrogobius pflaumii (Bleeker, 1853)

176. 점줄망둑 고유
Acentrogobius pellidebilis Lee et Kim, 1992

177. 날개망둑
Favonigobius gymnauchen (Bleeker, 1860)

178. 모치망둑
Mugilogobius abei (Jordan et Snyder, 1901)

179. 제주모치망둑
Mugilogobius fontinalis (Jordan et Seale, 1906)

180. 꼬마청황
Parioglossus dotui Tomiyama, 1958

181. 짱뚱어
Boleophthalmus pectinirostris (Linnaeus, 1758)

182. 남방짱뚱어
Scartelaos gigas Chu et Wu, 1963

183. 말뚝망둥어
Periophthalmus modestus Cantor, 1842

184. 큰볏말뚝망둥어 고유
Periophthalmus magnuspinnatus Lee, Choi et Ryu, 1995

185. 미끈망둑
Luciogobius guttatus Gill, 1859

186. 왜미끈망둑
Luciogobius saikaiensis Dotsu, 1957

187. 주홍미끈망둑
Luciogobius pallidus Regan, 1940

188. 꼬마망둑
Luciogobius koma (Synder, 1909)

189. 사백어
Leucopsarion petersi Hilgendorf, 1880

190. 빨갱이
Ctenotrypauchen microcephalus (Bleeker, 1860)

191. 개소겡
Odontamblyopus lacepedii (Temminck et Schlegel, 1845)
Taenioides rubicundus (Hamilton, 1822)

숭어목 Mugiliformes

숭어과 Mugilidae

192. 숭어
Mugil cephalus Linnaeus, 1758

193. 등줄숭어
Chelon affinis (Günther, 1861)

194. 가숭어
Chelon haematocheilus (Temminck et Schlegel, 1845)

키크리목 Cichliformes

키크리과 Cichlidae

195. 나일틸라피아(역돔) 외래
Oreochromis niloticus (Linnaeus, 1758)

동갈치목 Beloniformes

송사리과 Adrianichthyoidae

196. 송사리
Oryzias latipes (Temminck et Schlegel, 1846)

197. 대륙송사리
Oryzias sinensis Chen, Uwa et Chu, 1989

학공치과 Hemiramphidae

198. 학공치
Hyporhamphus sajori (Temminck et Schlegel, 1846)

199. 줄공치
Hyporhamphus intermedius (Cantor, 1842)

드렁허리목 Synbranchiformes

드렁허리과 Synbranchidae

200. 드렁허리
Monopterus albus (Zuiew, 1793)

버들붕어목 Anabantiformes

버들붕어과 Belontiidae

201. 버들붕어
Macropodus ocellatus Cantor, 1842

가물치과 Channidae

202. 가물치
Channa argus (Cantor, 1842)

가자미목 Pleuronectiformes

가자미과 Pleuronectidae

203. 돌가자미
Kareius bicoloratus (Basilewsky, 1855)

204. 강도다리
Platichthys stellatus (Pallas, 1787)

205. 도다리
Pleuronichthys cornutus (Temminck et Schlegel, 1846)

참서대과 Cynoglossidae

206. 박대
Cynoglossus semilaevis Günther, 1873

실고기목 Syngnathifomers

실고기과 Syngnathidae

207. 실고기
Syngnathus schlegeli Kaup, 1856

돛양태목 Callionymifomers

돛양태과 Callionymidae

208. 강주걱양태
Repomucenus olidus (Günther, 1873)

농어목 Perciformes

농어과 Moronidae

209. 농어
Lateolabrax japonicus (Cuvier, 1828)

210. 점농어
Lateolabrax maculatus (McClelland, 1839)

쏘가리과 Sinipercidae

211. 쏘가리 천연(황쏘가리)
Siniperca scherzeri Steindachner, 1892

212. 꺽지 고유
Coreoperca herzi Herzenstein, 1896

213. 꺽저기 멸종위기Ⅱ
Coreoperca kawamebari (Temminck et Schlegel, 1843)

검정우럭과 Centrachidae

214. 블루길 외래
Lepomis macrochirus Rafinesque, 1819

215. 배스 외래

Micropterus salmoides (Lacepède, 1802)

주둥치과 Leiognathidae

216. 주둥치

Leiognathus nuchalis (Temminck et Schlegel, 1845)

쏨뱅이목 Scorpaeniformes

양볼락과 Scorpaenidae

217. 조피볼락

Sebastes schlegeli Hilgendorf, 1880

양태과 Platycephalidae

218. 양태

Platycephalus indicus (Linnaeus, 1758)

큰가시고기과 Gasterosteidae

219. 큰가시고기

Gasterosteus aculeatus Linnaeus, 1758

Gasterosteus nipponicus Higuchi, Sakai & Goto, 2014

220. 가시고기 멸종위기Ⅱ

Pungitius sinensis (Guichenot, 1869)

221. 두만가시고기

Pungitius tymensis (Nikolsky, 1889)

222. 청가시고기

Pungitius pungitius (Linnaeus, 1758)

223. 잔가시고기

Pungitius kaibarae (Tanaka, 1915)

둑중개과 Cottidae

224. 둑중개 고유
Cottus koreanus Fujii, Yabe et Choi, 2005

225. 한둑중개 멸종위기Ⅱ
Cottus hangiongensis Mori, 1930

226. 참둑중개
Cottus czerskii Berg, 1913

227. 꺽정이
Trachidermus fasciatus Heckel, 1837

228. 개구리꺽정이
Myxocephalus stelleri Tilesius, 1811

복어목 Tetraodontiformes

참복과 Tetraodontidae

229. 까치복
Takifugu xanthopterus (Temminck et Schlegel, 1850)

230. 매리복
Takifugu vermicularis (Temminck et Schlegel, 1850)

231. 복섬
Takifugu niphobles (Jordan et Snyder, 1901)

232. 흰점복
Takifugu poecilonotus (Temminck et Schlegel, 1850)

233. 황복
Takifugu obscurus (Abe, 1949)

234. 자주복
Takifugu rubripes (Temminck et Schlegel, 1850)

용어 해설

ㄱ

감베타 반문(Gambetta's Zone, Fourth Gambetta's Pigmentaly Zone)
미꾸리과 기름종개속 물고기의 몸에 나 있는 4줄의 무늬를 말하며 이를 비교하여 기름종개속 물고기를 구분하기도 한다. 이태리의 어류학자 감베타가 고안하였으며 감베타 존이라 부른다.

거치(鋸齒, serration)
톱니처럼 생긴 돌기.

계류(溪流)
산골짜기의 빠른 속도로 흐르는 물.

고유종(固有種, endemic species)
특정 지역에만 한정되어 분포하는 생물 종.

골질반(骨質盤, lamina circularis)
미꾸리과 물고기의 가슴지느러미 뿌리 부분의 크고 넓은 뼈의 구조. 수컷에게 있으며 이로 인해 가슴지느러미의 2번째 기조가 길어져 수컷의 가슴지느러미는 길고 뾰족한 특징을 보인다. 번식기에 길어진 가슴지느러미로 암컷의 복부를 조여 알을 낳게 한다.

교잡(交雜, cross hybridization)
일반적으로 유전적 구성이 다른 두 개체 간의 교배를 뜻한다.

굳비늘(硬鱗, ganoid scale)
단단하고 광택이 있는 물고기 비늘. 고생대의 원시 물고기(판피류)들에 있었으나 지금은 몇 종류에만 남아 있다.

극조(棘條, spinous ray)
지느러미 막을 지지하는 기조의 일종으로 가시처럼 끝이 뾰족하고 단단하며 마디가 없다.

기름지느러미(adipose fin)
등지느러미 뒤쪽 꼬리지느러미 가까이에 있으며 크기가 작고 지느러미살(기조)이 없는 지느러미 바다빙어목이나 연어목의 물고기에 있다.

기수역(汽水域, estuary)
강물이 바다로 흘러 들어갈 때 민물과 바닷물이 혼합되는 곳. 하구역(河口域)이라고도 한다. 육지로부터 유입되는 대량의 유기물이 가라앉아 다양한 생물이 서식한다.

기조(鰭條, fin ray)
지느러미막을 지지하는 막대 모양의 골격 구조. 중간에 마디가 없는 가시 형태의 극조와 마디가 있는 연조를 통틀어 말한다.

ㄴ

냉수성 물고기(冷水性魚種, cold water fishes)
낮은 온도의 물에 적응하여 사는 물고기를 통틀어 이르는 말. 하천 상류의 열목어, 산천어, 연준모치 등이 이에 해당하고 바닷물고기로는 연어, 청어, 대구 따위가 있다.

ㄷ

담수(淡水, freshwater)
약간의 염분이 섞여 있는 육지의 물을 통틀어 가리키지만 염분이 없는 순수한 물과는 다르다.

담수어(淡水魚, freshwater fish)
담수 즉, 민물에 사는 민물고기를 뜻하지만 민물과 바닷물이 합쳐지는 기수역에 살거나, 민물과 바닷물을 왕래하거나, 바닷물에 살지만 잠시 민물이나 기수역에 나타나는 물고기를 모두 포함하여 부른다.

댐호
물길을 가로막아 축조된 댐으로 인해 조성된 인공 호수를 말한다.

돌기(突起, protuberance)
물체나 동·식물의 몸체에 뾰족하게 튀어나오거나 도드라진 부분.

동정(同定, identification)
생물체의 고유한 특징을 바탕으로 다른 것들과의 차이를 비교·검토하여 이미 밝혀진 분류군 중에서 그 위치를 결정하는 일을 말한다.

렙토세팔루스(leptocephalus)
알에서 갓 깨어난 뱀장어의 어린 치어를 말한다. 댓잎 모양으로 생겨 '버들잎뱀장어' 또는 '댓잎뱀장어'라고도 한다.

ㅂ

방정(放精)
물속 동물의 수컷이 수정을 위해 정자를 물속에 방출하는 것.

백화현상(알비노, Albino, Albinism)
색소를 관장하는 유전자의 돌연변이로 인해 신체의 색소가 결핍되어 일어나는 현상. 물고기에 드물지 않게 나타나며 대부분 유전된다.

보호색(保護色, protective coloration)
주위 환경이나 배경과 비슷하여 다른 동물에게 발견되기 어려운 색. 다른 동물의 공격으로부터 자신을 보호하거나 반대로 다른 동물을 포식하기 위해 주변과 비슷하게 바꾸는 몸 색깔.

ㅅ

산란관(産卵管, ovipositor)
물고기나 곤충의 암컷 배에 길게 나 있는, 알을 낳기 위한 기관이다. 산란 형태에 따라 그 모양이 다르다. 납자루아과와 중고기속 물고기의 암컷에 있다.

새파(鰓耙, gill raker)
아가미를 지탱하는 골격인 새궁(鰓弓)의 안쪽에 줄지어 나 있는 골질의 돌기. 육식을 하는 물고기의 경우 길이가 짧고 수는 적다.

세력권(勢力圈, territory)
동물학상 개체나 집단이 일정 구역 안에 다른 개체가 침입하지 못하도록 경계하고 방어하는 구역. 번식이나 먹이 확보 등을 위해 형성한다.

소하성(遡河性, anadromous)
물고기가 바다에서 생활하다 민물로 올라와 산란하는 습성을 말한다. 변태하거나 부화 후 다시 바다로 내려간다. 칠성장어, 연어, 송어 등이 이에 해당한다.

수륙양서어(水陸兩棲魚)
물과 뭍의 양쪽 조건에 적응하여 사는 물고기.

스몰트(smolt)
연어과 물고기의 2년생.

CITES
국제 야생 동·식물 멸종위기종 거래에 관한 조약을 말한다. Convention on International Trade in Endangered Species of Wild의 머릿글 약어이며 1963년 국제자연보호연맹(IUCN)회원 협의에서 결의안이 채택되어 1975년에 발효되었다. 멸종위기에 처한 야생 동·식물의 국제 무역에 관한 협약으로 세계적으로 멸종위기에 처한 야생 동·식물의 포획·채취와 상거래를 규제하여 야생 동·식물과 생태계를 보호하기 위한 조약이다. 우리나라는 1993년 6월에 이 조약에 가입했다.

ㅇ

아종(亞種, subspecies)
종의 고유한 특징을 가지고 있으나 형태적으로는 다른 생물 집단. 분류학적으로 독립된 종과 비교하여 차이가 크지 않고 변종으로 하기에는 다른 점이 많은 생물에 적용되는 하위 분류 단위의 하나이다. 학명은 3명법으로 표기한다.

안하극(眼下棘, infraorbital spine)
눈 아래에 나 있는 가시 모양의 돌기.

연조(軟條, soft ray)
물고기의 지느러미 막을 지지하는 기조의 일종이며 부드러운 마디로 형성되어 있다. 끝이 갈라지지 않은 불분지 연조와 끝이 갈라진 분지 연조가 있다.

옆줄(측선(側線), lateral line)
물고기의 몸통 양옆에 나 있는 주요 감각 기관. 감각 세포가 연결되어 있어 유속과 수온, 수심, 진동, 압력 따위를 감지할 수 있다. 대개 아가미 뒤쪽에서 꼬리지느러미 기점까지 연결되어 있는데, 물고기에 따라 2줄 이상이거나 몸통의 중간에서 끝나거나 아예 없는 경우도 있다.

유사종(類似種)
서로 닮거나 모양이 비슷한 종류.

유생(幼生, larva)
변태하는 동물의 어린 것을 통틀어 말한다. 물고기의 경우 알에서 깨어나 성어가 되는 과정에 있는 것으로 성체와 모양 및 습성이 달라 별도의 명칭으로 불려진다. 장어류가 유생기를 거쳐 성어로 변태한다.

육봉형(陸封型, land located form)
바다와 강(하천) 즉, 바닷물과 민물을 오가는 물고기가 민물에 적응하여 일생을 민물에서만 지내고 번식하는 형.

이식(移植, transplantation)
식물 또는 신체의 조직, 장기 등을 다른 장소나 타인에게 옮겨 자라게 하는 것을 말한다. 물고기를 원래 서식지로부터 분리하여 다른 곳으로 옮기는 행위에도 이 말을 쓴다.

ㅈ

조간대(潮間帶, littoral zone)
밀물 때는 바닷물에 잠기고 썰물 때는 육지가 되는 곳으로 다양한 생물이 서식한다. 우리나라 서해안의 조간대는 갯벌로 발달해 있다.

종(種, species)
생물 분류의 기본 단위. 형태와 생태, 유전적 특성을 지녀 다른 생물군과는 생식적(生殖的)으로 격리된 집단.

주연성 물고기(周緣性魚類, peripheral fish)
기수역에서 생활하거나 일생 중에 잠시 강이나 바다로 진출했다 돌아오는 어류.

지표종(指標種, indicator species)
어떤 지역의 환경을 측정하는 잣대로 이용되는 생물을 말한다. 생물들의 특정 지역 존재 여부를 통하여 그 지역의 환경 조건을 알 수 있다.

짝지느러미(paired fin)
가슴지느러미나 배지느러미 같이 양쪽 한 쌍으로 이루어진 지느러미를 말한다.

ㅊ

추성(追星, nuptial tubercles)
물고기의 번식기(산란기)에 나타나는 성징. 잉어과 물고기의 경우 대부분의 수컷에서 머리와 지느러미, 몸의 피부 표피가 두꺼워지며 사마귀 모양으로 돌출되어 나타난다.

치어(稚魚, young fish)
부화 후 후기 자어기 이후부터 성어와 체형이 같아지기 직전까지의 어린 물고기를 말한다. 치어 이전의 단계로 부화 직후 난황이 흡수될 때까지의 새끼를 전기 자어(pre larva)로, 난황 흡수 직후부터 지느러미 기조 수가 성어와 같게 될 때까지의 새끼를 후기 자어(post larva)로 부른다.

ㅋ

캐비어(caviar)
철갑상어의 알을 소금에 절인 것으로 러시아산(産)이 유명하며, 송로버섯과 푸아그라(살찐 거위나 오리의 간)와 함께 세계 3대 진미로 알려져 있다.

ㅌ

탁란(托卵)
새가 자기의 둥지를 짓지 않고 다른 종(種)의 둥지에 알을 낳아 다른 종이 대신 양육하게 하는 습성. 물고기에게도 이러한 탁란 습성이 있다는 사실이 밝혀졌다.

ㅍ

파마크(parr mark)
연어과의 어린 물고기가 담수에 머무는 동안 몸에 나타나는 타원형 무늬. 송어의 육봉형인 산천어는 일생 동안 이 무늬를 지니고 있다.

ㅎ

학명(學名, scientific name)
생물학에서 쓰이는 세계 공통적인 명칭. 라틴어로 기록되며 이탤릭체를 사용한다. 속명은 1개 단어로 종명은 2개 단어, 아종명은 3개 단어로 표기한다.

형질(形質, character)
형태와 성질 즉, 동·식물의 모양, 크기, 성질 등의 고유한 특징을 말한다. 유전하는 것과 그렇지 않은 것이 있다.

흡반(吸盤, sucker)
동물의 빨판을 말하며, 다른 동물이나 물체에 달라붙기 위한 신체의 일부이다. 물고기의 경우 주둥이나 가슴지느러미가 변형되어 형성된다.

학명 찾아보기

물고기 이름 찾아보기

참고문헌

국립수산과학원 중앙내수면연구소, **《물고기야 너의 길을 가렴!》**, 2011.

김리태·길재균, **《조선동물지(어류편1)》**, 과학기술출판사, 2006.

김리태·길재균, **《조선동물지(어류편2)》**, 과학기술출판사, 2007.

김리태·길재균, **《조선동물지(어류편3)》**, 과학기술출판사, 2008.

김익수·최윤·이충열·이용주·김병직·김지현, **《(원색) 한국어류대도감》**, 교학사, 2005.

김익수·박종영, **《(원색도감) 한국의 민물고기》**, 교학사, 2002.

김익수, **《춤추는 물고기》**, 다른세상, 2000.

김익수, **《한국동식물도감》 제37권 동물편(담수어류)**, 교육부, 1997.

노세윤, **《물고기 검색 도감》**, 진선출판사, 2021.

노세윤, **《손바닥 민물고기 도감》**, 이비락, 2014.

이완옥·노세윤, **《(원색도감) 특징으로 보는 한반도 민물고기》**, 지성사, 2007.

손영목·송호복, **《금강의 민물고기》**, 지성사, 2006.

최기철·이원규, **《우리가 정말 알아야 할 우리 민물고기 백 가지》**, 현암사, 1994.

최기철, **《민물고기를 찾아서》**, 한길사, 1991.

中國科學院水生物研究所 · 上海自然博物館, **《中国淡水鱼类原色图集》 第一集**, 上海科學技术出版社, 1982.

农牧渔业部水产局 · 中國科學院水生生物研究所 · 上海自然博物館, **《中国淡水鱼类原色图集》 第二集**, 上海科學技术出版社, 1988.

农业部水産司 · 中國科學院水生生物研究所, **《中国淡水鱼类原色图集》 第三集**, 上海科學技术出版社, 1993.

고명훈·방인철, **"멸종위기종 좀수수치 *Kichulchoia brevifasciata*의 산란기 특징 및 초기생활사"**, 한국어류학회지, 26(2):89~98, 2014.

김상기, **"Comparative phylogeographic and taxonomic study of cyprinid fishes in Korea:한국산 잉어과 어류의 비교계통지리학 및 분류학적 연구"**, 전북대학교 대학원 경북대학교 대학원, 115pp, 2015.

김수한, **"한국산 퉁가리속 *Liobagrus* 어류의 분류학적 재검토"**, 전북대학교 대학원, 124pp, 2013.

김익수·최승호·이흥헌·한경호, **"금강에 서식하는 감돌고기 *Pseudopungtungia nigra*의 탁란"**, 한국어류학회지, 16(1):75~79, 2004.

남명모·강영훈·채병수·양홍준, **"동해로 유입되는 가곡천과 마읍천에 서식하는 담수어의 지리적 분포"**, 한국어류학회지, 14(4):269~277, 2002.

백현민·송호복·심하식·김영건·권오길, **"연준모치 *Phoxinus phoxinus*와 금강모치 *Rhynchocypris kumgangensis*의 서식지 분리와 먹이 선택"**, 한국어류학회지, 14(2):121~131, 2002.

송하윤·김재훈·서인영·방인철, **"낙동강 상류 황지천에 서식하는 쉬리속(genus Coreoleuciscus) 어류 집단의 종 동정 및 잡종 판별"**, 한국어류학회지, 29(1):1~12, 2017.

송호복·손영목, **"남한강 상류에 사는 연준모치 *Phoxinus phoxinus*의 성숙 및 생식 생태"**, 한국어류학회지, 14(4):262~268, 2002.

양현, **"배스의 인공산란장을 이용한 구제방안 연구"**, 국립수산과학원 중부내수면연구소·(사)한국민물고기보존협회 공동심포지움간행물, p.72~81, 2008.

양현, **"칼납자루 *Acheilognathus koreensis*와 임실납자루 *Acheilognathus somjinensis*의 생태와 종분화"**, 전북대학교 대학원, 2004.

최재석·변화근·권오길, **"돌상어 *Gobiobotia brevibarba* (Cyprinidae)의 산란 생태"**, 한국어류학회지, 13(2):123~128, 2001.

Cho hyun-geun, byung-jik Kim and youn Choi, **"*Hemiculter eigenmanni* (Jordan and Metz, 1913), a junior Synonym of *H. leucisculus* (Basilewsky, 1855) (Cypriniformes:Cyprinidae)"**, Korean J. Ichthyol., vol. 24, pp.287~291, 2012.

Joseph s. Nelson, Terry C. Grande, Mark V. H. Wilson, **"Fishes of the world (5th edt.)"** Wiley Inc, 707pp, 2016.

Kim dae-min, hyung-bae Jeon, and Ho-Young Suk, **"*Tanakia latimarginata*, a new species of bitterling from the Nakdong River, South Korea (Teleostei:Cyprinidae)"** Ichthyol. Explor. Freshwaters, Vol. 25, No. 1, pp.59~68, 2014.

Kim hyeon-su, ik-soo Kim, **"*Acanthorhodeus gracilis*, a Junior Synonym of *Acheilognathus chankaensis* (Pisces:Cyprinidae) from Korea"**, Korean J. Ichthyol., vol. 21, pp.55~60, 2009.

Park jong-young and su-han Kim, **"*Liobagrus somjinensis*, a new species of torrent catfish (Siluriformes:Amblycipitidae) from Korea"**. Ichthyol. Explor. Freshwater. vol. 21, (4):pp.345~352, 2010.

Song Ha-Yoon, In-Chul Bang, **"*Coreoleuciscus aeruginos* (Teleostei:Cypriniformes:Cyprinidae), a new species from the Seomjin and Nakdong rivers, Korea"**, ZOOTAXA, vol. 3931 (1):pp.140~150, 2015.

Vasil'eva, Ekaterina D., daemin kim, Victor P. vasil'ev, myeong-hun Ko, yong-jin Won, **"*Cobitis nalbanti*, a new species of spined loach from South Korea, and redescription of *Cobitis lutheri* (Teleostei:Cobitidae)"**, ZOOTAXA, vol. 4208 (6):pp.577~591, 2016.

한국어류학회, **(우리나라) 멸종위기 어류의 현황과 보존**, 2004.

(사)한국민물고기보존협회·국립수산과학원 중부내수면연구소, **외래 위해어종의 생태조사 및 관리방안 연구**, 2007.

환경부 국립생물자원관, **2020 국가생물종목록**, 2021.

환경부 국립생물자원관, **국가 생물종 국·영명 부여 사업**, 2018.

환경부 국립생물자원관, **《한국의 멸종위기 야생동·식물 적색자료집(어류)》**, 2011.

환경부, **제2차 전국자연환경조사 보고서**, 1998~2006.

환경부, **전국자연환경조사30년(1986~2016)**, 2016.

환경부, **《이입종 담수어류 관리 방안 마련 연구 최종보고서》**, 2016.

국립생물자원관 '한반도의 생물다양성' 웹사이트 (https://species.nibr.go.kr/index.do)

피쉬베이스 웹사이트 (https://www.fishbase.se/search.php)

도움 주신 분

생물자료 채집 협력 : **조성장 님(보령민물생태관)**

저자 노세윤

담수어 생태 연구가, 사진가이며, 1991년부터 우리나라 담수어 생태에 관심을 갖고 현재까지 전국을 누비며 열정적으로 어류의 생태를 사진과 영상으로 담아내고 있다. 현재 사단법인 한국민물고기보존협회 이사이자 한국산 담수어 콘텐츠개발 전문사인 네이처코리아의 대표이다. 담수어 도감류 집필과 홍보 및 보호 활동, 어류 모니터링, 자문 등의 활동을 하고 있으며 유튜브 계정 '피쉬아이 어드벤처'를 운영하고 있다. 집필 및 저서로는 2006년 과학기술부 인증 우수과학 도서 및 2006년 환경부 선정 우수환경 도서인《특징으로 보는 한반도 민물고기》,《물고기 검색 도감》,《안양천의 민물고기》, 《어린이 물고기 비교 도감》,《손바닥 민물고기 도감》,《우리 물고기 이야기》, 《봄 · 여름 · 가을 · 겨울 물고기 도감》,《세계 관상어 · 수초 도감》등이 있다.

물고기 쉽게 찾기 전면 개정판

초판 발행 – 2009년 6월 9일
초판 2쇄 – 2011년 9월 23일
개정판 1쇄 – 2019년 4월 25일
개정판 2쇄 – 2022년 3월 10일
사진·글 – 노세윤
발행인 – 허진
발행처 – 진선출판사(주)
편집 – 김경미, 이미선, 권지은, 최윤선, 최지혜
디자인 – 고은정, 김은희
총무·마케팅 – 유재수, 나미영, 김수연, 허인화
주소 – 서울시 종로구 삼일대로 457 (경운동 88번지) 수운회관 15층
전화 (02)720 – 5990 팩스 (02)739 – 2129 www.jinsun.co.kr
등록 – 1975년 9월 3일 10 – 92

※ 책값은 커버에 있습니다.

ISBN 978-89-7221-590-5 06490

* 이 도서의 국립중앙도서관 출판예정도서목록(CIP)은 서지정보유통지원시스템 (http://seoji.nl.go.kr)과 국가자료종합목록(http://www.nl.go.kr/kolisnet)에서 이용하실 수 있습니다.(CIP제어번호: CIP2019013818)

진선 books는 진선출판사의 자연책 브랜드입니다.
자연이라는 친구가 들려주는 이야기 – '진선북스'가 여러분에게 자연의 향기를 선물합니다.